JN000734

改訂版

わかる土質力学 220問

―基礎から応用までナビゲート―

安田 進　片田 敏行
後藤 聡　塚本 良道　共著
吉嶺 充俊

理工図書

まえがき

構造物を建設する場合や災害から構造物を守る場合には、地盤に関する様々な知識が必要である。この分野の学問を総称して地盤工学と呼ぶが、その基本となっているのが土質力学である。本書は大学で土質力学を学ぶ際に利用する演習書として作成したものである。

土質力学に限らないが、大学で専門科目を学ぶ場合、講義を受け教科書を読んだだけではなかなか理解できない。演習問題を数多く解いてみて、やっと理解できることが多い。考えてみると、我々は小学生の頃から演習問題を数多く解きながら勉強してきている。大学でも同じである。

土質力学の演習書は過去にいくつか出版されてきている。筆者達もそれらをもとに勉強をしてきた。このように既にいくつか演習書はある中、学生諸君向けの演習書を目指してあえて本書を作成してみた。そして、以下のような特長を持たせるように工夫をした。なお、本書は、2003 年の初版以降の学問の進展に応じて見直しを行った改訂版である。

(1) 土質力学は内容が多岐に亘っているため、それに対応するために演習問題は数多く解いた方が良い。そこで、全部で約 220 問にも及ぶ問題を作成した。

(2) 演習問題にも簡単なものから難解なものまである。そこで、基本問題と応用問題とに分けて、自分の達成度に応じて問題を選べるようにした。また、計算問題だけでなく記述問題に答えることも大切なので、記述問題も別個に含めた。

(3) 物事を理解していくには順番がある。そこで、本書の問題を順番に解いていくと自然に理解できるように工夫した。

(4) 解答の導き方が理解できるように、基本問題では正解を詳しく記述した。また、単位や有効数字を正確に答えることも大切なので、それも正解の中に丁寧に記述した。本書の問題は関数電卓を用いて具体的な数値を解答することを前提としているが、特に有効数字と単位が整合していることが重要である。卒業後に実務を行う際にも、常に有効数字を考慮して設計・施工を行う必要がある。土質試験結果の表示には、有効数字は 3 桁が基本となっているが、地盤調査では 2 桁しか表示できない値もある。実務ではこれらを総合して判断した有効数字で設計・施工が行われる。

(5) 一般に土質力学の各章の内容は独立していて一貫性がないように見られるが、実務では各章の内容を総合して地盤工学の諸問題を解決している。そこで、このような流れが分かるように、第 9 章に総合問題を設けた。ただし、この章を解くには土質力学周辺の知識も必要なため、第 8 章として地盤改良方法など特に重要な知識の演習も加えてある。

(6) 各大学で用いられている教科書は多種多様であり、それらの教科書によって記号や式の記述方法が多少異なる。そこで、各章の最初にポイントを設けて、本書で用いる記号や式を示し、演習問題を解く際に混乱しないようにした。

本書を作成するにあたって、執筆者の 5 人は各自問題の案を持ち寄り、議論を重ねて問題の取捨選択をした。従って、全員で本書を作成したと言えるが、各自が主に担当した章を示すと以下のようになる。

第 1 章：片田、第 2 章：吉嶺、第 3・6 章：塚本、第 4 章：後藤、
第 5・7・8・9 章：安田

土質力学は難しくて困るとの学生諸君の声をよく聞く。教える方の立場の筆者達も確かに土質力学は難しいと感じている。それに対して本書が少しでも役に立つことを願っている。学生諸君が将来産官学の各分野で活躍される際には種々の資格を有していることが必要となる。例えば、①技術士、②建築士、③地盤品質判定士、④土木施工管理技士、⑤土木学会認定土木技術者資格、といった資格があるが、これらの資格試験勉強の際にも本書を利用していただければ幸いである。

なお、本書の出版にあたっては理工図書の方々に大変お世話になった。深く感謝する次第である。

2022.8.1 著者一同

Contents

第4章　土のせん断強さ

第5章　土　圧

第6章　地盤の弾性沈下と支持力

第7章　斜面の安定

第8章　調査・構造物の設計・施工・維持管理を行うために必要な知識

第9章　総合問題

応用問題の解答

第1章 土の基本的性質

土の基本的性質を理解するとともに、それを表すパラメータの種類と定義を学ぶ。さらに、そのパラメータをどのようにして求めるかについて計算演習を通して学ぶ。

1.1 土の組成と主な物理量

土は土粒子、水、空気から構成され、その土の組成は体積と質量によって図1･1に示す記号で表される。

1.2 土の粒径区分とその名称

土粒子は大きさにより名称が異なる。礫は粘土に比べて数千倍～数万倍の大きさがある。実際の土はさまざまな大きさの土粒子が混ざり合い、その割合で、その名称と力学的性質が異なる。

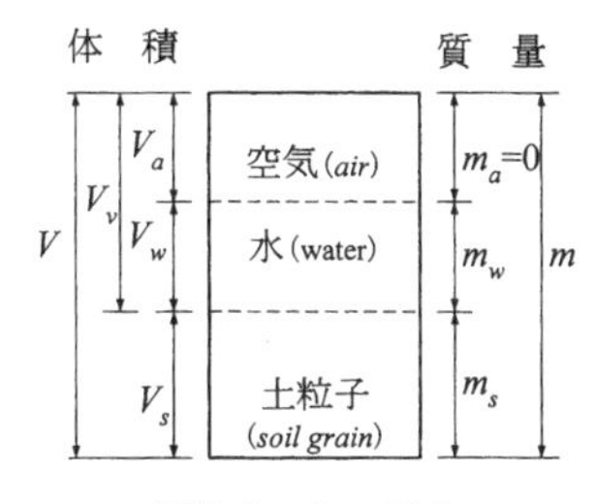

図1･1 土の組成

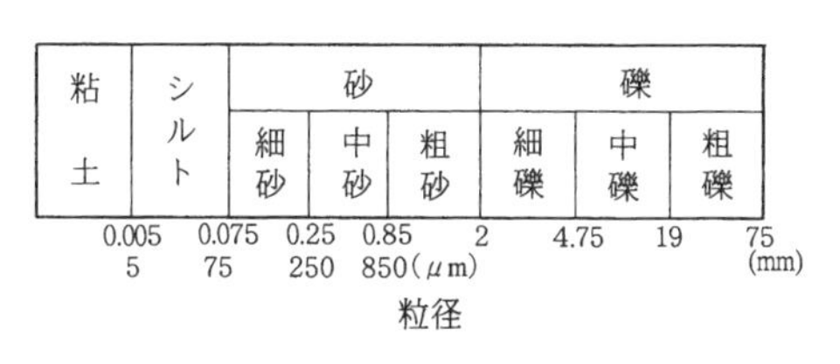

図1･2 粒径区分とその呼び名

(土質試験-基本と手引-(第三回改訂版):(公社)地盤工学会、2022年、p.29図4.1をもとに作成)

1.3 粒径加積曲線と粒度特性を表す特性値

土の粒度特性は、粒径が75 μmより大きい場合にはふるい分けによって粒度分布が求められる。また、75 μm以下の粒径の場合には、沈降分析によって求められる。粒度分布は、縦軸を各ふるいに対する通過質量百分率、横軸は粒径(対数目盛)で表した粒径加積曲線によって図示される(図1･3)。粒径加積曲線で示される粒度特性の特性値は、通過質量百分率(%)に対応した粒径と粒径加積曲線の形状によって定義される均等係数や曲率係数で表される。

60%粒径 (D_{60})

50%粒径 (D_{50}、平均粒径)

30%粒径 (D_{30})

10%粒径 (D_{10}、有効径)

$$均等係数\quad U_c = D_{60}/D_{10} \tag{1.1}$$

$$曲率係数\quad U'_c = \frac{(D_{30})^2}{D_{10} \times D_{60}} \tag{1.2}$$

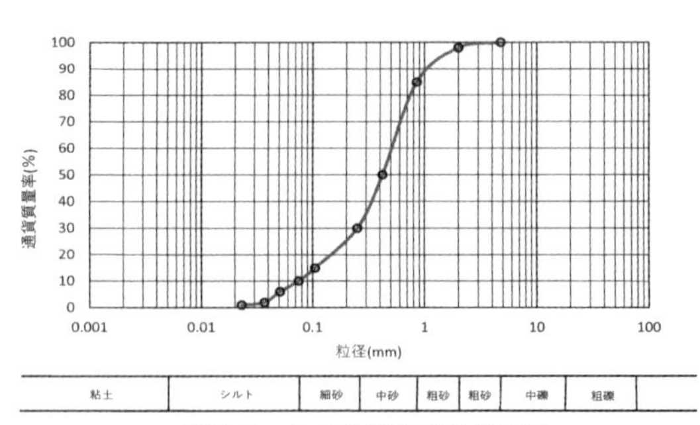

図 1・3　土の粒径加積曲線の例

表 1・1　試験によって測定される物理量

含水比	$w = \frac{m_w}{m_s} \times 100[\%]$	(1.3)	……………………………含水比試験
土粒子の密度	$\rho_s = \frac{m_s}{V_s}[\mathrm{Mg/m^3}]$	(1.4)	……………………土粒子の密度試験
湿潤密度	$\rho_t = \frac{m}{V}[\mathrm{Mg/m^3}]$	(1.5)	………………………湿潤密度試験
飽和密度	$\rho_{sat} = \frac{m}{V}[\mathrm{Mg/m^3}]$	(1.6)	………………………湿潤密度試験

表 1・2　相互関係式で算出される物理量

乾燥密度	$\rho_d = \frac{m_s}{V}$	$: \rho_d = \frac{\rho_t}{1 + \frac{w}{100}}[\mathrm{Mg/m^3}]$	(1.7)
間隙比	$e = \frac{V_v}{V_s}$	$: e = \frac{\rho_s\left(1 + \frac{w}{100}\right)}{\rho_t} - 1$	(1.8)
間隙率	$n = \frac{V_v}{V}$	$: n = \frac{e}{1 + e}$	(1.9)
飽和度	$S_r = \frac{V_w}{V_v} \times 100\ [\%]$	$: Sr = \frac{w\rho_s}{e\rho_w}\ [\%]$	(1.10)
水中単位体積重量	$\gamma' = \gamma_{sat} - \gamma_w$	$: \gamma' = \frac{mg_n - \rho_w g_n V}{V}\ [\mathrm{kN/m^3}]$	(1.11)
			g_n：重力加速度

1.4　土の基本的な物理量

土を定量的に表す物理量は体積と質量によって定義され、試験によって求められるもの(表1･1)と相互関係式によって試験結果から間接的に求められるもの(表1･2)がある。

1.5　コンシステンシー限界

土は含まれる水の量によって固体状態、半固体状態、塑性状態、液体状態に分けられる。これらの状態の境目の含水比を収縮限界 (w_S)、塑性限界 (w_P)、液性限界 (w_L) という (図1･4)。

塑性図(図1･5)は塑性指数 I_P と液性限界 w_L で、粘性土を分類したもので、これにより粘性土の力学的性質が推測される。

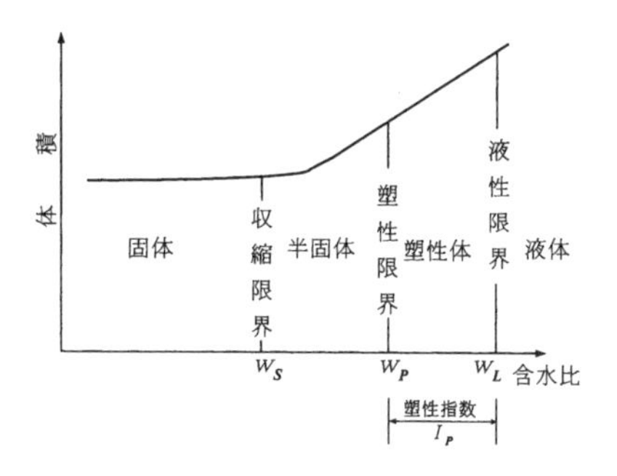

図1･4　コンシステンシー限界

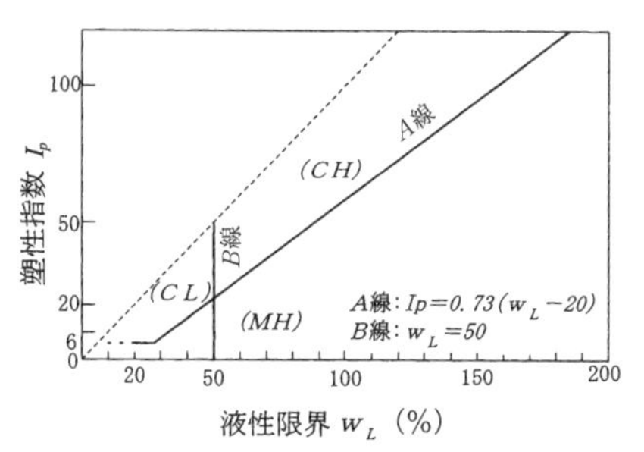

図1･5　塑性図

(土質試験-基本と手引-(第三回改訂版)：(公社)地盤工学会、2022年、p.54図6.6をもとに作成)

1.6　土の工学的分類

我が国の(公社)地盤工学会の基準では、まず高有機質土とそうでない土に分けられる。通常の土は、粒度やコンシステンシー限界などによってさらに分類される。

(1)　細粒土(細粒分≧50%である土)：細粒分は粒径区分(図1･2)のシルトと粘土をいう。粒度とコンシステンシー限界に応じて細分化される。細粒土は塑性図により、その土の強度特性、透水性、圧縮性など傾向が推測される。

(2)　粗粒土(粗粒分＞50%である土)：粗粒分は粒径区分(図1･2)の砂と礫をいう。粒度特性に応じて細分化される。

1.7　土の室内試験法

土の物理量は、実験室内で行われる物理試験で求めることができる。その試験法はJIS規格に定められている。室内試験で求められる物理量には以下のものがある。

含水比 w、土粒子の密度 ρ_s、湿潤密度 ρ_t、最小乾燥密度 $\rho_{d\,\mathrm{min}}$ と最大乾燥密度 $\rho_{\mathrm{d\,max}}$、液性限界 w_L、塑性限界 w_P、収縮限界 w_S

1.8　原位置試験法ー原位置における土の力学特性の推定

原位置で地盤強度を測定する代表的な原位置試験には以下のようなものがある。

スクリューウエイト貫入試験　N_{SW} (1 m 貫入するのに要する半回転数)

標準貫入試験　N 値(30 cm 貫入するのに要する打撃回数)

これらの値と種々の物理量の関係は実験公式の形で提案されており、実用上よく使われる。

1.9　締固め

(1)　締固め曲線

土の締固め具合は「突固めによる締固め試験」により明らかにされる。土の含水比を種々変えて突固めを行い、その乾燥密度を求めて図示したのが締固め曲線(図1·6)である。この図よりもっともよく締まる含水比の値(最適含水比)とそのときの土の密度(最大乾燥密度)が分かる。

(2)　締固めエネルギー

「突固めによる締固め試験」における締固めエネルギーは、次式で表される。

$$E_C = \frac{W_R H N_B N_L}{V} \tag{1.12}$$

ここで、W_R：ランマーの重量、H：落下高さ、N_B：一層当たりの突固め回数、N_L：層の数、V：モールドの体積

(3)　土の締固め特性

砂質土：締固め曲線の傾きは急で最適含水比は低い。

粘土・シルト質ローム：締固め曲線の傾きは緩やかで、締固め効果は低い。最適含水比は高い。

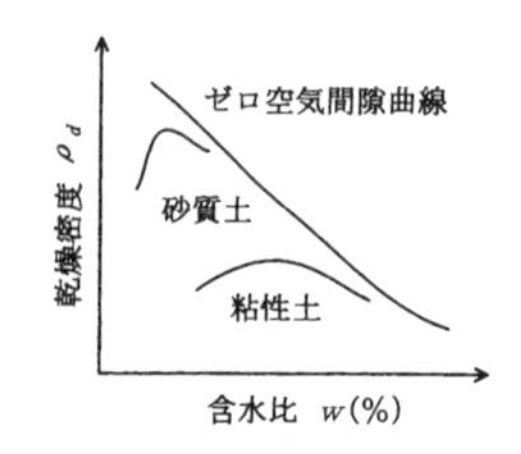

図1·6　締固め曲線の一例

基本問題

基本問題1　単位系の換算

水の単位体積重量は重力単位で $\gamma_w=1.0\,\mathrm{tf/m^3}$ と表される。これをSI単位 $[\mathrm{kN/m^3}]$ で表せ。

解答　$1.0\,[\mathrm{tf}]=1.0\,[\mathrm{t}]\times9.8\,[\mathrm{m/s^2}]=9.8\times10^3\left[\mathrm{kg}\dfrac{\mathrm{m}}{\mathrm{s^2}}\right]$

$$\therefore\quad 1.0\,[\mathrm{tf/m^3}]=1.0\times9.8\times10^3\left[\mathrm{kg}\frac{\mathrm{m}}{\mathrm{s^2}}\Big/\mathrm{m^3}\right]=9.8\times10^3\,[\mathrm{N/m^3}]$$
$$=9.8\,[\mathrm{kN/m^3}]$$

答　$9.8\,\mathrm{kN/m^3}$

基本問題2　基本的物理量の定義

土の基本的物理量の記号とその定義について、空欄に当てはまるものを①～⑭から選べ。

含水比：□ $=\dfrac{□}{□}\times100$　　乾燥密度：□ $=\dfrac{□}{□}$

間隙比：□ $=\dfrac{□}{□}$　　湿潤密度：□ $=\dfrac{□}{□}$

飽和度：□ $=\dfrac{□}{□}\times100$　　土粒子の密度：□ $=\dfrac{□}{□}$

① ρ_t　② ρ_d　③ e　④ ρ_s　⑤ w　⑥ S_r
⑦ V：土全体の体積　⑧ m：土全体の重量　⑨ V_s：土粒子の体積
⑩ m_s：土粒子の質量　⑪ V_w：水の体積　⑫ m_w：水の質量
⑬ V_a：空気の体積　⑭ $V_v=V_w+V_a$：水と空気の体積

解答　含水比：⑤ $w=\dfrac{⑫\ m_w}{⑩\ m_s}\times100\%$　　乾燥密度：② $\rho_d=\dfrac{⑩\ m_s}{⑦\ V}$

間隙比：③ $e=\dfrac{⑭\ V_v}{⑨\ V_s}$　　湿潤密度：① $\rho_t=\dfrac{⑧\ m}{⑦\ V}$

飽和度：⑥ $S_r=\dfrac{⑪\ V_w}{⑭\ V_v}\times100\%$　　土粒子の密度：④ $\rho_s=\dfrac{⑩\ m_s}{⑨\ V_s}$

基本問題3　土粒子の密度試験結果の整理

次のような土粒子の密度試験の結果を得た。この結果より、試験時の温度における土粒子の密度を求めよ。ただし、試験時の蒸留水の密度を $\rho_w(\mathrm{T}) = 1.0000\mathrm{Mg/m^3}$ とする。

表1·3

(蒸留水＋ピクノメータ)の質量	$m_a=155.313\,\mathrm{g}$
(ピクノメータ＋炉乾燥土＋蒸留水)の質量	$m_b=164.588\,\mathrm{g}$
炉乾燥土の質量	$m_s=15.211\,\mathrm{g}$

解答　土粒子の密度の定義は $\rho_s=\dfrac{m_s}{V_s}$ である。

ピクノメータ内の土粒子と同体積の水の質量は $m_s+(m_a-m_b)$ となる。したがって、水の密度 ρ_w を用いて土粒子の体積 V_s を求めれば、

$$V_s=\frac{m_s+(m_a-m_b)}{\rho_w}$$

となり、これを土粒子の密度の定義に代入すると、次式が得られる。

$$\therefore\quad \rho_s=\frac{m_s}{m_s+(m_a-m_b)}\times\rho_w(T) \qquad (1.13)$$

ここで、$\rho_w(T)$：試験時の温度 T℃における水の密度

この式に密度試験の結果を代入すると、

$$\rho_s=\frac{15.211\,[\mathrm{g}]}{15.211\,[\mathrm{g}]+(155.313\,[\mathrm{g}]-164.588\,[\mathrm{g}])}\times 1.0000\,[\mathrm{g/cm^3}]$$
$$=2.563\,[\mathrm{Mg/m^3}]$$

答　$\rho_s=2.563\,\mathrm{Mg/m^3}$

参考)

密度の単位 $\dfrac{\mathrm{g}}{\mathrm{cm^3}}$ を m で表せば、$\dfrac{\mathrm{g}}{10^{-6}\mathrm{m^3}}=10^6\times\dfrac{\mathrm{g}}{\mathrm{m^3}}=\dfrac{\mathrm{Mg}}{\mathrm{m^3}}$ となり、

Mg（メガグラム）と m（メートル）で表しても、数値は変わらない。

すなわち、$2.563\ \mathrm{g/cm^3} = 2.563\ \mathrm{Mg/m^3}$ である。

基本問題4　含水比試験結果の整理

試料の含水比 w を測るために、含水比試験を行った。その結果、以下のようになった。これをもとに、この試料の含水比を求めよ。

表 1·4

(試料＋容器)の質量	m_a＝195.54 g
(炉乾燥試料＋容器)の質量	m_b＝163.76 g
容器の質量	m_c＝100.15 g

解答　$$w=\frac{m_w}{m_s}\times 100\,[\%]=\frac{m_a-m_b}{m_b-m_c}\times 100\,[\%] \tag{1.14}$$

である。ただし、m_w：炉乾燥 110℃で失われる水の量、m_s：炉乾燥させた試料の質量。

したがって、

$$w=\frac{195.54\,[\mathrm{g}]-163.76\,[\mathrm{g}]}{163.76\,[\mathrm{g}]-100.15\,[\mathrm{g}]}\times 100\,[\%]=50.0\,[\%]$$

答　w＝50.0%

基本問題 5　湿潤密度試験結果の整理

地盤から土をサンプリングして直径約 5 cm、高さ約 10 cm の円筒形に整形した。この円筒形の大きさをノギスで測定したところ直径 5.020 cm、高さ 10.015 cm となった。また、このとき供試体の質量を測定したところ 360.36 g であった。この試料土の湿潤密度 ρ_t を求めよ。

解答　式(1.5)より、$$\rho_t=\frac{m}{V}=\frac{m}{\frac{\pi}{4}D^2H} \tag{1.15}$$

ここで、m：供試体の質量、V：供試体の体積、D：供試体の直径、H：供試体の高さ

したがって、$$\rho_t=\frac{360.36\,[\mathrm{g}]}{\frac{\pi}{4}\times 5.020^2\,[\mathrm{cm^2}]\times 10.015\,[\mathrm{cm}]}=1.818\,[\mathrm{Mg/m^3}]$$

答　ρ_t＝1.818 Mg/m³

基本問題 6　自然状態における砂の相対密度の算定

ある自然状態の砂の含水比 w が 12.3%、湿潤密度 ρ_t が 1.792 Mg/m³であった。この砂を乾燥させてモールド(容積 113.1 cm³)に最も密に詰めたときの質量は 204.0 g、最もゆるく詰めたときの試料は 156.0 g であった。この砂の自然状態における相対密度 D_r はいくらか。

ただし、砂の土粒子の密度 ρ_s を 2.75 Mg/m³とする。

解答　式(1.8)より、間隙比 $e=\dfrac{\rho_s\left(1+\dfrac{w}{100}\right)}{\rho_t}-1$ であるから、

$$e=\frac{2.75\,[\mathrm{g/cm^3}]\left(1+\dfrac{12.3\,[\%]}{100}\right)}{1.792\,[\mathrm{g/cm^3}]}-1=0.723$$

$$e_{\max}=\frac{2.75\,[\mathrm{g/cm^3}]\left(1+\dfrac{0.0\,[\%]}{100}\right)}{\dfrac{156.0\,[\mathrm{g}]}{113.1\,[\mathrm{cm^3}]}}-1=0.994$$

$$e_{\min}=\frac{2.75\,[\mathrm{g/cm^3}]\left(1+\dfrac{0.0\,[\%]}{100}\right)}{\dfrac{204.0\,[\mathrm{g}]}{113.1\,[\mathrm{cm^3}]}}-1=0.525$$

相対密度は、$D_r=\dfrac{e_{\max}-e}{e_{\max}-e_{\min}}\times100\,[\%]$　(1.16)

$$\therefore\quad D_r=\frac{0.994-0.723}{0.994-0.525}\times100\,[\%]=57.8\,[\%]$$

答　$D_r=57.8\%$

基本問題7　S_r、$\rho_t\sim\rho_d$ 関係、相互関係式の証明

下に示す物理量間の相互関係式を各物理量の定義式を用いて証明せよ。

(1)　$S_r=\dfrac{w\rho_s}{e\rho_w}$　(2)　$\rho_d=\dfrac{\rho_t}{1+\dfrac{w}{100}}$　(3)　$e=\dfrac{\rho_s\left(1+\dfrac{w}{100}\right)}{\rho_t}-1$

解答

(1)の解答：表1･2より、$S_r=\dfrac{V_w}{V_v}\times100\,[\%]$ であるから、

$$S_r=\frac{\dfrac{V_w}{V_s}}{\dfrac{V_v}{V_s}}\times100\,[\%]$$

ここで、$\dfrac{V_w}{V_s}=\dfrac{\dfrac{m_w}{V_s}}{\dfrac{m_w}{V_w}}=\dfrac{\dfrac{m_w}{m_s}\times\dfrac{m_s}{V_s}}{\dfrac{m_w}{V_w}}=\dfrac{\dfrac{w}{100}\times\rho_s}{\rho_w}$ となり、$\dfrac{V_v}{V_s}=e$ である。

したがって、$S_r = \dfrac{w\rho_s}{e\rho_w}$ となる。

(2)の解答：表1・2より、$\rho_d = \dfrac{m_s}{V}$ であるから、

$$\rho_d = \frac{m_s}{V} = \frac{m - m_w}{V} = \frac{m}{V} - \frac{m_w}{V} = \frac{m}{V} - \frac{m_w}{m_s} \times \frac{m_s}{V} = \rho_t - \frac{w}{100} \times \rho_d \text{ となる。}$$

したがって、$\rho_d = \dfrac{\rho_t}{1 + \dfrac{w}{100}}$ となる。

(3)の解答：表1・2より、$e = \dfrac{V_v}{V_s}$ であるから、

$$e = \frac{V_v}{V_s} = \frac{V - V_s}{V_s} = \frac{1 - \dfrac{V_s}{V}}{\dfrac{V_s}{V}} = \frac{m - m\dfrac{V_s}{V}}{m\dfrac{V_s}{V}} = \frac{\dfrac{m}{V_s} - \dfrac{m}{V}}{\dfrac{m}{V}}$$

ここで、$m = m_s + m_w$ であるから、

$$e = \frac{\dfrac{m_s + m_w}{V_s} - \dfrac{m}{V}}{\dfrac{m}{V}} = \frac{\dfrac{m_s}{V_s} + \dfrac{m_s}{V_s} \times \dfrac{m_w}{m_s}}{\dfrac{m}{V}} - 1 = \frac{\rho_s + \rho_s \times \dfrac{w}{100}}{\rho_t} - 1 \text{ となり、}$$

したがって、$e = \dfrac{\rho_s\left(1 + \dfrac{w}{100}\right)}{\rho_t} - 1$ となる。

基本問題8　含水比による乾燥密度の算定

湿潤密度 ρ_t が1.431Mg/m^{3}の試料の含水比 w を測定したら67.8%であった。この試料の乾燥密度 ρ_d を求めよ。

解答　(1.7)式より、$\rho_d = \dfrac{\rho_t}{1 + \dfrac{w}{100}} = \dfrac{1.431\,[\mathrm{g/cm^3}]}{1 + 0.678} = 0.853\,[\mathrm{Mg/m^3}]$

答　$\rho_d = 0.853\,\mathrm{Mg/m^3}$

別解　土に含まれる固体成分（土粒子）の質量を $m_s = 100$[g]と仮定すると、

$w = \dfrac{m_w}{m_s}$ より、　$m_w = w \times m_s = 0.678 \times 100[\mathrm{g}] = 67.8[\mathrm{g}]$

$m = m_w + m_s = 167.8[\mathrm{g}]$

$\rho_t=\dfrac{m}{V}$ より、　$V=\dfrac{m}{\rho_t}=\dfrac{167.8[g]}{1.431[cm^3]}=117.3\ [cm^3]$

したがって、　$\rho_d=\dfrac{m_s}{V}=\dfrac{100[g]}{117.3[cm^3]}=0.853\ [Mg/m^3]$

答　$\rho_d=0.853 Mg/m^3$

この別解では、土粒子の質量を100[g]と仮定することにより、物理量の相互関係式を使わずに解いている。このように土の絶対量を問題としない場合、土粒子や水、あるいは土全体の質量や体積量を適当に仮定して、他の質量や体積量を具体的に計算できる。土粒子の質量m_sを仮定すると容易に解けることが多い。

基本問題9　間隙比 e、間隙率 n の算定

現場から試料土を立方体(10 cm×10 cm×10 cm)の形でサンプリングした。この土の湿潤質量を測定したところ $m=1856$ g であった。この試料の炉乾燥質量は $m_s=1444$ g、土粒子の密度 $\rho_s=2.64\ Mg/m^3$ であった。サンプリングされた試料土の体積が $V=1000\ cm^3$ であると仮定して、間隙比 e と間隙率 n を求めよ。

解答　土粒子の体積 V_s は、

$$V_s=\frac{m_s}{\rho_s}=\frac{1444\ [g]}{2.64\ [g/cm^3]}=547\ [cm^3]$$ であるから、

間隙比 e は

$$e=\frac{V_v}{V_s}=\frac{V-V_s}{V_s}=\frac{1000\ [cm^3]-547\ [cm^3]}{547\ [cm^3]}=0.828$$

また、間隙率 n は

$$n=\frac{V_v}{V}=\frac{V-V_s}{V}=\frac{1000\ [cm^3]-547\ [cm^3]}{1000\ [cm^3]}\times 100\ [\%]=45.3\ [\%]$$

答　$\begin{cases} e=0.828 \\ n=45.3\% \end{cases}$

基本問題10　飽和度 S_r の算定

土粒子の密度 $\rho_s=2.67 Mg/m^3$、間隙比 $e=3.081$、含水比 $w=102.8\%$ の土がある。この土の飽和度 S_r を求めなさい。ここで、水の密度は $\rho_w=1.00 Mg/m^3$ としてよい。

解答 表1.2の(1.10)式より、$S_r = \frac{w\rho_s}{e\rho_w} = \frac{102.8\,[\%] \times 2.67\,[\mathrm{g/cm^3}]}{3.081 \times 1.00\,[\mathrm{g/cm^3}]} = 89.1\,[\%]$

答　$S_r = 89.1\%$

別解 この問題もm_sの値を適当に仮定すると飽和度S_rを求めることができる。

土粒子の密度は $\rho_s = \frac{m_s}{V_s}$ である。ここで、$m_s = 100[\mathrm{g}]$と仮定すると、

土粒子の体積は、$V_s = \frac{m_s}{\rho_s} = \frac{100[\mathrm{g}]}{2.67[\mathrm{g/cm^3}]} = 37.453[\mathrm{cm^3}]$

また、間隙比$e = \frac{V_v}{V_s}$であるから、$V_v = eV_s = 3.081 \times 37.453[\mathrm{cm^3}] = 115.39[\mathrm{cm^3}]$

さらに、含水比　$w = \frac{m_w}{m_s} \times 100[\%]$であるから、

これより、$m_w = m_s \times \frac{w}{100} = 100[\mathrm{g}] \times \frac{102.8[\%]}{100} = 102.8[\mathrm{g}]$

$$V_w = \frac{m_w}{\rho_w} = \frac{102.8[\%]}{1.00[\mathrm{g/cm^3}]} = 102.8[\mathrm{cm^3}]$$

飽和度の定義は$S_r = \frac{V_w}{V_v} \times 100[\%]$であるから、$S_r = \frac{102.8[\mathrm{cm^3}]}{115.39[\mathrm{cm^3}]} \times 100[\%] = 89.1[\%]$

答　$S_r = 89.1\%$

基本問題 11　飽和密度、水中単位体積重量の算定式の誘導

飽和密度 ρ_{sat}、水中単位体積重量 γ' を求める次式が成り立つことを物理量の定義式から証明せよ。

（1）　$\rho_{sat}=\dfrac{\rho_s+e\rho_w}{1+e}$　　(1.17)、（2）　$\gamma'=\dfrac{G_s-1}{1+e}\gamma_w$　　(1.18)

解答

(1)の解答：$\rho_{sat}=\dfrac{m}{V}$ であるから、$\rho_{sat}=\dfrac{m}{V_s+V_v}=\dfrac{\dfrac{m}{V_s}}{1+\dfrac{V_v}{V_s}}$ となる。

ここで、$\dfrac{m}{V_s}=\dfrac{m_s+m_w}{V_s}=\dfrac{m_s}{V_s}+\dfrac{V_v}{V_s}\times\dfrac{m_w}{V_v}$

また、飽和しているので $V_v=V_w$ であるから、

$$\therefore\quad \frac{m}{V_s}=\frac{m_s}{V_s}+\frac{V_v}{V_s}\times\frac{m_w}{V_w}=\rho_s+e\rho_w$$

さらに、$1+\dfrac{V_v}{V_s}=1+e$ であるから、$\rho_{sat}=\dfrac{\rho_s+e\rho_w}{1+e}$ となる。

(2)の解答：$\gamma'=\gamma_t-\gamma_w=(\rho_t-\rho_w)\cdot g_n$

ここで、g_n：重力加速度、$\rho_t=\dfrac{m}{V}$ および $\rho_w=\dfrac{m_w}{V_w}$ であるから、

$$\gamma'=\left(\frac{m}{V}-\frac{m_w}{V_w}\right)g_n=\left(\frac{m}{V}\times\frac{V_w}{m_w}-1\right)\frac{m_w}{V_w}g_n$$

ここで、$\dfrac{m}{V}\times\dfrac{V_w}{m_w}-1=\dfrac{\dfrac{m}{V_s}\times\dfrac{V_w}{m_w}}{\dfrac{V}{V_s}}-1=\dfrac{\dfrac{m_s+m_w}{V_s}\times\dfrac{V_w}{m_w}}{\dfrac{V_s+V_v}{V_s}}-1$

$$=\frac{\dfrac{m_s}{V_s}\times\dfrac{V_w}{m_w}+\dfrac{V_w}{V_s}-\left(1+\dfrac{V_v}{V_s}\right)}{1+\dfrac{V_v}{V_s}}$$

また、飽和しているので、$V_v=V_w$ である。

$\therefore\quad \dfrac{m}{V}\times\dfrac{V_w}{m_w}-1=\dfrac{\dfrac{m_s}{V_s}\times\dfrac{V_w}{m_w}+\dfrac{V_w}{V_s}-\left(1+\dfrac{V_w}{V_s}\right)}{1+\dfrac{V_v}{V_s}}=\dfrac{\dfrac{\rho_s}{\rho_w}-1}{1+e}$ となり、$\dfrac{\rho_s}{\rho_w}=G_s$(比重)とおけば、

したがって、$\gamma' = \frac{G_s - 1}{1 + e}\gamma_w$ となる。

基本問題 12　飽和密度、水中単位体積重量の算定の算定

ある土の間隙比が $e=3.350$、土粒子の密度が $\rho_s=2.75\text{Mg/m}^3$ であった。この土の飽和密度 ρ_{sat}、水中単位体積重量 γ' を求めよ。ここで、水の密度は $\rho_w=1.00\text{Mg/m}^3$ としてよい。

解答　式(1.17)より

$$飽和密度\ \rho_{sat} = \frac{\rho_s + e\rho_w}{1+e} = \frac{2.75\,[\text{g/cm}^3] + 3.350 \times 1.00\,[\text{g/cm}^3]}{1+3.350}$$
$$= 1.40\,[\text{Mg/m}^3]$$

水中単位体積重量の定義より

$$\gamma' = \gamma_{sat} - \gamma_w = (\rho_{sat} - \rho_w) \times g_n$$
$$= \{1.40\,[\text{g/cm}^3] - 1.00\,[\text{g/cm}^3]\} \times 9.8\,[\text{m/s}^2]$$
$$= 3.92\,[\text{g/cm}^3 \cdot \text{m/s}^2]$$
$$= 3.92 \times 10^3\,[\text{kg/m}^3 \cdot \text{m/s}^2]$$
$$= 3.92 \times 10^3\,[\text{N/m}^3]$$
$$= 3.92\,[\text{kN/m}^3]$$

$$答\ \begin{cases} \rho_{sat} = 1.40\text{Mg/m}^3 \\ \gamma' = 3.94\ \text{kN/m}^3 \end{cases}$$

別解　与えられた条件は割合量だけなので、絶対量は適当に仮定して、土粒子の体積を$V_s=1[\mathrm{cm^3}]$とすると、間隙の体積は$V_v=eV_s=3.35[\mathrm{cm^3}]$であり、土全体の体積は$V=4.35[\mathrm{cm^3}]$である。この土の間隙$V_v=3.35[\mathrm{cm^3}]$を水$m_w=3.35[\mathrm{g}]$で満たせば飽和状態となる。

一方、土粒子の質量は$m_s=V_s\rho_s=1[\mathrm{cm^3}]\times2.75[\mathrm{g/cm^3}]=2.75[\mathrm{g}]$であるから、

土全体の質量は$m=m_s+m_w=6.10[\mathrm{g}]$となり、飽和密度は、

$$\rho_{\mathrm{sat}}=\frac{m}{V}=\frac{6.10[\mathrm{g}]}{4.35[\mathrm{cm^3}]}=1.40[\mathrm{Mg/m^3}]$$となる。

水中単位体積重量γ'は、土の飽和単位体積重量γ_{sat}から浮力を引いたものであるから、

$$\gamma'=\gamma_{\mathrm{sat}}-\gamma_{\mathrm{w}}=(\rho_{\mathrm{sat}}-\rho_{\mathrm{w}})\times \mathrm{g_n}=3.92[\mathrm{kN/m^3}]$$

答　$\rho_{\mathrm{sat}}=1.40\mathrm{Mg/m^3}$、$\gamma'=3.92\mathrm{kN/m^3}$

基本問題13　含水比の調整

含水比w=12.0%の試料土が質量18.5kgだけある。この土を含水比w=15.0%にするためには、質量何gの水を加えればよいか。

解答

含水比$w=\dfrac{m_w}{m_s}\times100[\%]=\dfrac{m_w}{m-m_w}\times100[\%]$であるから、試料に含まれる水の質量は

$$m_w=\frac{m\dfrac{w}{100}}{1+\dfrac{w}{100}}=\frac{18.5[\mathrm{kg}]\times0.12}{1+0.12}=1.982[\mathrm{kg}]$$

加えるべき水の量をx[kg]とすれば、

$$w=\frac{m_w}{m_s}\times100[\%]=\frac{1.98+x}{18.5-1.98}\times100[\%]=15.0[\%]$$

$$\therefore\quad x=0.5[\mathrm{kg}]$$

答　0.5kgの水を加えればよい

基本問題14　物理試験結果からの間接的な物理量算定

土の試料の物理試験を行ったところ、湿潤密度$\rho_t=1.930\mathrm{Mg/m^3}$、土粒子の密度$\rho_s=2.65\mathrm{Mg/m^3}$、含水比$w$=26.4%であった。この試験結果をもとに、この

土の間隙比 e、間隙率 n および飽和度 S_r を求めよ。ただし、水の密度を ρ_w=1.00Mg/m^3 とする。

解答 表1.2の相互関係式より、

式(1.8)より、$e=\dfrac{\rho_s\left(1+\dfrac{w}{100}\right)}{\rho_t}-1=\dfrac{2.65\,[\mathrm{g/cm^3}]\left(1+\dfrac{26.4[\%]}{100}\right)}{1.930\,[\mathrm{g/cm^3}]}-1=0.736$

式(1.9)より、$n=\dfrac{e}{1+e}\times100\,[\%]=\dfrac{0.736}{1+0.736}\times100[\%]=42.4\,[\%]$

式(1.10)より、$S_r=\dfrac{w\rho_s}{e\rho_w}=\dfrac{26.4\,[\%]\times2.65\,[\mathrm{g/cm^3}]}{0.736\times1.00\,[\mathrm{g/cm^3}]}=95.1\,[\%]$

答　$e=0.736$、$n=42.4\%$、$S_r=95.1\%$

別解 与えられた条件は物理量（すなわち割合量）だけなので、絶対量を土粒子の質量を $m_s=100[\mathrm{g}]$ と仮定すれば、次の3つの物理量から、

・乾燥密度　$\rho_s=\dfrac{m_s}{V_s}=2.65[\mathrm{g/cm^3}]$ より、

$$V_s=\frac{m_s}{\rho_s}=\frac{100[\mathrm{g}]}{2.65[\mathrm{g/cm^3}]}=37.73[\mathrm{cm^3}]$$

・含水比　$w=\dfrac{m_w}{m_s}=0.264$ より、

$$m_w=w\times m_s=0.264\times100[\mathrm{g}]=26.4[\mathrm{g}]$$

$$V_w=\frac{m_w}{\rho_w}=\frac{26.4[\mathrm{g}]}{1.00[\mathrm{g/cm^3}]}=26.4[\mathrm{cm^3}]$$

$$m=m_w+m_s=26.4[\mathrm{g}]+100[\mathrm{g}]=126.4[\mathrm{g}]$$

・湿潤密度　$\rho_t=\dfrac{m}{V}=1.930[\mathrm{g/cm^3}]$ より、

$$V=\frac{m}{\rho_t}=\frac{126.4[\mathrm{g}]}{1.93[\mathrm{g/cm^3}]}=65.49\mathrm{cm^3}$$

$$V_v=V-V_s=65.49[\mathrm{cm^3}]-37.73[\mathrm{cm^3}]=27.76[\mathrm{cm^3}]$$

となる。これらの値より、

$$e=\frac{V_v}{V_s}=\frac{27.76[\mathrm{cm^3}]}{37.73[\mathrm{cm^3}]}=0.736$$

$$n=\frac{V_v}{V}=\frac{27.76[\mathrm{cm^3}]}{65.49[\mathrm{cm^3}]}=0.424=42.4[\%]$$

$$S_r = \frac{V_w}{V_v} = \frac{26.4[\mathrm{cm}^3]}{27.76[\mathrm{cm}^3]} = 0.951 = 95.1[\%]$$

答　$e = 0.736$、$n = 42.4\%$、$S_r = 95.1\%$

基本問題 15　間隙比 e と間隙率 n の関係の証明

間隙比 e と間隙率 n の間には次のような関係がある。間隙比の定義式から誘導せよ。

$$e = \frac{n}{1-n} \tag{1.19}$$

解答

間隙比の定義は $e = \frac{V_v}{V_s}$ である。この式の右辺は以下のように変形できる。

左辺$= \frac{V_v}{V - V_v} = \frac{\frac{V_v}{V}}{1 - \frac{V_v}{V}} = \frac{n}{1-n}$ となり、$e = \frac{n}{1-n}$ が成り立つ。

基本問題 16　液性限界試験結果の整理

ある土の液性限界試験を行って、下の表のような結果が得られた。この結果から流動曲線を描いて、液性限界 w_L、塑性指数 I_p、流動指数 I_f を求めよ。
なお、この土の塑性限界は $w_P = 98.0\%$ であった。

表 1・5

落下回数 N	46	32	24	15	8
含水比 w (%)	129	136	143	142	155

解答 液性限界試験結果より、片対数グラフに流動曲線を描くと右図のようになる。図より$N=25$回に対応する含水比を読み取ると、液性限界w_Lは$w_L=138[\%]$である。

したがって、塑性指数I_pは、

$I_p=w_L-w_p=138[\%]-98[\%]=40$

流動指数I_fは流動曲線（実際には直線）の傾き、すなわち落下回数Nを10倍変化させるのに必要な含水比wである。図より、例えば$N=5$のとき$w=157[\%]$、$N=50$のとき$w=130[\%]$なので、

$I_f=157-130=27$となる。

答　$w_L=138\%$、$I_p=40$、$I_f=27$

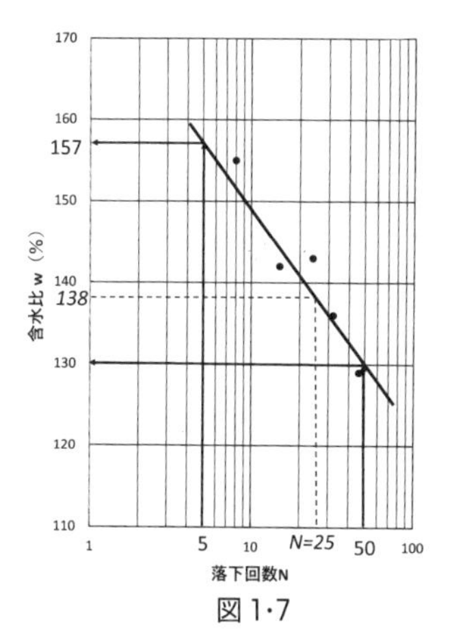

図 1·7

基本問題 17　コンシステンシー限界試験の結果による分類

ある試料土のコンシステンシー限界試験を行った結果、液性限界は$w_L=76.7\%$、塑性限界は$w_P=23.6\%$となった。現場より採取したときの含水比は$w=58.6\%$であった。この結果をもとに、次の問題を解け。

（1） 塑性指数I_P、コンシステンシー指数I_Cおよび液性指数I_Lを求めよ。

（2） 塑性図により、この試料土がどのような土であるかを分類せよ。

解答

（1） 塑性指数 $I_p=w_L-w_P=76.7-23.6=53.1$

コンシステンシー指数 $I_c=\dfrac{w_L-w}{I_P}=\dfrac{76.7-58.6}{53.1}$

$=0.341$

液性指数 $I_L=\dfrac{w-w_P}{I_P}=\dfrac{58.6-23.6}{53.1}=0.659$

答　$I_p=53.1$、$I_c=0.341$、$I_L=0.659$

（2） 塑性図上に示す位置から分かるように、この土は液性限界w_LがB線（$w_L=50\%$）より右に、A線（$I_P=0.73(w_L-20)$）より上に位置しているので、圧縮性が大きく高塑性でねばねばした粘性土CH（粘土－高液性限界）に分類される。

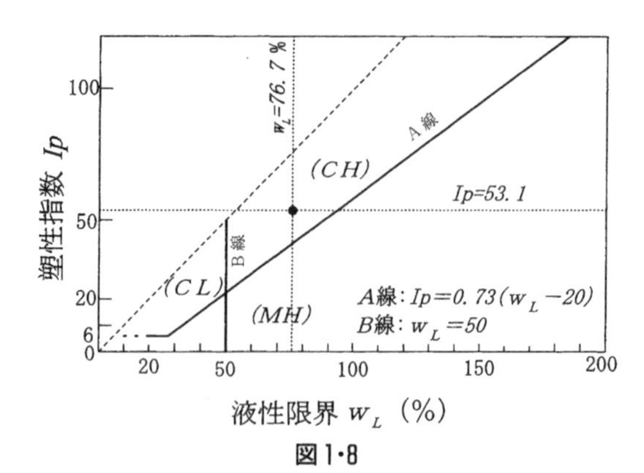

図1·8

（土質試験－基本と手引（第三回改訂版）：（公社）地盤工学会、2022年、p.54図6.6をもとに作成）

基本問題 18　粒度試験結果の整理

ある土のふるい分け試験の結果、4.75mm ふるいは全量が通過したが、2 mm ふるいには 8.5g の試料が残留した。さらに順次に細かいふるいで振ったところ、ふるいの目開き径と残留質量のデータは、(0.85mm、54.7g)（0.42mm、124.8g）(0.25mm、81.9g)（0.105mm、71.1g）(0.075mm、23.0g）となり、0.075mm ふるいを通過して受け皿に残った試料は 36.2g であった。この結果より、粒径加積曲線を描いて、この土の平均粒径 D_{50}、均等係数 U_C、曲線係数 U_c' を求めなさい。

解答　ふるい分け試験結果より、通過質量率を表1・6のように求める。

表1·6

成分		ふるい(mm)	残留質量(g)	通過質量(g)	通過質量率
粗粒分	礫分	4.75	0.0	8.5 + 391.7 = 400.2	400.2/400.2 = 1.00
		2.00	8.5	54.7 + 337.0 = 391.7	391.7/400.2 = 0.98
	砂分	0.85	54.7	124.8 + 212.2 = 337.0	337.0/400.2 = 0.84
		0.42	124.8	81.9 + 130.3 = 212.2	212.2/400.2 = 0.53
		0.25	81.9	71.1 + 59.2 = 130.3	130.3/400.2 = 0.32
		0.105	71.1	23.0 + 36.2 = 59.2	59.2/400.2 = 0.15
		0.075	23.0	36.2	36.2/400.2 = 0.09
細粒分		(受け皿)	36.2	−	−

解答　求められた通過質量率をもとに、粒径加積曲線を描くと、図1・9のようになる。

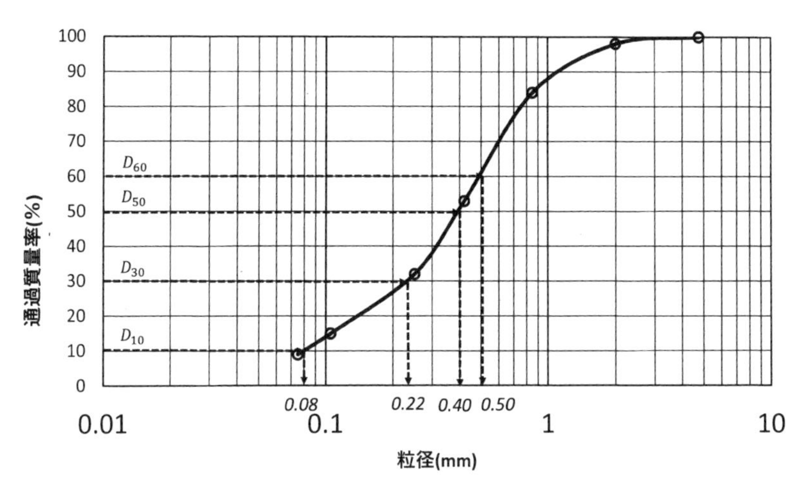

図1・9

この粒径加積曲線より、

10％粒径は$D_{10}=0.080$mm、30％粒径は、$D_{30}=0.22$mm、50％粒径は$D_{50}=0.40$mm、60％粒径は$D_{60}=0.50$mmと読み取れるから、

平均粒径$D_{50}=0.40$mm、均等係数$U_c=\dfrac{D_{60}}{D_{10}}=6.25$、曲率係数$U'_c=\dfrac{(D_{30})^2}{(D_{60}D_{10})}=1.21$

となる。

答　$D_{50}=0.40$mm、$U_c=6.25$、$U'_c=1.21$

基本問題 19　土の工学的分類

土の工学的分類法において、(GW)は(ア)(イ)、(SP)は(ウ)(エ)、(CH)は(オ)(カ)、(SG)は(キ)(ク)、(ML)は(ケ)(コ)、(GS)は(サ)(シ)のことである。
①粘土、②シルト、③砂、④礫、⑤火山灰、⑥粘土質土、⑦シルト質、⑧砂質、⑨礫質、⑩火山灰質、⑪有機質、⑫粒径幅の広い、⑬分級された、⑭圧縮性の大きい、⑮圧縮性の小さい

解答欄	(ア)	(イ)	(ウ)	(エ)
	(オ)	(カ)	(キ)	(ク)
	(ケ)	(コ)	(サ)	(シ)

解答　(ア) 12、(イ) 4、(ウ) 13、(エ) 3、(オ) 14、(カ) 1、(キ) 9、(ク) 3、(ケ) 15、(コ) 2、(サ) 8、(シ) 4

解説：分類記号は英文字と記号で表す。中分類・小分類は主記号の組合せで表し、原則として構成粒子の多い順から(質量比)かつ細粒順に並べる。必要に応じて副記号と補助記号を用いる。

主な主記号

R ：巨石(Rock)
G ：礫粒土(G-soil または Gravel)
S ：砂粒土(S-soil または Sand)
F ：細粒土(Fine Soil)
Cs：粘性土(Cohesive soil)
M ：シルト
C ：粘土(Clay)
O ：有機質土(Organic soil)
V ：火山灰質粘性土(Volcanic cohesive soil)
Pt：高有機質土(Highly organic soil)または泥炭(Peat)

主な副記号

W ：Well graded(粒径幅の広い)
P ：Poorly graded(分級された)
L ：Low liquid limit
(低液性限界 $w_L<50\%$)
H ：High liquid limit
(高液性限界 $w_L \geqq 50\%$)

基本問題 20　締固めの歴史

次の文章の空欄に当てはまる解答を選び、解答欄に番号を記入せよ。
戦国時代の武将(ア)は(イ)に堤防を構築し、その一部は現存している。彼は、

堤防が決壊しないように、堤防の上で(ウ)を行った。

①武田信玄、②上杉謙信、③織田信長、④朝倉義景、⑤宇喜多直家、⑥長宗我元親、⑦信濃川、⑧淀川、⑨秋川、⑩高津川、⑪久慈川、⑫五ヶ瀬川、⑬釜無川、⑭姫川、⑮犀川、⑯神官によるお祓い、⑰僧侶による祈禱、⑱力士による土俵入り、⑲村民によるお祭り

解答欄	(ア)	(イ)	(ウ)

解答 (ア) 1

(イ) 13：釜無川と笛吹川の合流点付近のいわゆる「信玄堤」

(ウ) 19：堤防の上を定期的に多人数の村民が歩き回るために締固め効果が得られる。

基本問題21　土の締固め特性

次の文章の空欄に当てはまる解答を選び、解答欄に番号を記入せよ。

締固めエネルギーが大きくなると土の最適含水比 w_{opt} は(ア)なり、最大乾燥密度 $\rho_{d\max}$ は(イ)なる。また、粒径が大きくなると最適含水比 w_{opt} は(ウ)なり、最大乾燥密度 $\rho_{d\max}$ は(エ)なる。

①大きく、②小さく

解答欄	(ア)	(イ)	(ウ)	(エ)

解答

(ア) 2、(イ) 1、(ウ) 2、(エ) 1

基本問題22　締固め試験結果の整理と盛土施工管理への適用

直径 10 cm のモールドと質量 2.5 kg のランマーを用いて突固めによる締固め試験を行った。試料土は3層に分けて各層25回ずつ突き固めた。試験結果を下に示す。以下の問に答えよ。

(1)　締固め曲線を描いて、最大乾燥密度 $\rho_{d\max}$ と最適含水比 w_{opt} を求めよ。

(2)　締固め曲線にゼロ空気間隙曲線を記入せよ。

ただし、土粒子の密度を $\rho_s = 2.70$ Mg/m^3、水の密度を $\rho_w = 1.00$Mg/m^{3}とする。

(3) 締固め試験に用いた土を用いて盛土工事を行う。施工時の管理目標は「盛土の密度が締固め試験で得られた最大乾燥密度の98.5%以上である」というものであった。この条件を満足するためには、使用する盛土材料の土の含水比に許される範囲はいくらか。

表1·7

含水比(%)	乾燥密度 ρ_d(Mg/m^3)
22.0	1.228
26.0	1.252
30.4	1.276
32.8	1.288
35.4	1.296
38.8	1.290
42.0	1.250
49.0	1.145

解答

(1)の答　最大乾燥密度 $\rho_{d\,\max} = 1.298$Mg/m^3、最適含水比 $w_{opt} = 36.7$%

(2)の答　ゼロ空気間隙曲線を求める式は、

$$\rho_{d\mathrm{sat}} = \frac{\rho_w}{\dfrac{\rho_w}{\rho_s} + \dfrac{w}{100}} \tag{1.20}$$

であるから、各含水比を代入して $\rho_{d\mathrm{sat}}$ を求めると表1·8のようになる。

表1·8

含水比（%）	22.0	26.0	30.4	32.8	35.4	38.8	42.0	49.0
$\rho_{d\mathrm{sat}}$ (Mg/m^3)	—	—	—	—	1.381	1.319	1.266	1.163

この値を締固め曲線上にプロットすると図に示すようなゼロ空気間隙曲線が得られる。

(3)の答　最大乾燥密度 $\rho_{d\,\max}$ の98.5%は1.279 Mg/m^{3}である。したがって、締固め曲線から、この乾燥密度に対応する含水比は $w = 31.2\% \sim 39.8\%$ であることがわかる。

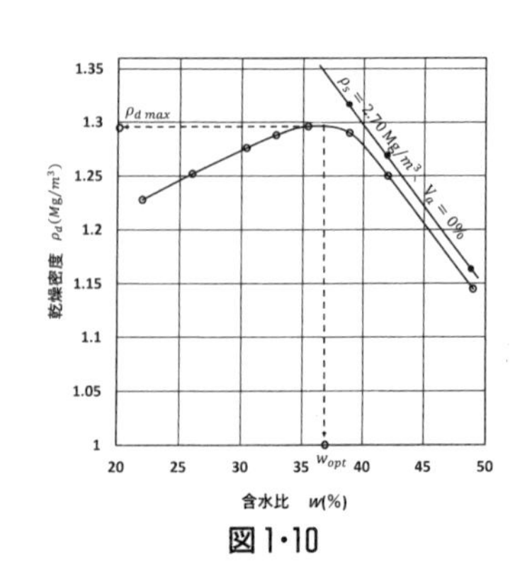

図1·10

応用問題

応用問題1　収縮試験結果の整理と利用

ある粘土土の収縮試験と液性限界の試験結果を表1-9に示す。この結果より、この土の収縮限界w_sと収縮比Rを求めよ。ただし、水の密度は$\rho_w = 1.00 \mathrm{Mg/m^3}$とせよ。

表1·9

試料土の含水比	$w = 62.3\%$
試料土の体積	$V = 19.4\ \mathrm{cm^3}$
炉乾燥試料土の体積	$V_0 = 15.2\ \mathrm{cm^3}$
乾燥土の質量	$m_s = 18.81\ \mathrm{g}$

応用問題2　原位置での湿潤密度の測定

現場で土の湿潤密度ρ_tを測るために地表面に穴を掘った。その土の質量を測ったら1335 gであった。つぎに、その穴に乾燥砂を静かに注ぎ込んだところ1045 gでちょうど穴が一杯になった。この砂の乾燥密度は$\rho_d = 1.450 \mathrm{Mg/m^3}$である。このとき土の湿潤密度$\rho_t$はいくらか。

応用問題3　間隙比 e、間隙率 n の算定

箱の中に直径1 cmの玉を入れた。最も密に詰めた場合、最も緩く詰めた場合について、それぞれの場合における間隙比eと間隙率nを求めよ。

応用問題4　物理量の間接的な算定

ある試料土の物理試験を行ったところ、湿潤密度$\rho_t = 1.980 \mathrm{Mg/m^3}$、土粒子の密度$\rho_s = 2.65 \mathrm{Mg/m^3}$、含水比$w = 24.6\%$となった。この試験結果をもとに、次の値を算出せよ。

ただし、水の密度$\rho_w = 1.00 \mathrm{Mg/m^3}$とする。

（1）　間隙比e、間隙率n、飽和度S_r、乾燥密度ρ_d

（2）　飽和密度ρ_{sat}と水中単位体積重量γ'

ただし、飽和させたときに間隙比eは変わらないとする。

応用問題 5　粒度特性による締固め特性の違い

土の粒度分布特性が変われば締固め曲線はどのように変わるか？図を用いて定性的に説明せよ。さらに、締固め曲線と透水係数の関係についても図を用いて説明せよ。

応用問題 6　締固め試験結果の整理

次のような締固め試験結果が得られた。この結果をもとに次の問に答えよ。なおモールドの容積は 1000 cm^3、質量 3788 g とする。また、土粒子の密度 ρ_s= 2.68 Mg/m^3 である。

表 1·10

含水比(%)	容器＋土(g)
51.5	4856
60.0	4956
71.2	5106
79.5	5204
84.0	5247
90.0	5245
98.5	5237

（1）　乾燥密度 ρ_d と含水比の関係を図示して、最大乾燥密度 $\rho_{d\max}$ とそのときの含水比 w_{opt} を求めよ。

（2）　（1）で得られた図中にゼロ空気間隙曲線を描け。

応用問題 7　混合土の含水比

含水比 w が 150.0％の軟弱な土 3.5t に含水比 w が 10.0％の土 3.2t を混ぜた。この混合土の含水比 w は何％になるか。

応用問題 8　盛土に要する土量の算定

土取場から掘削した土をダンプトラックで所定の場所に運搬して盛り立てることにより、仕上がり体積が 20000 m^3 の盛土を建設することになった。土取場の土の土質試験を行ったところ、自然状態で湿潤密度は $\rho_t=2.180\,\mathrm{Mg/m^3}$、含水比は $w=15.2\%$、土粒子の密度は $\rho_s=2.70\,\mathrm{Mg/m^3}$ であった。また、締固め試験を行ったところ、最適含水比は $w_{opt}=18.1\%$、その時の乾燥密度は $\rho_d=1.762\,\mathrm{Mg/m^3}$ であった。

そこで、盛土を建設する際には、土を運搬して建設現場で巻きだした後に散水して含水比を最適状態とし、ブルドーザー等によって締固め、乾燥密度が $\rho_d=1.762\,\mathrm{Mg/m^3}$ となるように施工した。

（1） 採取して運搬すべき土の質量を求めよ。

（2） 散水量（土取場から掘削した土1t当たりに加えるべき水の量）を求めよ。

応用問題9 異なる含水比の土を混合したときの物理量

3種類の異なる含水比の土(乾燥土、$w=25.0\%$ の土、$w=40.0\%$ の土)を1.0tずつとり、これらを混合して突き固めて体積を1.5m^{3}にした。この混合土の湿潤密度 ρ_t と飽和度 S_r を求めなさい。ただし、土粒子の密度 $\rho_s=2.70\,\mathrm{Mg/m^3}$ である。

応用問題10 N 値の求め方

ある砂地盤の5mの深さで標準貫入試験を行ったところ、次の試験結果を得た。この深さにおける N 値を求めよ。また、この深さの地盤は緩いか密かを述べよ。

表1·11

打撃回数	貫入深さ(cm)
1回目	4
2回目	5
3回目	5
4回目	5
5回目	4
6回目	4
7回目	3

1 記述問題

記述問題 1

土が他の土木材料(鋼、コンクリート)と大きく違う点を説明せよ。

記述問題 2

自宅のある場所の地形と土質の状況をまとめよ。

記述問題 3

日本の代表的な特殊土について、その成因と土質工学的特徴を述べよ。

記述問題 4

運積土と定積土について説明せよ。それらの代表的な土をあげよ。

記述問題 5

[土の構造]にはどのようなものがあるかを説明せよ。

記述問題 6

土の工学的分類の方法について、その手順を簡単に説明せよ。

記述問題 7

コンシステンシー限界について以下の問いに答えよ。

(1) 含水比と体積の図をもとに、コンシステンシー限界の種類を述べよ。

(2) 液性限界、塑性限界を境に土の性質はどのように変わるか述べよ。

(3) 普通の粘土と砂っぽい粘土における塑性指数の違いを述べよ。

第2章 土の中の水

堤防・貯水施設の建設や地盤の掘削工事では、土の中の水の流れを予測し透水量を適切に制御することが必要である。特に地盤内の水の速度が大きくなりすぎると地盤が破壊されて大きな事故につながる危険性があるので、土構造物を設計する際には透水速度・動水勾配の過大な部分が生じないように注意しなければならない。

地表面付近では土の間隙に空気と水が混在する不飽和状態となっている。寒冷地では地表付近の不飽和土の凍上が問題を引き起こすことが多い。

地下水面より下では地盤内に間隙水圧が作用している。土の変形や強度は、土全体に作用している全応力から間隙水圧を引いた有効応力によって左右される。

2.1 透水問題

(1) ダルシー(Darcy)の法則

土中の水の流速 v は動水勾配 i に比例する。すなわち、

$$v=ki \tag{2.1}$$

比例係数 k は土の透水性の大小を表すパラメータで、透水係数と呼ばれる。透水係数 k は速度の単位をもっており、その単位は、m/sec を標準とする。透水断面積を A とすれば、単位時間あたりの流量 Q は

$$Q=vA=kiA \tag{2.2}$$

(2) 動水勾配と水頭

水頭 h は、その点における自由水面の高さとして表される。動水勾配 i とは、水頭差 Δh を透水距離 L で割ったもの(水頭 h の勾配)である。

$$i=\frac{\Delta h}{L} \tag{2.3}$$

注) 水頭差を単に h と表記することもある。

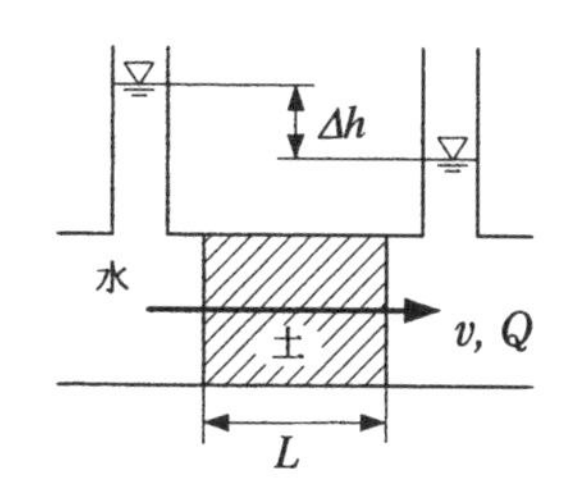

図2･1 土の透水に関する模式図

（3） 透水試験

土の透水性を表す透水係数 k は実験により求める。室内透水試験として、比較的透水性の大きな土に適用する定水位透水試験と、透水性の小さな土に適用する変水位透水試験がある。また、現場透水試験として井戸からの地下水の汲み上げ量と井戸周辺地盤の地下水位の変化から透水係数を求める揚水試験がある。

（4） 非一様問題・非定常問題

ダルシー則に関するパラメータ（動水勾配 i、透水係数 k）が地盤内の場所によって異なる場合（非一様問題）では、微小要素に関するダルシー則を境界条件にしたがって足し合わせる（積分する）ことによって問題を解く。また、パラメータが時間によって変化する場合（非定常問題）では、微小時間に関するダルシー則を初期・最終条件にしたがって積分することによって問題を解く。

（5） 2次元透水（正方形流線網）

透水の流速や方向が位置によって異なる2次元透水現象は非一様問題である。これを解析的に解く（ラプラスの式を境界条件にしたがって積分する）ことは通常困難なので、等ポテンシャル線（水頭 h の等高線）と流線（流れの方向線）による図形的解法（正方形流線網）を用いることが多い。

a） 等方地盤での正方形流線網の描き方

①自由水に接する土の表面は等ポテンシャル線になる。

②不透水境界は流線になる。

③等ポテンシャル線と流線は直交する。

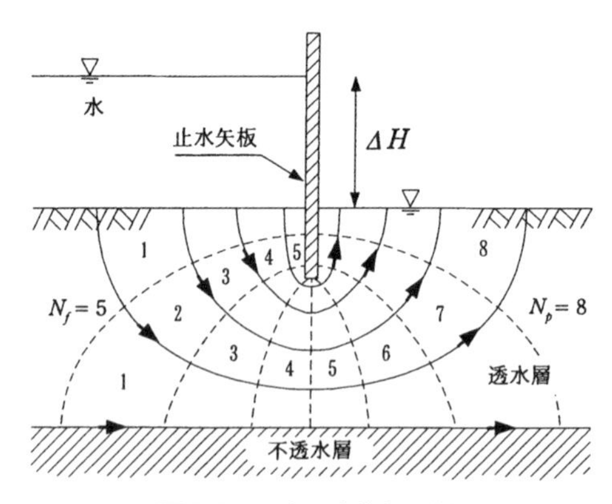

図2·2 正方形流線網の例

④流線網の区画(要素)がなるべく正方形に近くなるように描く。

b) 等方地盤での正方形流線網の性質

⑤等ポテンシャル線の間の水頭差はどこも等しい。

⑥流線の間の流量はどこも等しい。

性質⑤⑥を用いれば、水頭・動水勾配・流速の分布や流量を容易に求められる。

いま、2次元地盤内の二つの境界における水頭差を ΔH、等ポテンシャル線の間隔の数を N_p、流線の間隔の数を N_f とすれば、地盤全体の透水流量 Q は

$$Q = k\Delta H \frac{N_f}{N_p} \tag{2.4}$$

(6) 透水によって生じる土の破壊

a) 砂質地盤のボイリング(boiling)

非粘着性地盤の堀削底面などにおいて、動水勾配が限界動水勾配 $i_{cr} = \frac{\gamma_t}{\gamma_w} - 1$ を越えると透水力によって土粒子が浮遊状態となり、地盤が破壊する。ここで、γ_t は土の湿潤単位体積重量、γ_w は水の単位体積重量である。

b) 細粒土のパイピング(piping)

粘着力を持つ細粒土であっても、動水勾配が非常に大きくなると土の表面(あるいは、透水性小から大への急変部)から土粒子が流出して孔を生じ、それが拡大して地盤全体の崩壊に至る。対策として、中間的な透水性を有するフィルター材を配置して透水性の急変部を解消する。

2.2 不飽和土の問題

(1) サクションと毛管現象

空気を含む土の間隙内では間隙水の表面張力によって水圧が空気圧よりも低下し、その分だけ地下水面から水が吸い上げられてくる(毛管現象)。水圧と空気圧の差をサクションという。間隙のサイズが小さいほどサクションは大きくなる。また、サクションによって土粒子間に吸着力が生じる。

(2) 凍上現象

気温が0度以下になると、地表付近の間隙水の凍結によって土中の間隙のサイズが小さくなるためにサクションが増大してより多くの地下水が地表付近に上昇する。この水が凍結膨張して地表面が大きく隆起してしまう。

2.3 間隙水圧

(1) 全応力・間隙水圧・有効応力

土に作用する全応力 σ は、土粒子が受け持つ有効応力 σ' と水が受け持つ間隙

水圧 u に分けて考えることができる。また、間隙水圧 u は、静水圧 u_0 と圧密荷重や土のせん断変形によって生じる過剰間隙水圧 u_e に分けて考えることができる。すなわち、

$$\sigma = \sigma' + u = \sigma' + (u_0 + u_e) \tag{2.5}$$

過剰間隙水圧が土の力学的性質に与える影響については、第 3 章 土の圧密と第 4 章 土のせん断強さで詳しく取り扱う。

(2) 地盤中の上載圧

地表面に圧力 q の分布荷重が作用し、土の湿潤単位体積重量が γ_t、飽和単位体積重量が γ_{sat}、地下水面の深さが z_w であるとき、地表面から深さ z の位置の土に働く上載圧(鉛直応力成分) σ_v は

$$\text{地下水面より上：} \sigma_v = \gamma_t z + q \tag{2.6}$$

$$\text{地下水面より下：} \sigma_v = \gamma_t z_w + \gamma_{sat}(z - z_w) + q \tag{2.7}$$

また、水の単位体積重量を γ_w とすれば、地下水面より下での静水圧は $u_0 = \gamma_w(z - z_w)$ なので、載荷・変形前(過剰間隙水圧 $u_e = 0$)における地盤内(地下水面より下)の有効上載圧は

$$\begin{aligned} \sigma'_v &= \sigma_v - u \\ &= \sigma_v - u_0 \\ &= \gamma_t z_w + (\gamma_{sat} - \gamma_w)(z - z_w) + q \\ &= \gamma_t z_w + \gamma'(z - z_w) + q \end{aligned} \tag{2.8}$$

と表される。ここに、γ' は土の水中単位体積重量である。

2 基本問題

基本問題1　ダルシーの法則

下図のように、長さ $L=150$ cm、断面積 $A=320$ cm² の土の供試体の両端において基準水平面からの水頭を測定したところ、$h_1=90$ cm、$h_2=60$ cm であった。このときの透水速度 v と透水量 Q を求めよ。土の透水係数は $k=2.4\times10^{-5}$ m/sec である。

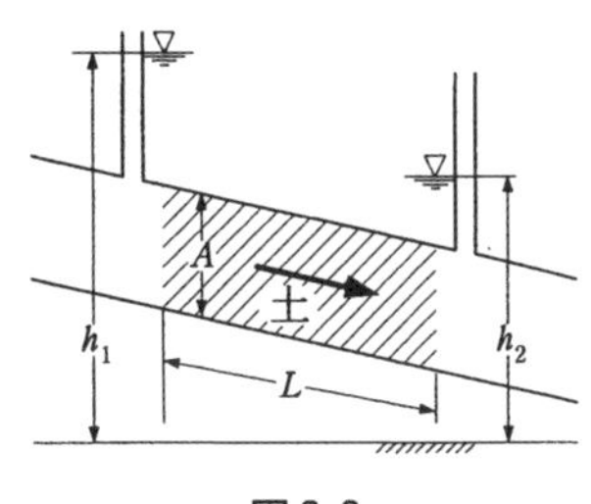

図2·3

解答　供試体の両端における水頭差は $\Delta h=h_1-h_2$、透水距離は L、動水勾配は $i=\Delta h/L=(h_1-h_2)/L$ である。ダルシーの法則式(2.1)、(2.2)より、

$$v=ki=k\frac{h_1-h_2}{L}=2.4\times10^{-5}\,[\text{m/sec}]\times\frac{90\,[\text{cm}]-60\,[\text{cm}]}{150\,[\text{cm}]}$$

$$=4.8\times10^{-6}\,[\text{m/sec}]$$

$$Q=vA=4.8\times10^{-6}\,[\text{m/sec}]\times0.032\,[\text{m}^2]=1.54\times10^{-7}\,[\text{m}^3/\text{sec}]$$

$$=0.154\,[\text{cm}^3/\text{sec}]$$

基本問題2　ダルシーの法則・定水位透水試験

下図のように高さ 12.0 cm、直径 10.0 cm の円柱供試体について水位差 6.0 cm の定水位透水試験を行ったところ、5分間に 283 cm³ の水が流れた。この土の透水係数はいくらか。

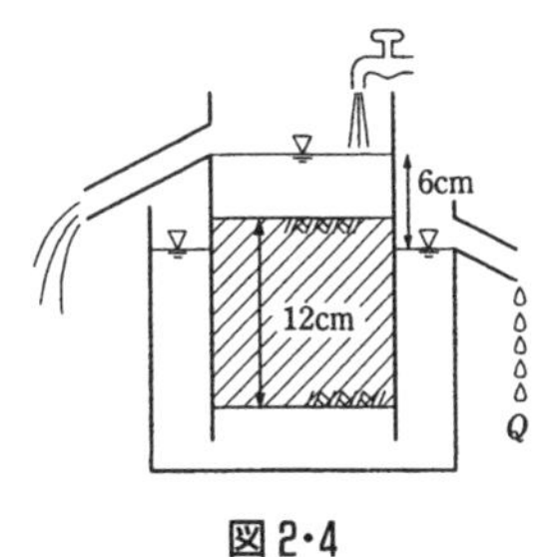

図2·4

解答 水は円柱供試体の上端から下端へ流れるので、透水距離は $L=12.0$ cm、透水断面積は $A=\pi D^2/4=3.14\times(10.0\,[\mathrm{cm}])^2/4=78.5\,[\mathrm{cm}^2]$ である。また、水頭差(供試体上端と下端に接する自由水面の高さの差)は $\Delta h=6.0$ cm である。

ダルシーの法則より、$Q=vA=kiA=k\dfrac{\Delta h}{L}A$

したがって、土の透水係数が次のように求められる。

$$k=\frac{Q\times L}{\Delta h\times A}=\frac{(283\,[\mathrm{cm}^3]/5\,[\mathrm{min}])\times 12.0\,[\mathrm{cm}]}{6.0\,[\mathrm{cm}]\times 78.5\,[\mathrm{cm}^2]}=1.44\,[\mathrm{cm/min}]=2.4\times 10^{-4}\,[\mathrm{m/sec}]$$

基本問題3 ダルシーの法則・変水位透水試験

右図のように高さ 12.0 cm、直径 10.0 cm の円柱供試体について変水位透水試験を行ったところ、15 分間に下部水面に対するスタンドパイプ内の水頭差が $h_1=46.4$ cm から $h_2=39.1$ cm に低下した。この土の透水係数はいくらか。スタンドパイプの内断面積は $a=1.0\,\mathrm{cm}^2$ である。

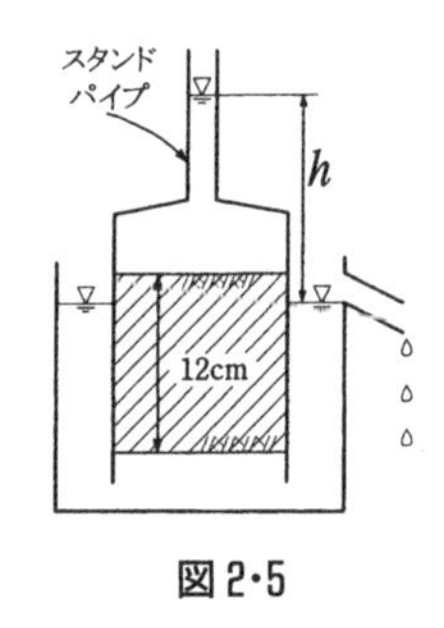

図2・5

解答 水は円柱供試体の上端から下端へ流れるので、透水距離は $L=12.0$ cm、透水断面積は $A=\pi D^2/4=3.14\times(10.0\,[\mathrm{cm}])^2/4=78.5\,[\mathrm{cm}^2]$ である。水頭差 h が時間と共に変化するので、これは非定常問題である。そこで、微小時間 dt の間の透水量を dV とすれば、微少時間に関するダルシーの法則は、

$$dV=Q\,dt=k\frac{h}{L}A\,dt$$

微小時間 dt の間の水頭差の変化量を dh とすれば、パイプ内の水位低下より、

$$dV=-a\,dh$$

(水頭差が減少して $dh<0$ のときに流量は正 $dV>0$ であることに注意する。)

両者を等しいとおいて t と h について変数分離すれば、

$$\frac{kA}{L}dt=-\frac{a}{h}dh$$

初期条件 $t=0$ において $h=h_1$、終了条件 $t=T$ において $h=h_2$ のもとで積分

して

$$\int_0^T \frac{kA}{L}dt = -\int_{h_1}^{h_2} a\frac{1}{h}dh$$

$$\frac{kA}{L}T = a\ln\frac{h_1}{h_2}$$

したがって、土の透水係数は、

$$k = \frac{aL}{AT}\ln\frac{h_1}{h_2} = \frac{1.0\,[\mathrm{cm^2}]\times 12.0\,[\mathrm{cm}]}{78.5\,[\mathrm{cm^2}]\times 15\,[\mathrm{min}]}\times\ln\frac{46.4\,[\mathrm{cm}]}{39.1\,[\mathrm{cm}]}$$

$$= 1.74\times 10^{-3}\,[\mathrm{cm/min}] = 3\times 10^{-7}\,[\mathrm{m/sec}]$$

基本問題4　掘り抜き井戸による現場揚水試験

不透水層に挟まれた厚さ $D=2.2$ m の透水層を貫通する細い試験井戸を掘り、流量 $Q=1.2$ m^3/min の水を汲み上げている。一方、この井戸から距離 $r_1=10$ m および $r_2=60$ m の位置に観測井戸を掘って水位を調べたところ、不透水層からの水頭がそれぞれ $h_1=2.46$ m、$h_2=3.51$ m であった。この透水層の水平方向の透水係数 k を求めよ。

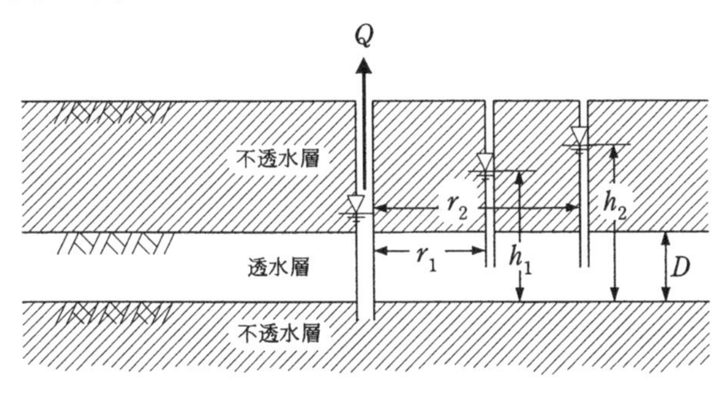

図2·6

解答　次頁の図のように試験井戸を中心とする半径 r の円環状の透水断面を考えると、断面を通過する流量は半径 r によらず一定値 Q であるが、透水断面積は $A=2\pi rD$ なので、流速 $v=Q/A$ は井戸に近いところほど大きくなっている。すなわち、これは流速が場所によって異なる非一様問題であるので、微小要素の透水現象を空間的に積分して解く。半径 r、半径方向の微小な厚さ dr の円環状要素における水頭が h、円環内外面間の水頭差を dh とすれば、この要素に関するダルシーの法則は式(2.1)、(2.2)、(2.3)より

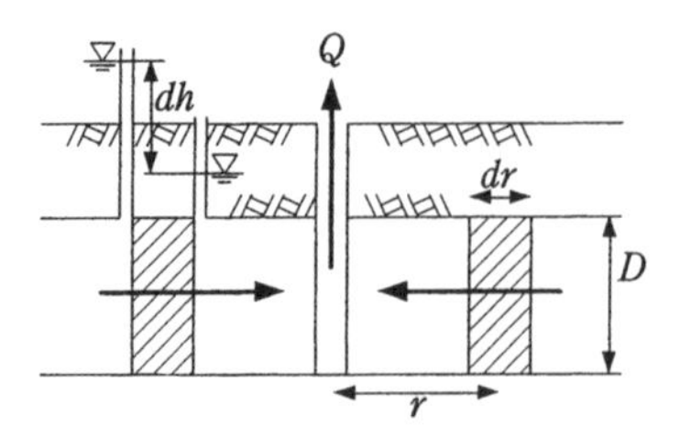

図 2・7

$$Q=vA=kiA=k\frac{\Delta h}{L}A=k\frac{dh}{dr}A=k\frac{dh}{dr}2\pi rD$$

これを r と h について変数分離を行い、2つの観測井戸における境界条件 ($r=r_1$ において $h=h_1$) ($r=r_2$ において $h=h_2$) の間で積分すると、

$$\int_{r_1}^{r_2} Q\frac{1}{r}dr=\int_{h_1}^{h_2} 2\pi Dkdh$$

$$Q=\ln\frac{r_2}{r_1}=2\pi Dk(h_2-h_1)$$

したがって、これを透水係数 k について解けば、

$$k=\frac{Q}{2\pi D(h_1-h_2)}\ln\frac{r_2}{r_1}=\frac{1.2\,[\mathrm{m^3/min}]}{2\pi\times 2.2\,[\mathrm{m}]\times(3.51\,[\mathrm{m}]-2.46\,[\mathrm{m}])}\ln\frac{60\,[\mathrm{m}]}{10\,[\mathrm{m}]}$$

$$=0.326\,[\mathrm{m/min}]=5.4\times 10^{-3}\,[\mathrm{m/sec}]$$

基本問題 5　重力井戸による現場揚水試験

透水性の地盤に不透水層まで達する細い試験井戸を掘り、単位時間あたり流量 Q の水を汲み上げている。一方、この井戸から距離 r_1 および r_2 の位置に観測井戸を掘って地下水位を調べたところ、不透水層からの水頭がそれぞれ h_1, h_2 であった。この透水地盤の水平方向の透水係数 k を求めよ。

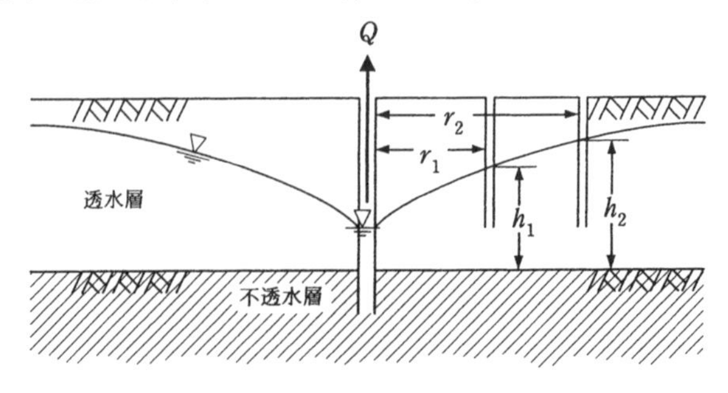

図 2・8

解答 基本問題4との相違点は、円環状の透水断面の高さが試験井戸からの半径によって異なり、その地点での透水断面の高さが不透水層からの水頭 h に等しくなっていることである。半径 r での透水断面積は $A=2\pi rh$ なので、厚さ dr の円環状微小要素に関するダルシーの法則は

$$Q=k\frac{dh}{dr}A=k\frac{dh}{dr}2\pi rh$$

2つの観測井戸における境界条件の間で積分すると、

$$\int_{r_1}^{r_2}Q\frac{1}{r}dr=\int_{h_1}^{h_2}2\pi hkdh、すなわち\quad Q\ln\frac{r_2}{r_1}=\pi k(h_1^2-h_2^2)$$

したがって、$k=\dfrac{Q}{\pi(h_1^2-h_2^2)}\ln\dfrac{r_2}{r_1}$

基本問題6 成層地盤の水平方向透水

不透水層に挟まれた厚さ $D=2.0$ m の透水層があり、その中を左から右へ一方向に地下水が流れている。透水層は3つの層に分かれており、各層の厚さは $D_1=0.7$m、$D_2=0.3$m、$D_3=1.0$m、透水計数は $k_1=2\times10^{-3}$m/sec、$k_2=1.5\times10^{-2}$m/sec、$k_3=3\times10^{-4}$m/secである。図のように、$L=25.0$mだけ離れた地点で透水層の水頭を測定したところ、その水頭差は $h=0.50$ m であった。この透水層全体の透水流量 Q を求めよ。

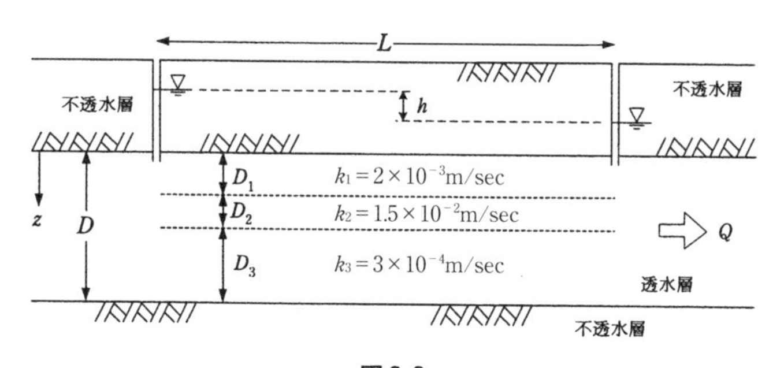

図 2・9

解答 流量が透水層内の場所(深さ)によって異なる非一様問題である。したがって、透水層の微小要素(この場合は各層ごと)にダルシーの法則を適用し、その流量を足しあわせることによって問題を解く。動水勾配はどの層でも等しく $i=h/L$ なので、各層の奥行き1mあたりの流量を Q_1、Q_2、Q_3 とすれば各層の

ダルシー則は、$Q_1=k_1iD_1$、$Q_2=k_2iD_2$、$Q_3=k_3iD_3$ となる。これを足しあわせて

$$Q=Q_1+Q_2+Q_3=(k_1D_1+k_2D_2+k_3D_3)i=(k_1D_1+k_2D_2+k_3D_3)\frac{h}{L}$$

$$=(2\times10^{-3}[\mathrm{m/sec}]\times0.7[\mathrm{m}]+1.5\times10^{-2}[\mathrm{m/sec}]\times0.3[\mathrm{m}]$$

$$+3\times10^{-4}[\mathrm{m/sec}]\times1[\mathrm{m}])\frac{0.5[\mathrm{m}]}{25[\mathrm{m}]}$$

$$=1.24\times10^{-4}[\mathrm{m^2/sec}]=0.446[\mathrm{m^2/hour}]$$

$$=0.446\left[\frac{\mathrm{m^3/hour}}{\mathrm{m}}\right]$$

すなわち、透水量は地盤奥行き 1 m あたり 1 時間に 0.446 $\mathrm{m^3}$ である。

参考）n 個の層からなる厚さ D の透水層全体をマクロにみた時の水平方向の透水計数を k_H とおけば、$Q=k_HiD=(k_1D_1+k_2D_2+k_3D_3+\cdots+k_nD_n)i$ より、

$$k_H=\frac{k_1D_1+k_2D_2+k_3D_3+\cdots+k_nD_n}{D}$$

基本問題 7　成層地盤の鉛直方向透水

図のように、高さ 12.0 cm、直径 $D=10.0$ cm で三層構造を有する土の円柱供試体について水位差 $h=6.0$ cm の定水位透水試験を行った。各層の土の透水係数と層厚は

$k_1=8.6\times10^{-6}$ m/sec、$d_1=4$ cm

$k_2=1.8\times10^{-6}$ m/sec、$d_2=2$ cm

$k_3=2.3\times10^{-5}$ m/sec、$d_3=6$ cm

である。このとき観察される流量 Q を求めよ。

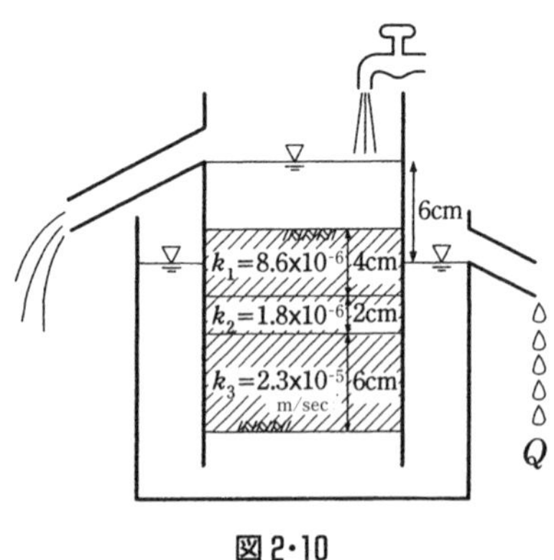

図 2・10

解答 これは、流速や動水勾配が透水層内の場所によって異なる非一様問題である。したがって、各層ごとにダルシーの法則を適用し、その水頭差を足しあわせることによって問題を解く。透水断面積 $A=\pi D^2/4$ や流量 Q はどの層でも等しいので、各層の水頭差を h_1、h_2、h_3 とすれば、各層のダルシー則は、

$Q=k_1\dfrac{h_1}{d_1}A$、$Q=k_2\dfrac{h_2}{d_2}A$、$Q=k_3\dfrac{h_3}{d_3}A$ となるので、各層の水頭差は

$h_1=\dfrac{Qd_1}{k_1A}$、$h_2=\dfrac{Qd_2}{k_2A}$、$h_3=\dfrac{Qd_3}{k_3A}$ となる。これを足しあわせて

$$h=h_1+h_2+h_3=\left(\frac{d_1}{k_1}+\frac{d_2}{k_2}+\frac{d_3}{k_3}\right)\frac{Q}{A}$$ したがって、

$$Q=\frac{hA}{\dfrac{d_1}{k_1}+\dfrac{d_2}{k_2}+\dfrac{d_3}{k_3}}$$

$$=\frac{6\,[\mathrm{cm}]\times\pi(10\,[\mathrm{cm}])^2/4}{\dfrac{0.04[\mathrm{m}]}{8.6\times10^{-6}\,[\mathrm{m/sec}]}+\dfrac{0.02[\mathrm{m}]}{1.8\times10^{-6}\,[\mathrm{m/sec}]}+\dfrac{0.06[\mathrm{m}]}{2.3\times10^{-5}\,[\mathrm{m/sec}]}}$$

$$=0.0257\,[\mathrm{cm^3/sec}]$$

参考） n 個の層からなる厚さ D の透水層全体をマクロにみた時の鉛直方向の透水計数を k_V とおけば、 $k_V=\dfrac{D}{\dfrac{d_1}{k_1}+\dfrac{d_2}{k_2}+\dfrac{d_3}{k_3}}$

基本問題8 2次元透水・流線網

図のように、等方的な透水性地盤の上にコンクリート止水壁があり、左側に水

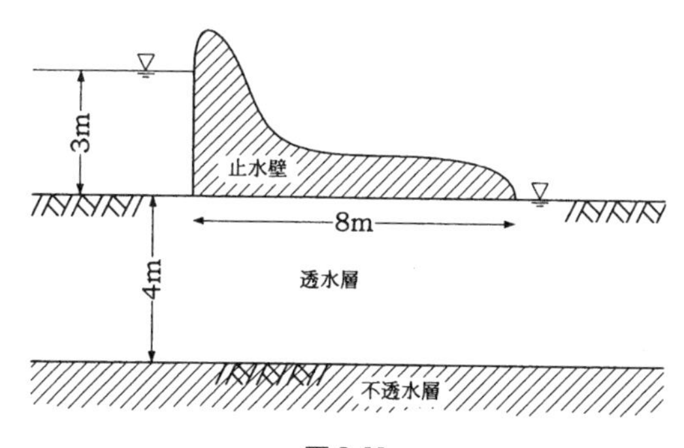

図2・11

深 3 m の水がたまっている。透水性地盤の透水係数が $k=5.28\times10^{-6}$ m/sec であるとき、この止水壁の単位長さ(奥行き)あたりの浸透流量(漏水量)を求めよ。

解答 正方形流線網の描き方(25 頁)にしたがって流線(実線)および等ポテンシャル線(破線)を作図すると、下図のようになる。このとき、止水壁の下面や不透水層との境界面は不透水境界なので流線となること、止水壁前後の地表面はいずれも自由水に接する境界なので等ポテンシャル線になること、流線と等ポテンシャル線がどこでも直行するようにすることなどに注意する。等ポテンシャル線の間隔の数は $N_p=12$、流線の間隔の数は $N_f=4$ なので、式(2.4)より、

$$Q=k\Delta H\frac{N_f}{N_p}=5.28\times10^{-6}\,[\mathrm{m/sec}]\times3\,[\mathrm{m}]\cdot\frac{4}{12}$$

$$=5.28\times10^{-6}\,[\mathrm{m^2/sec}]$$

$$=0.456\,[\mathrm{m^2/day}]=0.456\left[\frac{\mathrm{m^3/day}}{\mathrm{m}}\right]$$

すなわち、この止水壁の長さ 1 m あたりの浸透流量は 1 日当たり 0.456[m^3]

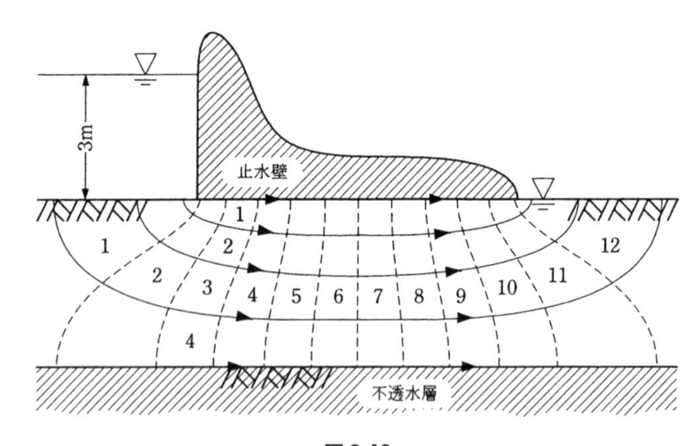

図 2・12

参考) 等ポテンシャル線の間隔の数 N_p や流線の間隔の数 N_f の値は流線網の描き方(メッシュのこまかさをどのくらいにするか)によって異なってくる。しかし、区画がなるべく正方形に近くなるように描けば、間隔の数の比 N_f/N_p はほぼ同じになり、流量の計算値もメッシュの大きさによらず大体同じになるはずである。しかし、作図による解法であるので、多少の個人差が生じることはやむを得ない。

基本問題9　2次元透水・流線網

下図のような止水矢板があり、左側に水がたまっている。透水性地盤の透水係数が $k=3.2\times10^{-6}$ m/sec であるとき、この止水矢板の単位長さ(奥行き)あたりの浸透流量(漏水量)を求めよ。

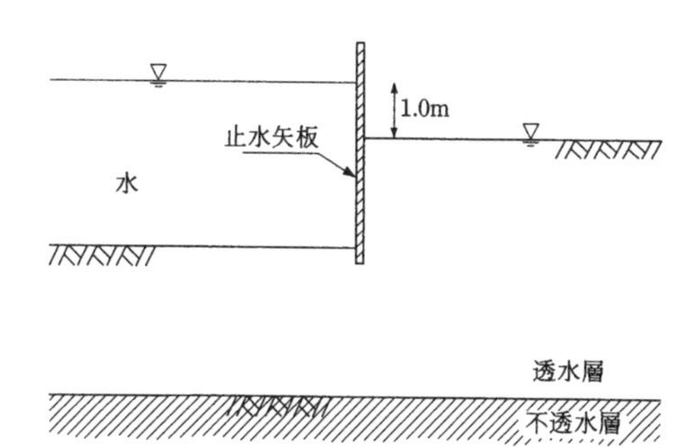

図2･13

解答　止水矢板の表面や不透水層との境界面は不透水境界なので流線となること、止水矢板前後の地表面はいずれも自由水に接する境界なので等ポテンシャル線になることなどに注意して正方形流線網を描くと、下図のようになる。

$$Q=k\Delta H\frac{N_f}{N_p}=3.2\times10^{-6}\,[\text{m/sec}]\times1\,[\text{m}]\cdot\frac{5}{9}$$

$$=1.77\times10^{-6}\,[\text{m}^2/\text{sec}]=0.15\left[\frac{\text{m}^3/\text{day}}{\text{m}}\right]$$

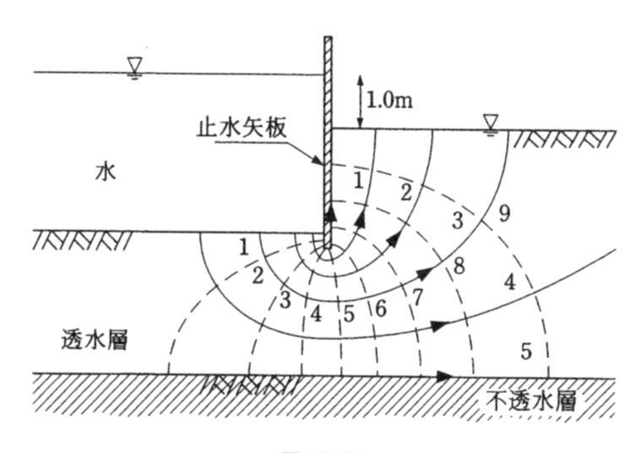

図2･14

基本問題 10　ボイリング・限界動水勾配

図のような試料における限界動水勾配 i_{cr} を求める式を導け。また、$L=20$ cm、土の飽和密度が $\rho_{sat}=1.8$ Mg/m^{3}のとき、水頭差 h をいくら以上にするとボイリングが発生するか。

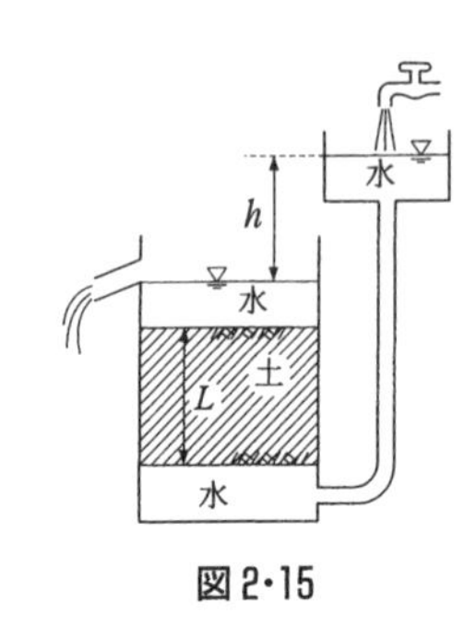

図 2・15

解答　土の高さを L、断面積を A、飽和密度を ρ_{sat} とし、また水の密度を ρ_w、重力加速度を g としたとき、土の水中重量(下向き水中重力)は $W=LA(\rho_{sat}-\rho_w)g$ である。一方、土に作用する上向き浸透力(土の下面に作用する水圧から上面に作用する水圧を引いたもの)は $F_s=Ah\rho_w g$ である。したがって、$F_s>W$、すなわち $h\rho_w>L(\rho_{sat}-\rho_w)$ となったとき、土が持ち上げられて破壊しボイリングが生じる。ちょうどボイリングが生じ始めるときは $L(\rho_{sat}-\rho_w)=h\rho_w$ なので、限界動水勾配は $i_{cr}=h/L=(\rho_{sat}-\rho_w)/\rho_w$ である。

また、このとき、$h=L\cdot\frac{\rho_{sat}-\rho_w}{\rho_w}=20\,[\text{cm}]\times\frac{1.8\,[\text{Mg/cm}^3]-1.0\,[\text{Mg/cm}^3]}{1.0\,[\text{Mg/cm}^3]}=16$ [cm]

基本問題 11　堀削時のボイリング

地下水位が地表から1mの深さにある砂地盤($\rho_{sat}=1.8$Mg/m^3)において、一辺が5mの正方形に鋼矢板を打設してその中を堀削した。鋼矢板は深さ6mまで打ち込んだ。堀削底から常にポンプで排水して矢板内の水位を堀削底と同じに保ちながら堀削する場合、ボイリングが発生し始める深さはいくらか。

解答　基本問題10で導いたように、地盤内の動水勾配が $i_{cr}=h/L=(\rho_{sat}-\rho_w)/\rho_w$ となったときにボイリングが生じる。現実の透水距離や動水勾配分布は図2・2や図2・14のように不均一であるが、簡略化のために、矢板内外の水頭差 h に対して均一な動水勾配分布を仮定したときの代表的な透水距離 L を適当

に仮定する。鋼矢板の根入れ深さを D としたとき、①$L=D$（安全側の設計）、②$L=2D$、③$L=2D+h$(危険側の設計)などとする考え方があるが、ここでは②の仮定を採用すれば、

$$i_{cr}=\frac{h}{L}=\frac{6[\mathrm{m}]-1[\mathrm{m}]-D}{2D}=\frac{\rho_{sat}-\rho_w}{\rho_w}$$

これを根入れ深さ D について解けば、

$$D=\frac{5[\mathrm{m}]\times\rho_w}{2\rho_{sat}-\rho_w}=\frac{5[\mathrm{m}]\times 1[\mathrm{Mg/m^3}]}{2\times 1.8[\mathrm{Mg/m^3}]-1.0[\mathrm{Mg/m^3}]}=1.9[\mathrm{m}]$$

したがって②の仮定のもとでボイリングを生じる掘削深さは $6[\mathrm{m}]-D=4.1[\mathrm{m}]$ である。

基本問題 12　地盤内の有効応力・地下水面が地表にある場合

飽和単位体積重量が $\gamma_{sat}=19.8\ \mathrm{kN/m^3}$ である砂からなる地盤がある。①地下水位が地表面と一致しているとき、および、②地表面が深さ 10m の水で水没しているとき、の2通りについて地表面から深さ 6m における鉛直有効応力 σ'_v を計算せよ。ただし、水の単位体積重量は $\gamma_w=9.81\ \mathrm{kN/m^3}$ である。

解答　①深さ $D=6[\mathrm{m}]$ における全応力は、$\sigma_v=\gamma_{sat}\times D=19.8[\mathrm{kN/m^3}]\times 6[\mathrm{m}]=118.8[\mathrm{kN/m^2}]$、水圧は、$u=\gamma_w\times D=9.81[\mathrm{kN/m^3}]\times 6[\mathrm{m}]=58.86[\mathrm{kN/m^2}]$ である。

したがって鉛直有効応力は、$\sigma'_v=\sigma_v-u=118.8[\mathrm{kN/m^2}]-58.86[\mathrm{kN/m^2}]=59.9[\mathrm{kN/m^2}]$

②上記の①と比べると水圧と全応力がともに $198\mathrm{kN/m^3}$ だけ大きくなり、有効応力は変化しない。

基本問題 13　地盤内の有効応力・地下水面が地中にある場合

湿潤単位体積重量が $\gamma_t=17.0\ \mathrm{kN/m^3}$、飽和単位体積重量が $\gamma_{sat}=19.8\ \mathrm{kN/m^3}$ である砂からなる地盤がある。①地下水位が地表面から深さ 2 m にあるとき、および、②地下水位が地表面から深さ 4 m に低下したときの、地表面から深さ 8 m における鉛直有効応力 σ'_v を計算せよ。

解答 $\sigma_v = \gamma_t \times 2\,[\mathrm{m}] + \gamma_{sat} \times (8\,[\mathrm{m}] - 2\,[\mathrm{m}])$

$= 17.0\,[\mathrm{kN/m^3}] \times 2\,[\mathrm{m}] + 19.8\,[\mathrm{kN/m^3}] \times 6\,[\mathrm{m}] = 152.8\,[\mathrm{kN/m^2}]$

$u = \rho_w \times (8\,[\mathrm{m}] - 2\,[\mathrm{m}]) = 9.81\,[\mathrm{kN/m^3}] \times 6\,[\mathrm{m}] = 58.86\,[\mathrm{kN/m^2}]$

$\sigma_v' = \sigma_v - u = 152.8\,[\mathrm{kN/m^2}] - 58.86\,[\mathrm{kN/m^2}] = 93.9\,[\mathrm{kN/m^2}]$

②同様に $\sigma' v = 147.2\,[\mathrm{kN/m^2}] - 39.2\,[\mathrm{kN/m^2}] = 108\,[\mathrm{kN/m^2}]$

注）地盤下部に軟弱粘土層がある場合には、地下水位が低下すると地盤内の有効圧が増加し、圧密沈下が生じる。

1 応用問題

応用問題1　一様・非一様な透水層の流量

不透水層に挟まれた厚さ $D=2.0\,\mathrm{m}$ の透水層があり、その中を左から右へ一方向に地下水が流れている。図のように、$L=25.0\,\mathrm{m}$ だけ離れた地点で透水層の水頭を測定したところ、その水頭差は $h=0.50\,\mathrm{m}$ であった。

（1）　透水層の透水係数を一様に $k=2.5\times10^{-3}\,[\mathrm{m/sec}]$ としたとき、流量 Q を求めよ。

（2）　透水層の透水係数 k を詳しく調べたところ、深いところほど透水係数は小さくなっており、$k=a-bz$ と近似できることがわかった。ここに、$a=2.5\times10^{-3}\,[\mathrm{m/sec}]$、$b=0.001\,\mathrm{sec}^{-1}$、$z$ は透水層上端からの深さである。このとき、地下水の流量 Q を求めよ。

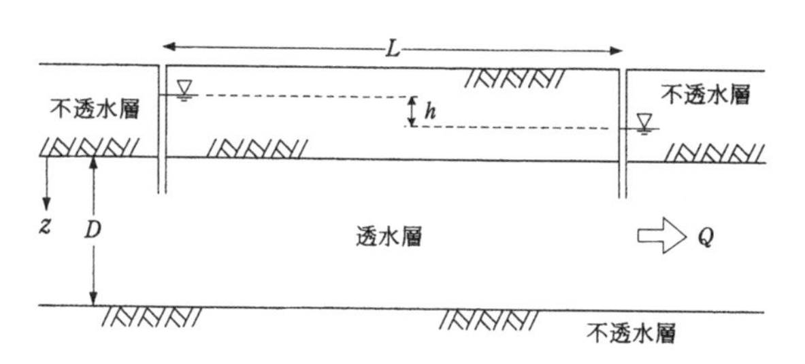

図2･16

応用問題2　2次元地盤の透水量と水頭分布

図のような断面形状を有するコンクリート護岸があり、護岸左側にたまっている水の水頭を3mとする。透水層は等方的であり、その透水係数は $k=2.0\times10^{-6}\,\mathrm{m/sec}$ である。

（1）　この護岸の単位長さ（奥行き）あたりの浸透流量（漏水量）Q を求めよ。

（2）　図中の点Aにおける水頭を求めよ。

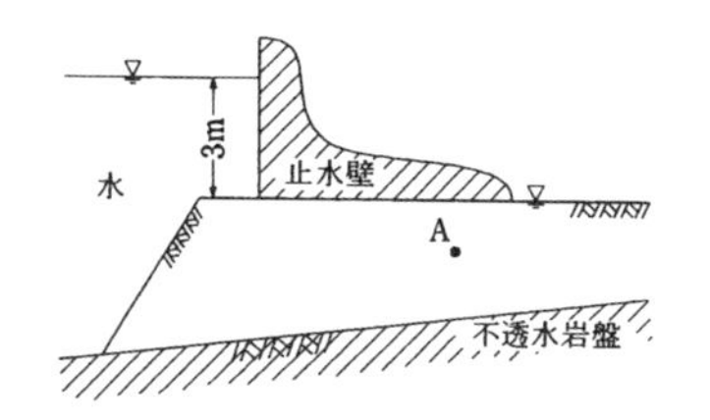

図2･17

応用問題3　2次元地盤の透水量と動水勾配・流速分布

図のような断面形状を有するコンクリート護岸があり、左側に水がたまっている。透水層は等方的であり、その透水係数は $k=2.0\times10^{-6}$ m/sec である。

(1)　この護岸の単位長さ(奥行き)あたりの浸透流量(漏水量) Q を求めよ。

(2)　図中の点Aにおける動水勾配 i および流速 v を求めよ。

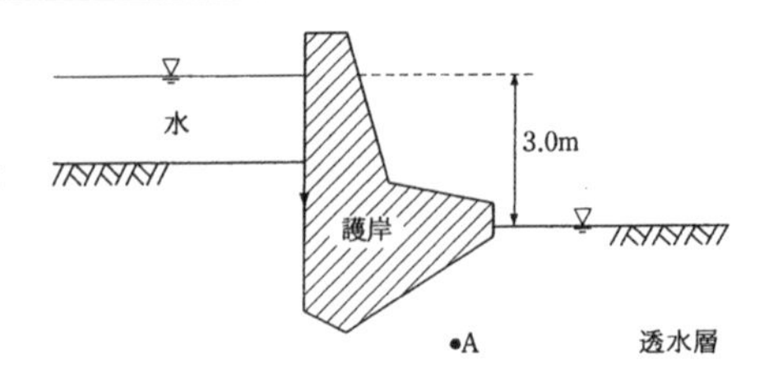

図2・18

応用問題4　定常・非定常な2次元透水

図のような地盤断面を有する水域に2枚の止水矢板を間隙 W=4.0m で平行に設置して、矢板の内側の水をポンプで排水することにより矢板内の水位を下げ、矢板内外の水位差を H=3.0m としている。透水層の透水係数は k=2.4 × 10^{-4}m/sec である。

(1)　矢板内外の水位差 $H=3.0$ m を保持するために必要なポンプの排水量 Q(矢板奥行き1mあたりの排水流量)を求めよ。

(2)　水位差 $H=3.0$ m を保持していたが、ある時点でポンプが故障して止まってしまった。ポンプ停止から6時間後の矢板内の水位を求めよ。

(3)　初期時点で水位差ゼロ($H=0$ m)のところ、ちょうど6時間後に水位差が $H=3.0$ m となるように矢板内の水位を低下させたい。このために必要なポンプの排水量 Q を求めよ。

ヒント：

$\dfrac{dy}{dx}+Ay=B$ の解は

$y=Ce^{-Ax}+\dfrac{B}{A}$

である。

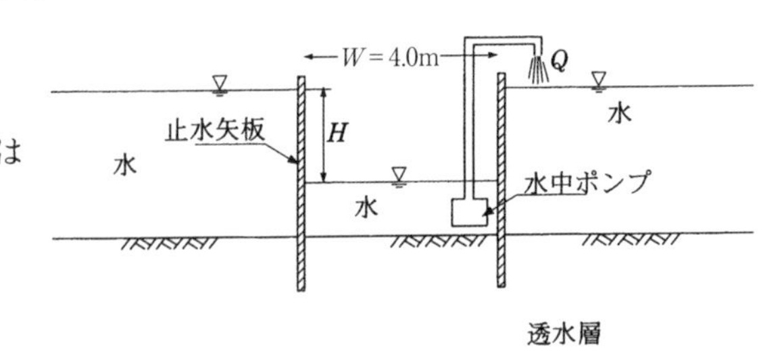

図2・19

2 記述問題

記述問題 1

等方地盤の2次元定常透水に関する水頭場は

$$\frac{\partial^2 h}{\partial x^2}+\frac{\partial^2 h}{\partial y^2}=0$$

と表される。いま、図のような透水問題について上記の式を解き、水頭分布 $h(x, y)$ を求めたいものとする。

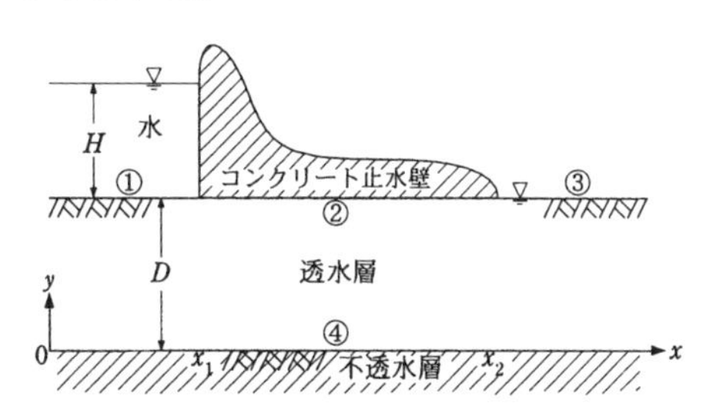

図 2・20

（1） 透水層の境界 ①$-\infty<x<x_1,\ y=D$ ②$x_1<x<x_2,\ y=D$ ③$x_2<x<\infty,\ y=D$ ④$-\infty<x<\infty,\ y=0$ のそれぞれに設定されるべき境界条件を記せ。

（2） 実際には、このような境界値問題を解析的に解くことは困難なので、正方形流線網による図形的解法を用いることが多い。そのとき、(1)の境界条件を正しく作図に反映させるためには、どのようなことに注意する必要があるか説明せよ。

記述問題 2

水平方向と鉛直方向の透水性が異なる異方性地盤の2次元透水現象を、流線網を用いて解析する方法について述べよ。

記述問題 3

凍上現象とは何かを述べよ。また、砂や粘土に比べて、シルト質の地盤で凍上現象が生じやすい理由について述べよ。

記述問題 4

土中の水によって生じる地盤破壊の例を挙げて、その破壊メカニズムと対策工法について説明せよ。

第3章 土の圧密

飽和した粘性土地盤に作用する上載荷重が、さまざまな要因により増加すると、時間をかけて地盤中の間隙水が排出され、圧密沈下を起こす。本章では、粘性土地盤の圧密による沈下量と時間を推定する方法を学ぶ。

3.1 最終圧密沈下量の計算

（1） 間隙比 e の変化から求める方法

$$S=H\times\frac{-\Delta e}{1+e_o} \tag{3.1}$$

ここで、H：圧密層の厚さ、e_o：圧密前の間隙比、Δe：圧密による間隙比の変化(圧密とともに間隙比 e は小さくなるため、Δe は負の値をとることに注意)。

なお、飽和状態($S_r=100\%$)では間隙比 e は、$e=\frac{w\times\rho_s}{S_r\times\rho_w}=\frac{w\times\rho_s}{\rho_w}$($w$：含水比、$\rho_s$：土粒子の密度、$\rho_w$：水の密度、$S_r$：飽和度)と表されるので、含水比 w によっても表される。

（2） 体積圧縮係数 m_v から求める方法

$$S=m_v\Delta\sigma_v H \tag{3.2}$$

ここで、$m_v=\frac{\Delta\varepsilon}{\Delta\sigma_v}$：体積圧縮係数、$\Delta\varepsilon$：圧縮ひずみ(正の値)、$\Delta\sigma_v$：有効土被り圧の増加量。

（3） e-log σ_v 曲線から求める方法

間隙比の変化 Δe(負の値)を、式(3.3)または式(3.4)を用いて推定し、式(3.1)により最終圧密沈下量 S を求める。

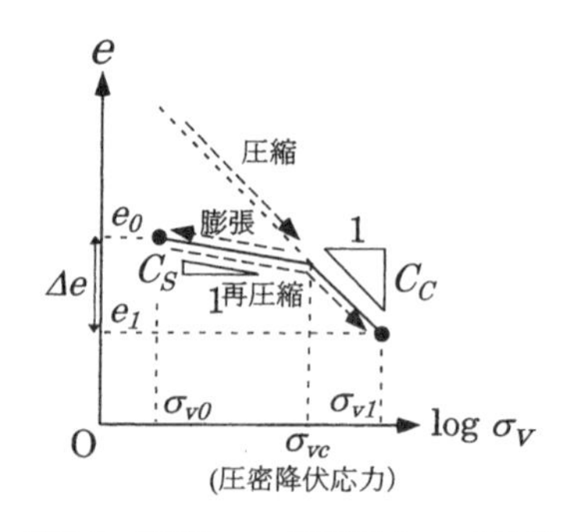

図 3･1 間隙比 e―圧密圧力 σ_v の関係

$$\Delta e = -C_C \times \log_{10}\frac{\sigma_{vo}+\Delta\sigma_v}{\sigma_{vo}} \quad \text{(正規圧密粘土)} \tag{3.3}$$

$$\Delta e = -\left(C_S \times \log_{10}\frac{\sigma_{vc}}{\sigma_{vo}} + C_C \times \log_{10}\frac{\sigma_{vo}+\Delta\sigma_v}{\sigma_{vc}}\right) \quad \text{(過圧密粘土)} \tag{3.4}$$

ここで、C_C：圧縮指数、C_S：膨張指数、σ_{vo}：初期有効土被り圧、$\Delta\sigma_v$：有効土被り圧の増加量、σ_{vc}：圧密降伏応力。

3.2　圧縮量(圧密沈下量)に関わるパラメータ

(1)　圧縮係数：$a_v = \dfrac{-\Delta e}{\Delta\sigma_v}$

(2)　体積圧縮係数：$m_v = \dfrac{\Delta\varepsilon}{\Delta\sigma_v} = \dfrac{-\Delta e}{(1+e_o)\Delta\sigma_v} = \dfrac{a_v}{(1+e_o)}$

(3)　圧縮指数：$C_C = \dfrac{-\Delta e}{\log_{10}\dfrac{\sigma_{vo}+\Delta\sigma_v}{\sigma_{vo}}}$

スケンプトン(Skempton)の経験式によると、$C_C = 0.009\times(w_L-10)$　(w_L[%]：液性限界)

(4)　過圧密比 OCR：$n = \dfrac{\sigma_{vc}}{\sigma_{vo}}$　($n>1$：過圧密状態、$n=1$：正規圧密状態)

3.3　圧密時間・圧密沈下量の時間経緯の計算

(1)　圧密度 U：$U = \dfrac{S_t}{S}$　(S_t：圧密が U[%]進行したときの圧密沈下量)

(2)　圧密時間 t：$t = \dfrac{T_v \times H_d^2}{c_v}$　(T_v：時間係数、H_d：排水長、c_v：圧密係数)

注) 圧密対象層(厚さ H)の上下に排水層がある場合は、$H_d = H/2$、上または下だけに排水層がある場合は、$H_d = H$ とする。

(3)　圧密度 U と時間係数 T_v には、図 3·2 に示す関係がある。

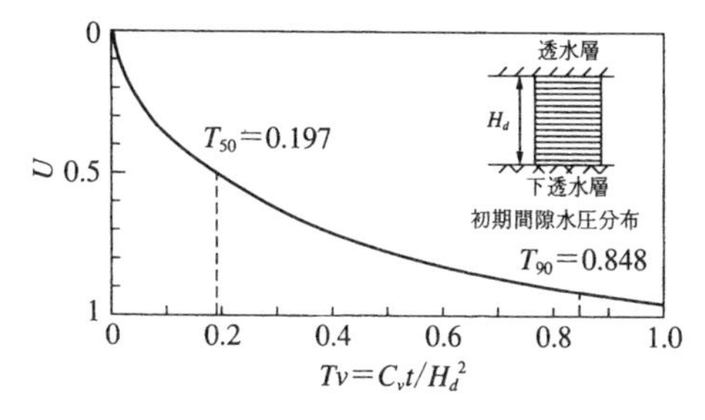

図 3·2　圧密度 U—時間係数 T_v の関係

ここで、$T_v<0.3$ において、$U \fallingdotseq 2\sqrt{\frac{T_v}{\pi}}$

表3·1 圧密度 U—時間係数 T_v

U (%)	10	20	30	40	50	60	70	80	90
T_v	0.008	0.031	0.071	0.127	0.197	0.287	0.403	0.567	0.848

3.4 圧密時間に関わるパラメータと透水係数

（1） 圧密係数：$c_v=\frac{T_v \times H_d^2}{t}$

（2） 透水係数：$k=c_v \times m_v \gamma_w$

3.5 圧密試験結果の解釈と利用

（1） 圧縮量(圧密沈下量)に関わるパラメータ(a_v, m_v)は、各載荷段階において求められる(応用問題1を参照)。

（2） 間隙比 e-圧密圧力 σ_v の関係をプロットすることにより、圧縮指数 C_c が求められる。圧密降伏応力 σ_{vc} は、キャサグランデ(Casagrande)法などを用いて求められる(応用問題1を参照)。

（3） 圧密時間に関わるパラメータ(c_v)は、圧密沈下—時間曲線から $\sqrt{t}$ 法や曲線定規法により、各載荷段階において求められる。さらに透水係数 k は、上記3.4(2)の式を用いることにより各載荷段階において求められる(応用問題2、3を参照)。

3 基本問題

基本問題 1　間隙比の変化から沈下量の計算

層厚 3 m の飽和粘土層がある。上部構造物の建設により均等に圧密されて、間隙比 e_o が 2.00 から 1.60 に減少した。この粘土層の沈下量を求めよ。

解答　$S=H\times\frac{-\Delta e}{1+e_o}=3\ [\mathrm{m}]\times\frac{-(1.60-2.00)}{1+2.00}=0.4\ [\mathrm{m}]$

基本問題 2　含水比の変化から沈下量の計算

土粒子の密度 ρ_s が 2.60Mg/m³、含水比 w が 40%の層厚 3 m の飽和粘土層がある。上部構造物の建設により均等に圧密されて、含水比が 5%減少した。この粘土層の沈下量を求めよ。ただし、水の密度 ρ_w は 1.00Mg/m³ とする。

解答　$e=\frac{w\times\rho_s}{S_r\times\rho_w}=\frac{w\times\rho_s}{\rho_w}(S_r=100\%=1.0)$ より、

$$\Delta e=\frac{-0.05\times2.60\ [\mathrm{Mg/m^3}]}{1.00\ [\mathrm{Mg/m^3}]}=-0.13$$

$$e_o=\frac{0.4\times2.60\ [\mathrm{Mg/m^3}]}{1.00\ [\mathrm{Mg/m^3}]}=1.04$$

よって、

$$S=H\times\frac{-\Delta e}{1+e_o}=3\ [\mathrm{m}]\ \times\frac{0.13}{1+1.04}=0.19\ [\mathrm{m}]$$

基本問題 3　体積圧縮係数 m_v から沈下量の計算

上下を砂層にはさまれた層厚 3 m の飽和粘土層がある。現在粘土層中央部において有効土被り圧 σ_v' が 60 kN/m² を受けているが、盛土の建設により有効応力が $\Delta\sigma_v=40$ kN/m² だけ増加して均等に圧密された。この粘土層の沈下量を求めよ。ただし、この粘土層の体積圧縮係数 m_v は 0.00250 m²/kN である。

解答　$m_v=\frac{\Delta\varepsilon}{\Delta\sigma_v}$、圧縮ひずみ $\Delta\varepsilon=\frac{S}{H}$ より、

$$S=m_v\Delta\sigma_vH=0.00250\ [\mathrm{m^2/kN}]\times40\ [\mathrm{kN/m^2}]\times3\ [\mathrm{m}]$$
$$=0.300\ [\mathrm{m}]$$

基本問題4　圧縮指数 C_c から正規圧密粘土の沈下量の計算

上下を砂層にはさまれた層厚 3 m の飽和した正規圧密粘土層がある。現在粘土層中央部において有効土被り圧 $\sigma'_v=60\ \mathrm{kN/m^2}$ を受け、間隙比 e_o は 2.00 であったが、盛土の建設により有効応力が $\Delta\sigma_v=40\ \mathrm{kN/m^2}$ だけ増加して均等に圧密された。この粘土層の沈下量を求めよ。ただし、この粘土層の圧縮指数 C_c は 0.45 である。

解答　$S=H\times\dfrac{-\Delta e}{1+e_o}$、$\Delta e=-C_c\times\log_{10}\left(\dfrac{\sigma_{vo}+\Delta\sigma_v}{\sigma_{vo}}\right)$ より、

$$S=3\ [\mathrm{m}]\times 0.45\times\log_{10}\left(\frac{60\ [\mathrm{kN/m^2}]+40\ [\mathrm{kN/m^2}]}{60\ [\mathrm{kN/m^2}]}\right)\Big/(1+2.00)$$

$$=0.1\ [\mathrm{m}]$$

基本問題5　圧縮指数 C_c と膨張係数 C_s から過圧密粘土の沈下量の計算

上下を砂層にはさまれた層厚 3 m の飽和した過圧密粘土層がある。現在粘土層中央部において有効土被り圧 $\sigma'_v=60\ \mathrm{kN/m^2}$ を受け、間隙比 e_o は 1.60 であったが、上部構造物の建設により有効応力が $\Delta\sigma_v=40\ \mathrm{kN/m^2}$ だけ増加して均等に圧密された。この粘土層の沈下量を求めよ。ただし、この粘土層の圧縮指数 C_c は 0.45、膨張指数 C_s は 0.045、圧密降伏応力 σ_{vc} は $80\ \mathrm{kN/m^2}$ である。

解答　$S=H\times\dfrac{-\Delta e}{1+e_o}$、$\Delta e=-\left\{C_s\times\log_{10}\left(\dfrac{\sigma_{vc}}{\sigma_{vo}}\right)+C_c\times\log_{10}\left(\dfrac{\sigma_{vo}+\Delta\sigma_v}{\sigma_{vc}}\right)\right\}$ より、

$$S=3\ [\mathrm{m}]\times\left\{0.045\times\log_{10}\left(\frac{80\ [\mathrm{kN/m^2}]}{60\ [\mathrm{kN/m^2}]}\right)\right.$$

$$\left.+0.45\times\log_{10}\left(\frac{60\ [\mathrm{kN/m^2}]+40\ [\mathrm{kN/m^2}]}{80\ [\mathrm{kN/m^2}]}\right)\right\}\Big/(1+1.60)=0.06\ [\mathrm{m}]$$

基本問題6　圧縮量に関わるパラメータの算定

上下を砂層にはさまれた飽和した正規圧密粘土層がある。現在粘土層中央部において有効土被り圧 $\sigma'_v=50\ \mathrm{kN/m^2}$ を受け間隙比 e_o は 1.60 であったが、盛土の建設により有効応力が $\Delta\sigma_v=50\ \mathrm{kN/m^2}$ だけ増加して均等に圧密が進行し間隙比 e が 1.45 に減少した。この粘土層の平均的な圧縮係数 a_v および体積圧縮係数

m_v を求めよ。また、圧縮指数 C_C を求めよ。

解答 $a_v = \frac{-\Delta e}{\Delta\sigma_v} = \frac{-(1.45-1.60)}{50\,[\mathrm{kN/m^2}]} = 0.003\,[\mathrm{m^2/kN}]$、

$$m_v = \frac{\Delta\varepsilon}{\Delta\sigma_v} = \frac{-\Delta e}{(1+e_o)\Delta\sigma_v} = \frac{a_v}{(1+e_o)} = 0.00115\,[\mathrm{m^2/kN}]$$

$$C_C = \frac{-\Delta e}{\log_{10}\left(\frac{\sigma_{vo}+\Delta\sigma_v}{\sigma_{vo}}\right)} = \frac{-(1.45-1.60)}{\log_{10}\left(\frac{50\,[\mathrm{kN/m^2}]+50\,[\mathrm{kN/m^2}]}{50\,[\mathrm{kN/m^2}]}\right)} = 0.498$$

基本問題 7　圧縮量に関わるパラメータの算定

上下を砂層にはさまれた飽和した正規圧密粘土層がある。現在粘土層中央部において有効土被り圧 $\sigma'_v = 50\,\mathrm{kN/m^2}$ を受け含水比 w_o は55%であったが、上部構造物の建設により有効応力が $\Delta\sigma_v = 50\,\mathrm{kN/m^2}$ だけ増加して均等に圧密が進行し含水比 w が50%に減少した。この粘土層の平均的な圧縮係数 a_v および体積圧縮係数 m_v を求めよ。また、圧縮指数 C_C を求めよ。ただし、この粘土層の土粒子密度 ρ_s は2.60 Mg/m³　水の密度 ρ_w は1.00Mg/m³とする。

解答 $e = \frac{w \times \rho_s}{S_r \times \rho_w} = \frac{w \times \rho_s}{\rho_w}\,(S_r = 100\% = 1.0)$ より、

$$\Delta e = \frac{(0.5-0.55)\times 2.60\,[\mathrm{Mg/m^3}]}{1.00\,[\mathrm{Mg/m^3}]} = -0.13$$

$$e_o = \frac{0.55\times 2.60\,[\mathrm{Mg/m^3}]}{1.00\,[\mathrm{Mg/m^3}]} = 1.43$$ よって、

$$a_v = \frac{-\Delta e}{\Delta\sigma_v} = \frac{0.13}{50\,[\mathrm{kN/m^2}]} = 0.0026\,[\mathrm{m^2/kN}]$$

$$m_v = \frac{\Delta\varepsilon}{\Delta\sigma_v} = \frac{-\Delta e}{(1+e_o)\Delta\sigma_v} = \frac{a_v}{(1+e_o)} = 0.0011\,[\mathrm{m^2/kN}]$$

$$C_C = \frac{-\Delta e}{\log_{10}\left(\frac{\sigma_{vo}+\Delta\sigma_v}{\sigma_{vo}}\right)} = \frac{0.13}{\log_{10}\left(\frac{50\,[\mathrm{kN/m^2}]+50\,[\mathrm{kN/m^2}]}{50\,[\mathrm{kN/m^2}]}\right)} = 0.43$$

基本問題 8　液性限界 w_L から圧縮指数 C_C の推定

圧密沈下の検討を要する粘土層に標準貫入試験を行い、乱した試料の採取を行った。この試料の液性限界は60%であることがわかった。この粘土層の圧縮指

数を推定せよ。ただし、スケンプトンの経験式 $C_C=0.009\times(w_L-10)$ を用いよ。

解答 $C_C=0.009\times(w_L[\%]-10)=0.009\times(60-10)=0.45$

基本問題 9 正規圧密と過圧密

図 3･3 のような地盤がある。これを $D_f=3$ m の深さまで掘削して鉄筋コンクリートの建物を建てたい。地下室も含めて 1 階あたり 3 m の高さとし、1 階あたりの載荷圧 q が 9 kN/m² であるとき、圧密沈下を生じさせないためには何階建ての建物まで可能か計算せよ。なお、飽和粘土層は掘削前には正規圧密状態にあるものとする。

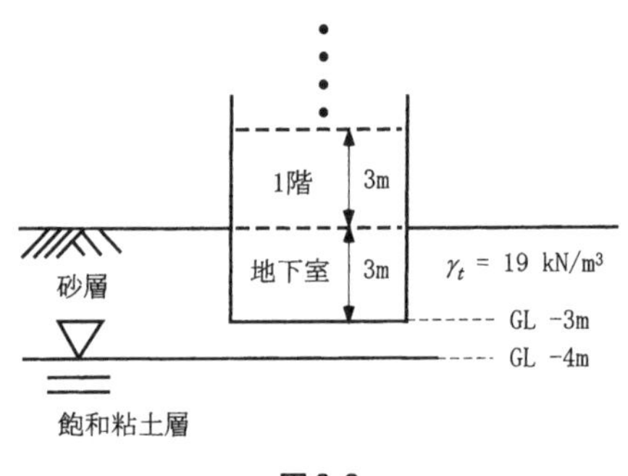

図 3･3

解答 図 3･1 を、圧密沈下量―有効土被り圧の関係に読みかえると、本問題をよりよく解釈できる。いま、上層の砂層下にある正規圧密飽和粘土層は、掘削により有効土被り圧が減少し過圧密状態に移行する。過圧密状態では、有効土被り圧の減少により飽和粘土層は膨張する。その後、掘削底面から建物を建設すると、載荷圧が再び徐々に増加し再圧縮される。その後、掘削前の有効土被り圧に等しい載荷圧に至り、掘削前の圧密沈下量と等しい再圧縮が生じることになる。ここで、掘削による有効土被り圧の減少量は $\gamma_t\times D_f$ であるから、N 階建てまで可能だとすると $\gamma_t\times D_f>q\times N$ と表される。よって、$N<19\,[\mathrm{kN/m^3}]\times3.0\,[\mathrm{m}]/9\,[\mathrm{kN/m^2}]$ つまり、6 階建ての建物まで圧密沈下を生じさせずに建設が可能と計算される。

基本問題10　圧密係数 c_v から圧密時間の計算

上下を砂層にはさまれた層厚3mの飽和粘土層において、上部構造物の建設により圧密が進行している。この粘土層が最終沈下量の90%まで圧密が進行するのに要する時間を求めよ。ただし、この粘土層の圧密係数c_vは$7.0\times10^{-8}\mathrm{m^2/s}$である（表3･1を参照のこと）。

解答　上下を砂層（排水層）にはさまれているので、排水長H_d=3［m］/2＝1.5［m］表3･1より、圧密度 U=90%における時間係数 T_v=0.848より、

$$t_{90}=\frac{T_v\times H_d^2}{c_v}=\frac{0.848\times1.5^2\,[\mathrm{m^2}]}{7.0\times10^{-8}\mathrm{m^2/s}}=2.73\times10^7\,[\mathrm{s}]=315\,[\mathrm{day}]$$

基本問題11　圧密沈下量の時間経緯の計算

上下を砂層にはさまれた層厚4mの飽和粘土層において、盛土の建設により圧密が進行している。この粘土層の100日後の圧密度を求め、沈下量を求めよ。ただし、この粘土層の圧密係数 c_v は $9.0\times10^{-8}\mathrm{m^2/s}$、最終沈下量は0.5mと推定されている。また、この粘土層の下層が非排水層であった場合、同様に100日後の圧密度を求め、沈下量を求めよ。ただし、$T_v<0.3$ において $U\fallingdotseq2\sqrt{\frac{T_v}{\pi}}$ とする。

解答　排水長 H_d=4[m]/2=2[m]

よって、100日後の $T_v=\frac{t\times c_v}{H_d^2}=\frac{100[\mathrm{day}]\times9.0\times10^{-8}[\mathrm{m^2/s}]}{2^2[\mathrm{m^2}]}=0.19$

100日後の U=0.49（$U\fallingdotseq2\sqrt{\frac{T_v}{\pi}}$（$T_v<0.3$）の式より）最終沈下量 S=0.5mより、

100日後の沈下量 $S_t=U\times S=0.49\times0.5$［m］=0.25［m］

下層が非排水層のとき、排水長 H_d=4m

よって、100日後の $T_v=\frac{t\times c_v}{H_d^2}=\frac{100[\mathrm{day}]\times9.0\times10^{-8}[\mathrm{m^2/s}]}{4^2[\mathrm{m^2}]}=0.05$

100日後の U=0.25

よって、100日後の沈下量 $S_t=U\times S=0.25\times0.5[\mathrm{m}]=0.125[\mathrm{m}]$

基本問題 12　圧密沈下量の時間経緯の計算

上下を砂層にはさまれた層厚3.5 m の飽和粘土層がある。現在粘土層中央部において有効土被り圧 $\sigma_v'=60\ \mathrm{kN/m^2}$ を受けているが、上部構造物の建設により有効応力が $\Delta\sigma_v=40\ \mathrm{kN/m^2}$ だけ増加して均等に圧密が進行している。この粘土層の最終沈下量を求めよ。また、75 日後の圧密度を求め、沈下量を求めよ。ただし、この粘土層の体積圧縮係数 m_v は $0.0025\ \mathrm{m^2/kN}$、圧密係数 c_v は $6.0\times10^{-8}\ \mathrm{m^2/s}$ である。ただし、$T_v<0.3$ において $U\fallingdotseq 2\sqrt{\dfrac{T_v}{\pi}}$ とする。

解答　まず体積圧縮係数 m_v を利用し、最終沈下量 S を求める。

$$S=m_v\Delta\sigma_v H=0.0025\,[\mathrm{m^2/kN}]\times40\,[\mathrm{kN/m^2}]\times3.5\,[\mathrm{m}]=0.35\,[\mathrm{m}]$$

排水長 $H_d=3.5[\mathrm{m}]/2=1.75[\mathrm{m}]$

よって、75 日後の $T_v=\dfrac{t\times c_v}{H_d^2}=\dfrac{75[\mathrm{day}]\times6.0\times10^{-8}\,[\mathrm{m^2/s}]}{1.75^2\,[\mathrm{m^2}]}=0.122$

75 日後の $U=0.41$

よって、75 日後の沈下量 $S_t=U\times S=0.41\times0.35[\mathrm{m}]=0.14\ [\mathrm{m}]$

基本問題 13　圧密沈下量の時間経緯の計算

上下を砂層にはさまれた層厚4 m の飽和した正規圧密粘土層がある。現在粘土層中央部において有効土被り圧 $\sigma_v'=50\ \mathrm{kN/m^2}$ を受け、間隙比 $e_o=2.00$ であったが、盛土の建設により有効応力が $\Delta\sigma_v=50\ \mathrm{kN/m^2}$ だけ増加して均等に圧密が進行している。この粘土層の最終沈下量を求めよ。また、80 日後の圧密度を求め、沈下量を求めよ。ただし、この粘土層の圧縮指数 C_c は 0.45、圧密係数 c_v は $9.0\times10^{-8}\mathrm{m^2/s}$ である。ただし、$T_v<0.3$ において $U\fallingdotseq 2\sqrt{\dfrac{T_v}{\pi}}$ とする。

解答　まず、圧縮指数 C_c を用いて正規圧密粘土の最終沈下量 S を求める。

$$S=400\ [\mathrm{m}]\times0.45\times\log_{10}\left(\frac{50\,[\mathrm{kN/m^2}]+50\,[\mathrm{kN/m^2}]}{50\,[\mathrm{kN/m^2}]}\right)\Big/(1+2.00)=0.18\ [\mathrm{m}]$$

排水長 $H_d=4\,[\mathrm{m}]/2=2[\mathrm{m}]$

よって、80 日後の $T_v=\dfrac{t\times c_v}{H_d^2}=\dfrac{80[\mathrm{day}]\times9.0\times10^{-8}\,[\mathrm{m^2/s}]}{2^2\,[\mathrm{m^2}]}=0.16$

80 日後の $U=0.45$

よって、80日後の沈下量 $S_t = U \times S = 0.45 \times 0.18[\mathrm{m}] = 0.08[\mathrm{m}]$

基本問題 14　圧密時間の推定

上下を砂層にはさまれた層厚 1.5 m の飽和粘土層がある。この粘土層より試料を採取して圧密試験を行ったところ、厚さ20mmの供試体が 90%圧密するのに 20 分かかった。この粘土層が 50%および 90%圧密が進行するのに要する時間を求めよ(表 3･1 を参照のこと)。

解答　圧密供試体(m)は上下端とも排水可能であるため、

排水長 $H_{dm} = 20\mathrm{mm}/2 = 10[\mathrm{mm}]$

$U = 90\%$における $T_v = 0.848$ より、この飽和粘土層の圧密係数 c_v は、

$$c_v = \frac{T_v \times H_{dm}{}^2}{t_{m90}} = \frac{0.848 \times 10^2\,[\mathrm{mm}^2]}{20 \times 60\ [\mathrm{s}]} = 7.1 \times 10^{-8}\,[\mathrm{m}^2/\mathrm{s}]$$

この飽和粘土層(p)の排水長 $H_{dp} = 1.5[\mathrm{m}]/2 = 0.75[\mathrm{m}]$。　また、$U = 50\%$、90%における T_v はそれぞれ、0.197、0.848 なので、この飽和粘土層が 50%、90%圧密が進行するのに要する時間 t_{p50} と t_{p90} はそれぞれ、

$$t_{p50} = \frac{T_v \times H_{dp}{}^2}{c_v} = \frac{0.197 \times 0.75^2\,[\mathrm{m}^2]}{7.1 \times 10^{-8}\,[\mathrm{m}^2/\mathrm{s}]} = 1.56 \times 10^6\,[\mathrm{s}] = 18\ [\mathrm{day}]$$

$$t_{p90} = \frac{T_v \times H_{dp}{}^2}{c_v} = \frac{0.848 \times 0.75^2\,[\mathrm{m}^2]}{7.1 \times 10^{-8}\,[\mathrm{m}^2/\mathrm{s}]} = 6.71 \times 10^6\,[\mathrm{s}] = 78\ [\mathrm{day}]$$

基本問題 15　圧密時間に関わる相似則

上下を砂層にはさまれた層厚 2.5 m の飽和粘土層がある。この粘土層より試料を採取して圧密試験を行ったところ、厚さ20mmの供試体が 90%圧密するのに 25 分かかった。この粘土層が 90%圧密が進行するのに要する時間を求めよ。

解答　同じ飽和粘性土においては、圧密係数 c_v は一定。また圧密度 U が同じであれば T_v も同様に一定。よって、同じ飽和粘性土で同じ圧密度においては、$c_v = \dfrac{T_v \times H^2}{t}$ の式より、$\dfrac{H^2}{t}$ が一定になる。

圧密供試体(m)は、上下端とも排水可能であるため、排水長 $H_{dm} = 20\mathrm{mm}/2 = 10[\mathrm{mm}]$

飽和粘土層(p)の排水長 $H_{dp} = 2.5[\mathrm{m}]/2 = 1.25[\mathrm{m}]$

よって、この飽和粘土層において90%の圧密が進行するのに要する時間 t_{p90} は、

$\frac{H_{dm}{}^2}{t_{m90}}=\frac{H_{dp}{}^2}{t_{p90}}$ の式より、

$$t_{p90}=t_{m90}\times\frac{H_{dp}{}^2}{H_{dm}{}^2}=(25\times60)\ [\mathrm{s}]\times\frac{1.25^2\ [\mathrm{m}^2]}{10\ [\mathrm{mm}^2]}\ 2.34\times10^7\ [\mathrm{s}]=271[\mathrm{day}]$$

基本問題 16　圧密時間に関わるパラメータの算定

上下を砂層にはさまれた層厚 1 m の飽和した粘土層において、圧密が進行している。この粘土層が、最終圧密沈下量の 50%まで圧密が進行するのに 8 日かかった。この粘土層の圧密係数 c_v を求めよ(表 3･1 を参照のこと)。

解答　排水長 $H_d=1[\mathrm{m}]/2=0.5[\mathrm{m}]$

また、$U=50\%$における $T_v=0.197$　よって、

$$c_v=\frac{T_v\times H_d{}^2}{t_{90}}=\frac{0.197\times0.5^2\ [\mathrm{m}^2]}{8\ [\mathrm{day}]}=6.16\times10^{-3}[\mathrm{m}^2/\mathrm{day}]=7.13\times10^{-8}[\mathrm{m}^2/\mathrm{s}]$$

基本問題 17　透水係数 k の算定

ある飽和粘土に圧密試験を行った結果、体積圧縮係数 m_v は 0.0038 m²/kN、圧密係数 c_v は $8.7\times10^{-8}\ [\mathrm{m}^2/\mathrm{s}]$ を得た。この飽和粘土の透水係数 k を求めよ。

解答　$k=c_v\times m_v\ \gamma_w=8.7\times10^{-8}\ [\mathrm{m}^2/\mathrm{s}]\ \times0.0038[\mathrm{m}^2/\mathrm{kN}]\times\ (9.81/100^3)$
$[\mathrm{kN}/\mathrm{m}^3]=3.2\times10^{-8}\ [\mathrm{m}/\mathrm{s}]$

基本問題 18　透水係数 k の算定

ある飽和粘土に圧密試験を行った結果、圧縮係数 a_v は 0.005 m²/kN、圧密係数 c_v は $8.0\times10^{-8}\ [\mathrm{m}^2/\mathrm{s}]$ を得た。この飽和粘土の間隙比 e が 1.60 であるとき、透水係数 k を求めよ。

解答　体積圧縮係数 $m_v=\frac{a_v}{(1+e_0)}$ より、

$$k=c_v\times m_v\ \gamma_w=8.0\times10^{-8}\ [\mathrm{m}^2/\mathrm{s}]\times\{0.005/(1+1.60)\}\ [\mathrm{m}^2/\mathrm{kN}]$$
$$\times9.81[\mathrm{kN}/\mathrm{m}^3]=1.51\times10^{-9}\ [\mathrm{m}/\mathrm{s}]$$

基本問題 19　圧縮量と圧密時間に関わるパラメータと透水係数 k の算定

上下を砂層にはさまれた層厚 3 m の飽和した正規圧密粘土層がある。現在粘土層中央部において有効土被り圧 $\sigma'_v=50\ \mathrm{kN/m^2}$ を受け間隙比 e_o が 1.60 であったが、上部構造物の建設により有効応力が $\Delta\sigma_v=50\ \mathrm{kN/m^2}$ だけ増加して均等に圧密が進行し、間隙比 e が 1.50 に達するのに 120 日を必要とし、最終的に間隙比 e が 1.40 まで減少し、圧密が終了した。この粘土層の平均的な圧縮係数 a_v および体積圧縮係数 m_v を求めよ。また、圧縮指数 C_c および圧密係数 c_v を求めよ。さらに、透水係数 k を求めよ(表 3･1 を参照のこと)。

解答　まず、圧縮量に関わるパラメータの算定を行う。

$$a_v=\frac{-\Delta e}{\Delta p}=\frac{-(1.40-1.60)}{50\ [\mathrm{kN/m^2}]}=0.004\ [\mathrm{m^2/kN}]$$

$$m_v=\frac{\Delta\varepsilon}{\Delta\sigma_v}=\frac{-\Delta e}{(1+e_o)\Delta\sigma_v}=\frac{a_v}{(1+e_o)}=0.00154\ [\mathrm{m^2/kN}]$$

$$C_C=\frac{-\Delta e}{\log_{10}\left(\dfrac{\sigma_{vo}+\Delta\sigma_v}{\sigma_{vo}}\right)}=\frac{-(1.40-1.60)}{\log_{10}\left(\dfrac{50\ [\mathrm{kN/m^2}]+50\ [\mathrm{kN/m^2}]}{50\ [\mathrm{kN/m^2}]}\right)}=0.664$$

つぎに、圧密時間に関わるパラメータの算定を行う。

排水長 $H_d=3[\mathrm{m}]/2=1.5[\mathrm{m}]$

また、間隙比 $e=1.50$ における $U=\dfrac{1.60-1.50}{1.60-1.40}=0.5=50\ [\%]$

$U=50\%$ における $T_v=0.197$ より、

$$c_v=\frac{T_v\times H_d{}^2}{t_{50}}=\frac{0.197\times1.5^2\ [\mathrm{m^2}]}{120\ [\mathrm{day}]}=3.69\times10^{-3}[\mathrm{m^2/day}]=4.28\times10^{-8}[\mathrm{m^2/s}]$$

最後に、$k=c_v\times m_v\,\gamma_w=4.28\times10^{-8}\ [\mathrm{m^2/s}]\times0.00154[\mathrm{m^2/kN}]\times9.81[\mathrm{kN/m^3}]=6.47\times10^{-10}\ [\mathrm{m/s}]$

3 応用問題

応用問題１　圧縮量に関わる圧密試験結果の解釈と利用

（１）　層厚３mの飽和した正規圧密粘土層より圧密試験用の試料の採取を行った。この試料は、試料サンプリングにともなう有効土被り圧からの開放を受け、過圧密状態にある。この試料に対する圧密試験結果より、それぞれの圧密圧力 σ_v における供試体の沈下量を表3·2のように得た。これをもとに、間隙比 e-圧密圧力 $\log \sigma_v$ 曲線を描き、この粘土層の圧密降伏応力 σ_{vc} および圧縮指数 C_c を求めよ。さらに各圧密圧力段階の平均圧密圧力 $\overline{\sigma_v'}$ における圧縮係数 a_v および体積圧縮係数 m_v を求めよ。ただし、供試体の初期直径60mm、初期高さ20mm、圧密試験後の乾燥質量40gであった。また、この粘土の土粒子密度 ρ_s は2.60Mg/m^{3}である。

（２）　いまこの粘土層が、圧密降伏応力 σ_{vc} に相当する有効土被り圧を受けた状態から、盛土の建設により有効応力が $\varDelta\sigma_v=50$ kN/m^2 だけ増加して均等に圧密が進行したときの圧密沈下量を求めよ。

表3·2

載荷段階	0	1	2	3	4	5	6	7	8
圧密圧力 σ_v (kN/m^2)	0	9.8	19.6	39.2	78.4	156.8	313.6	627.2	1254.4
圧密沈下量(mm)		0.048	0.078	0.158	0.394	1.069	1.597	1.524	1.527

応用問題２　圧密時間に関わる圧密試験結果の解釈と利用

上問の応用問題１の、飽和粘土試料に対する圧密試験において、圧密圧力 σ_v

表3·3　　(圧密圧力 $\sigma_v=313.6$ kN/m^2)

経過時間	0	6 sec	9 sec	12 sec	18 sec	30 sec	42 sec	1 min	1.5 min
変位計の読み (1/100 mm)	175.0	189.7	193.7	196.7	200.7	208.4	214.6	220.5	229.6
経過時間	2 min	3 min	5 min	7 min	10 min	15 min	20 min	30 min	40 min
変位計の読み (1/100 mm)	236.8	247.4	262.4	267.4	274.4	282.3	288.7	294.6	298.3
経過時間	1 h	1.5 h	2 h	3 h	6 h	12 h	24 h		
変位計の読み (1/100 mm)	303.2	307.8	310.9	315.2	322.1	328.7	334.7		

が 313.6 kN/m² における時間－沈下量の記録が表 3･3 のように得られた。90% 圧密に要する時間 t_{90} を $\sqrt{t}$ 法により推定し、載荷段階 5、6 回目の平均高さを使い、圧密係数 c_v を求めよ。さらに、透水係数 k を求めよ。

応用問題 3　圧密試験結果から透水係数 k の算定

上問の応用問題 2 の、飽和粘土試料に対する圧密試験において、他の載荷段階の各圧密圧力 σ_v における時間－沈下量の記録より、90%圧密に要する時間 t_{90} を $\sqrt{t}$ 法により推定したところ表 3･4 を得た。これより、各載荷段階における圧密係数 c_v を求め、さらに透水係数 k を求めよ。

表 3･4

<table>
<tr><td>載荷段階</td><td colspan="2">0</td><td colspan="2">1</td><td colspan="2">2</td><td colspan="2">3</td><td colspan="2">4</td><td colspan="2">5</td><td colspan="2">6</td><td colspan="2">7</td><td colspan="2">8</td></tr>
<tr><td>圧密応力 σ_v (kN/m²)</td><td colspan="2">0</td><td colspan="2">9.8</td><td colspan="2">19.6</td><td colspan="2">39.2</td><td colspan="2">78.4</td><td colspan="2">156.8</td><td colspan="2">313.6</td><td colspan="2">627.2</td><td colspan="2">1254.4</td></tr>
<tr><td>T_{90} (sec)</td><td></td><td colspan="2">---</td><td colspan="2">---</td><td colspan="2">51</td><td colspan="2">82</td><td colspan="2">219</td><td colspan="2">応用問題2</td><td colspan="2">320</td><td colspan="2">263</td><td></td></tr>
</table>

応用問題 4　地下水位の降下による圧密

図 3･4 に示すように、上下を砂層にはさまれた層厚 3 m の飽和した正規圧密粘土層がある。いま上層の砂層中において、地下水位が地表面下 1 m から 4 m まで降下し、粘土層の圧密が均等に発生した。このとき、粘土層中央部における有効土被り圧の変化を考えることにより、粘土層の圧密沈下量を算定せよ。ただし、粘土層の土粒子密度 ρ_s は 2.60Mg/m³、圧縮指数 C_c は 0.45 である。また、この地下水位の降下にともなう圧密が 90%進行するのに要する時間を求めよ。ただし、この粘土層の平均圧密係数 c_v は 7.0×10^{-8} m²/s である（表 3･1 を参照のこと）。

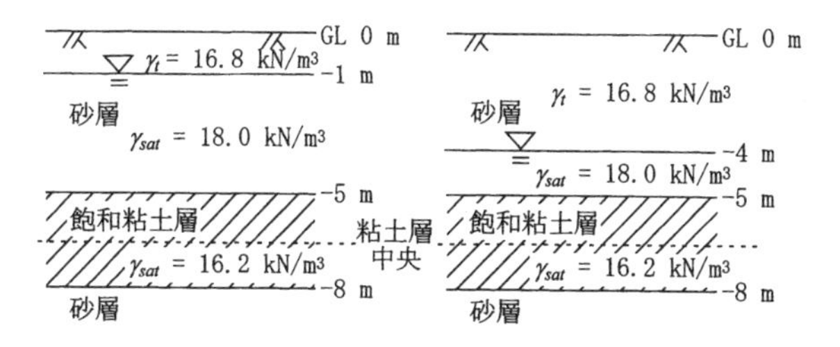

図 3･4

応用問題 5　基礎の載荷重による圧密

図 3･5 に示すように、上下を砂層にはさまれた層厚 3 m の飽和した正規圧密粘土層がある。いま地表面上に正方形べた基礎が建設され、基礎幅 B が 5 m の正方形上に一様に載荷圧 $q=80$ kN/m^2 が作用し、粘土層の圧密が均等に発生した。いま基礎の載荷圧は、基礎縁から地盤中を深さ方向に対して水平面方向に 2：1 に拡がり等分布し、各深さにおける合応力は等しくなるものとする。このとき、粘土層中央部における基礎の建設にともなう有効土被り圧の変化を考えることにより、粘土層の圧密沈下量を算定せよ。ただし、粘土層の土粒子密度 ρ_s は 2.60 Mg/m^3、圧縮指数 C_c は 0.45 である。また、圧密が 90%進行するのに要する時間を求めよ。ただし、この粘土層の平均圧密係数 c_v は 7.5×10^{-8} m^2/s である（表 3･1 を参照のこと）。

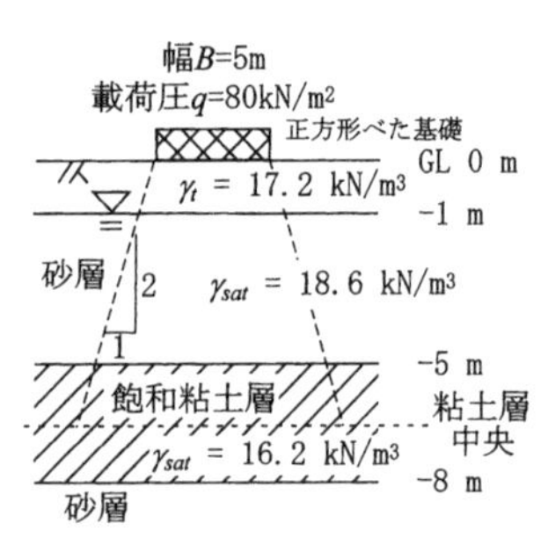

図 3･5

応用問題 6　掘削土の重量と基礎に働く浮力を考慮した基礎の載荷重による圧密

図 3･6 に示すように、上下を砂層にはさまれた層厚 3 m の飽和した正規圧密粘土層がある。いま根入れ深さが 2.5 m で基礎幅 B が 5 m の、正方形の構造物が地表面上まで建設され、基礎底面の正方形上に一様に載荷圧 $q=80$ kN/m^2 が作用し、粘土層の圧密が均等に発生した。いま基礎の載荷圧は、基礎縁から地盤中を深さ方向に対して水平面方向に 2：1 に拡がり等分布し、各深さにおける合応力は等しくなるものとする。このとき、粘土層中央部における基礎の建設にともなう有効土被り圧の変化を考えることにより、粘土層の圧密沈下量を算定せよ。ただし、粘土層の土粒子密度 ρ_s は 2.60 Mg/m^3、圧縮指数 C_c は 0.45 である。また、圧密が 90%進行するのに要する時間を求めよ。ただし、この粘土層

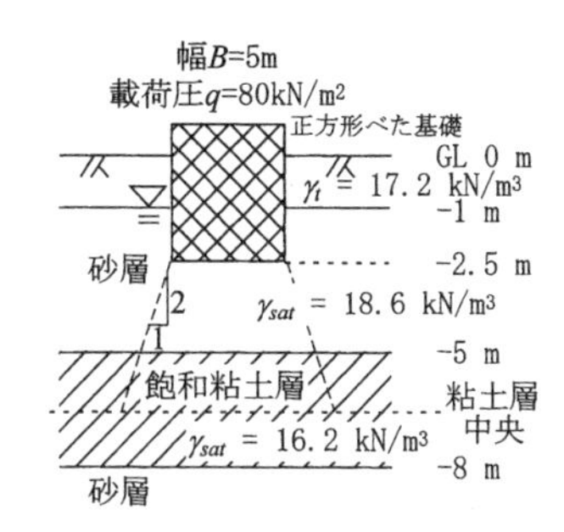

図 3･6

の平均圧密係数 c_v は $7.5\times10^{-8}\mathrm{m^2/s}$ である(表 3･1 を参照のこと)。

応用問題 7　原位置計測データに基づく圧密沈下量の算定

施工期間 100 日を要して、軟弱粘土層上に盛土を構築した。その沈下状況を観測したところ表 3･5 のような観測結果が得られた。この観測結果をもとに、双曲線法を用いて施工終了後 1 年が経過したときの沈下量を予測せよ。また、予想される最終沈下量を求めよ。

注）双曲線法：実測された沈下データに基づいて将来の沈下予測を行う方法で、時間ー沈下量関係が双曲線であると仮定し、その収束性から沈下量が推定される。

表 3･5

経過時間(日)	0	20	40	60	80	100	120	140	160	180	200	220	240	260
沈下量(mm)	0	22	37	57	82	110	202	246	274	290	305	315	321	328

ヒント）以下の参考文献を挙げる。「地盤工学会(編)：地盤調査法、1995 年」「地盤工学会(編)：地盤工学ハンドブック、1999 年」

3 記述問題

記述問題 1

テルツァーギ(Terzaghi)による圧密の微分方程式、

$$\frac{\partial u}{\partial t}=c_v\frac{\partial^2 u}{\partial z^2}、\quad c_v=\frac{k}{m_v\gamma_w}$$

を導出せよ。c_v は、圧密係数と呼ばれる。

記述問題 2

三笠によるひずみに関する圧密の微分方程式、

$$\frac{\partial \varepsilon}{\partial t}=\overline{c_v}\frac{\partial^2 \varepsilon}{\partial z^2}、\quad \overline{c_v}=\frac{k(z)}{\gamma_w m_v(z)}$$

を導出せよ。

記述問題 3

テルツァーギによる圧密の微分方程式、

$$\frac{\partial u}{\partial t}=c_v\frac{\partial^2 u}{\partial z^2}、\quad c_v=\frac{k}{m_v\gamma_w}$$

を、(a) $z=0$ において不透水層に接する、(b) $z=H$ において透水層に接する、(c) $t=0$ において載荷圧 p が一様に作用、という境界条件と初期条件のもと解く。

(1) 境界条件(a)(b)と初期条件(c)を定式化せよ。

(2) この微分方程式を解け。

記述問題 4

プレローディング工法の原理について、圧密曲線を用いて説明せよ。

記述問題 5

サンドドレーン工法の原理について説明せよ。

ヒント：圧密促進を目的とした地盤改良工法

記述問題 6

昭和時代初期に、東京や大阪で発生した地盤沈下の原因について述べよ。

記述問題 7

第四紀更新世(洪積層)は、過圧密状態となっていることが多い。この原因について述べよ。

記述問題 8

圧密沈下を検討する際、原位置での粘土層は通常数 m から数十 m と厚いが、圧密試験においては通常厚さ 20mm の非常に薄い供試体を用いて試験を実施する。この理由について述べよ。

第4章 土のせん断強さ

土の破壊が生じる条件(破壊規準)は土に作用している応力成分の関係式として表され、土のせん断強さ(強度)はその関係式中の定数として定量化される。この定数のことを強度定数とよぶが、土の種類、圧密圧力、排水条件等によって異なる。土の強度定数は、土圧・支持力・斜面安定などを計算する上で重要な役割を果たすことになる。

4.1 地盤内の任意方向における応力

(1) 応力とひずみ

応力の成分とは、微小な面に作用する力の成分をその面の面積で割ったものである。同一の応力に対しても、座標軸の方向(面の方向)が異なれば応力成分の値は異なってくる。応力成分のうち、面に垂直なものを垂直応力成分(または単に直応力成分)とよび、面に平行なものをせん断応力成分とよぶ。それぞれの応力成分に対応して、垂直ひずみ成分とせん断ひずみ成分がある。

注)「応力成分」のことを単に「応力」とよぶことが一般的であるので、ここでは単に「応力」とよぶことにする。ひずみについても同様である。例:「せん断応力成分」→「せん断応力」

(2) 主応力

せん断応力がすべてゼロであるような面に作用する直応力を主応力という。主応力のうち、大きさが最大のものを最大主応力 σ_1、大きさが最小のものを最小主応力 σ_3 という。

(3) モール(Mohr)の応力円

ある一つの応力に関して、いろいろな方向の面に作用する垂直応力 σ とせん断応力 τ の組み合わせを、(σ, τ) 平面上にプロットするとひとつの円周上に分布する。この円のことをモールの応力円という。

4.2 有効応力の原理

土粒子の間隙を満たしている自由水の圧力を間隙水圧という。定常状態の飽和した地盤内では、この間隙水圧は地下水による静水圧に等しい。また間隙水圧のことを中立応力とよぶことがある。第2章　土の中の水で説明したように、直応力 σ から間隙水圧 u を引いたものを有効応力 σ' という。土のせん断挙動は有効応力により支配されている(有効応力の原理)。

4.3　土の破壊規準

(1)　クーロン(Coulomb)の破壊規準

せん断破壊が生じている面上に作用している直応力 σ'_f とせん断応力 τ_f について、以下の１次関数が成立する。

$$\tau_f = c' + \sigma'_f \tan \phi' \qquad (4.1)$$

ここで c'、ϕ' はそれぞれ有効応力に基づく粘着力、せん断抵抗角(または内部摩擦角)とよばれる強度定数で、式(4.1)の関係式はクーロンの破壊規準とよばれる。

(2)　モール・クーロンの破壊規準

いくつかの三軸圧縮試験より破壊時のモールの応力円を描き、モール円に包絡する曲線を引く。この曲線をモールの破壊包絡線といい、このような破壊規準をモールの破壊規準という。さらに、このモールの破壊包絡線が直線で近似できる場合をモール・クーロンの破壊規準という。直線近似された破壊包絡線の切片と傾きは、それぞれクーロンの破壊規準の c'、ϕ' に等しいので、図 4･1 に示すような幾何学的な関係より、土の要素に作用している破壊時の最大主応力 σ'_{1f} および最小主応力 σ'_{3f} は以下の関係式を満足している。

$$\frac{\sigma'_{1f} - \sigma'_{3f}}{2} = c' \cos \phi' + \frac{\sigma'_{1f} + \sigma'_{3f}}{2} \sin \phi' \qquad (4.2)$$

式(4.1)と(4.2)は、同一の破壊時の応力条件を、異なった応力成分を用いて表したものと解釈することもできる。また、式(4.2)を σ'_{1f} について解くと式(4.3)のようになり、排水三軸圧縮試験のようにセル圧が一定である場合、σ'_3 は試験中一定であるので、破壊時の σ'_{1f} をすぐに求めることができる。

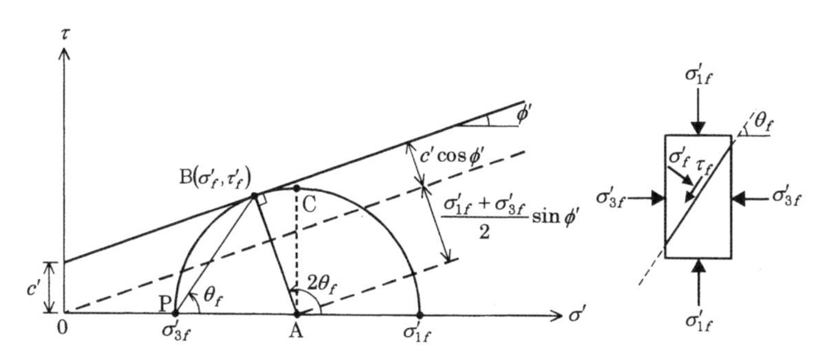

図 4･1　モール・クーロンの破壊規準

$$\sigma'_{1f}=\frac{1+\sin\phi'}{1-\sin\phi'}\sigma'_{3f}+\frac{2\cos\phi'}{1-\sin\phi'}c' \tag{4.3}$$

4.4 室内せん断試験

以下の室内試験を実施することにより、土の強度定数(c', ϕ')を求めることができる。

(1) 一面せん断試験

一定の鉛直荷重のもとでせん断箱の上部を水平に変位させて、土のせん断破壊面上の直応力 σ'_f、およびせん断応力 τ_f を直接測定し、クーロンの破壊規準より強度定数を決定する。

(2) 三軸圧縮試験

円柱供試体をある有効拘束圧のもとで軸圧縮することにより、土がせん断破壊する時の最大主応力 σ'_{1f}、および最小 σ'_{3f} を測定する。さらに、複数の三軸圧縮試験を行うことにより、モール・クーロンの破壊規準を適用して強度定数を決定することができる。軸圧縮中の過剰間隙水圧を測定することができるが、せん断破壊面上の応力を直接求めることはできない。

(3) 一軸圧縮試験

原位置から採取した不撹乱の円柱供試体をそのまま軸圧縮して破壊時の圧縮応力 q_u を測定し、以下の式より原位置での非排水せん断強さ s_u を求めることができる。主に粘性土に対して用いられている。

$$s_u=c_u=q_u/2 \tag{4.4}$$

4.5 ダイレイタンシー、排水条件および間隙圧係数

(1) ダイレイタンシー

図4･2に示すように土をせん断したときに、体積変化が生じることをダイレイタンシーという。特に、体積が膨張しようとする性質を正のダイレイタンシー、体

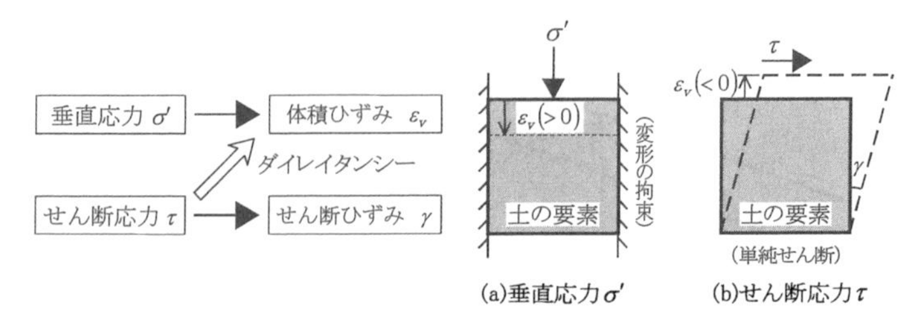

図4･2 ダイレイタンシーと体積ひずみの説明図

積が収縮しようとする性質を負のダイレイタンシーという。図 4･2 では、(a)垂直応力 σ' が増加して体積ひずみ ε_v(収縮)が生じ、(b)せん断応力 τ が働いてせん断ひずみ γ および体積ひずみ ε_v(膨張)が生じていることを模式的に示している。

(2) 排水せん断試験(*CD* 試験)

供試体を所定の有効拘束圧まで圧密した後に排水条件でせん断することを、*CD* 試験と言う。表 4･1 に示すように *CD* 試験では、正のダイレイタンシー特性を持つ土(密な砂や過圧密粘土)をせん断すると水を吸収して体積膨張し、負のダイレイタンシー特性を持つ土(ゆるい砂や正規圧密粘土)をせん断すると水を排出して体積収縮する。このような排水条件では間隙水圧の変化(過剰間隙水圧)は発生しない。*CD* 試験での強度定数を c_d、ϕ_d と書くこともある。

密な砂およびゆるい砂の排水三軸圧縮試験時のせん断挙動の模式図を図 4･3 に示す。

(3) 非排水せん断試験(*CU* 試験)

供試体を所定の有効拘束圧まで圧密した後に非排水条件でせん断することを、

表 4･1 *CD* および $\overline{CU}$ 試験における代表的な土のダイレイタンシー特性(定性的説明)

諸特性 / 土の種類	せん断中の体積変化 ε_v (*CD* 試験)	せん断中の過剰間隙水圧 Δu ($\overline{CU}$ 試験)	ダイレイタンシー	破壊時の有効応力 ($\overline{CU}$ 試験)
ゆるい砂 正規圧密粘土	収縮(正)	増加(正)	負のダイレイタンシー	減少
密な砂 過圧密粘土	膨張(負)	減少(負)	正のダイレイタンシー	増加

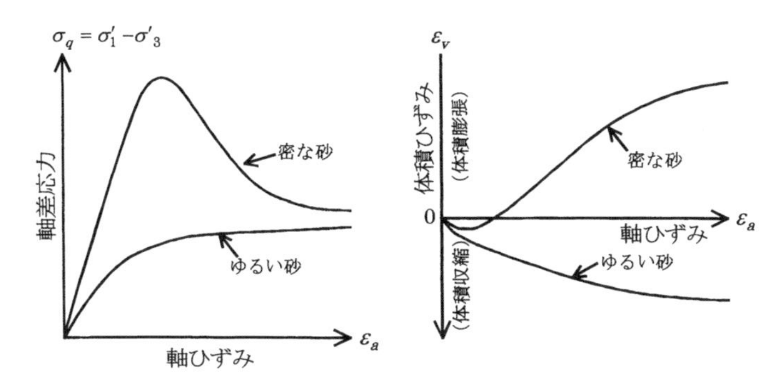

図 4･3 *CD* 試験における砂のせん断挙動の模式図

CU 試験と言う。特にせん断中の間隙水圧の変化(過剰間隙水圧)を測定することを $\overline{CU}$ 試験という。$\overline{CU}$ 試験では、正のダイレイタンシー特性を持つ土をせん断すると間隙水圧が低下して(負の過剰間隙水圧という)有効応力が増大し、負のダイレイタンシー特性を持つ土をせん断すると間隙水圧が上昇して(正の過剰間隙水圧という)有効応力が低下する。

(4) 間隙圧係数

非排水せん断に伴う間隙水圧の変化(過剰間隙水圧、Δu)を以下の近似式で表すことができる。

$$\Delta u = B\{\Delta\sigma_3 + A(\Delta\sigma_1 - \Delta\sigma_3)\} \tag{4.5}$$

ここで、A、B を間隙圧係数という。飽和土では $B=1.0$ となる。一般に破壊時の間隙圧係数 A は正規圧密粘土では正の値を示し、過圧密粘土では過圧密比 OCR が大きくなるに従って小さくなり、負の値を示すこともある。$\overline{CU}$ 試験では、土の強度は c'、ϕ' だけでなく、破壊時の間隙圧係数 A (A_f) によって決定される。

(5) 非圧密非排水せん断試験(UU 試験)

シンウォールチューブ等で採取した不撹乱粘性土に適用できる試験で、排水条件での等方圧密を行わずに、非排水条件で所定の等方応力を負荷した後、非排水条件でせん断することをいう。非圧密非排水試験における破壊規準は図 4･4 のようになる。

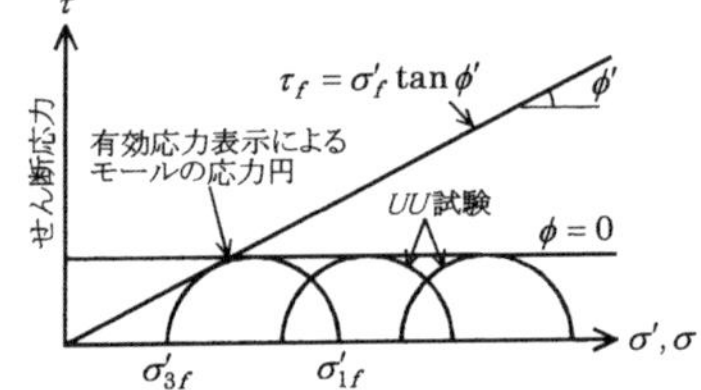

図 4･4 UU 試験における破壊規準

(6) 応力経路(ストレスパス)

土の排水または非排水三軸試験において、せん断開始から土の破壊までの応力状態の変化を示すために応力経路(ストレスパス)が用いられる。(基本問題 9 を参照)

4.6 砂地盤の液状化

地震時のせん断波のような大きなせん断応力がゆるい砂地盤に繰り返し働くと、負のダイレイタンシーにより砂地盤は体積収縮しようとする。しかし、載荷速度が速い地震波の場合、過剰間隙水圧の消散が起きにくいので、正の過剰間隙水圧が発生する。この正の過剰間隙水圧が繰り返しせん断力によって蓄積すると有効応力は徐々に減少し、液状化が発生する。

基本問題

基本問題1　モールの応力円と極(*Pole*)

土の微小要素に図4･5(a)に示すような応力が作用している。以下の問いに答えよ。

(1)　x 方向から α だけ傾斜した面に作用する垂直応力 σ_α とせん断応力 τ_α を、力の釣合より σ_x、σ_z、τ_{zx} および α を用いてそれぞれ求めよ。

(2)　面の傾き α が変化した時、その面に作用する垂直応力 σ_α とせん断応力 τ_α の組み合わせは、(σ, τ) 応力平面上で円を形成することを式により示し図示せよ。さらに、モールの応力円および極(*Pole*)について説明せよ。

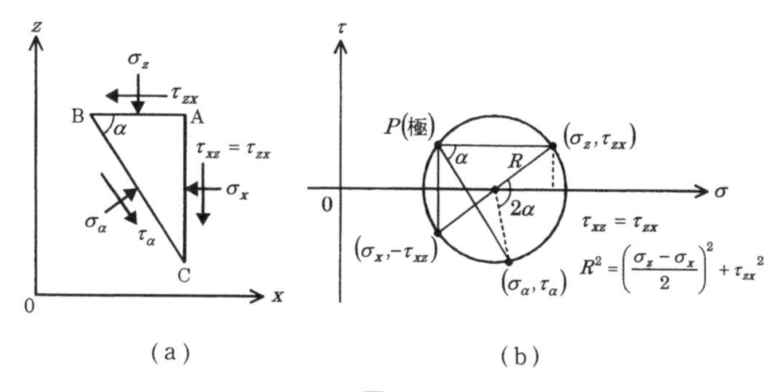

図4･5

解答

(1)　三角形要素ABCに作用する力の釣合いを考える。力の大きさは、「応力の大きさ×面積」であることに注意して、σ_α 方向の力の釣合いを考えると、

$$\sigma_\alpha=\sigma_x\sin^2\alpha+\sigma_z\cos^2\alpha+\tau_{xz}\cos\alpha\sin\alpha+\tau_{zx}\sin\alpha\cos\alpha$$

が得られる。また τ_α 方向の力の釣合いを考えると

$$\tau_\alpha=(\sigma_x-\sigma_z)\cos\alpha\sin\alpha-\tau_{xz}\sin^2\alpha+\tau_{zx}\cos^2\alpha$$

となる。2つの式を変形すると以下のようになる。ただし、$\tau_{xz}=\tau_{zx}$ としている。

$$\sigma_\alpha=\frac{\sigma_z+\sigma_x}{2}+\frac{\sigma_z-\sigma_x}{2}\cos 2\alpha+\tau_{zx}\sin 2\alpha$$
$$\tau_\alpha=-\frac{\sigma_z-\sigma_x}{2}\sin 2\alpha+\tau_{zx}\cos 2\alpha \qquad (4.6)$$

（2） 上の2式から、α（面の傾き）を消去するために$\left(\sigma_\alpha - \frac{\sigma_z + \sigma_x}{2}\right)^2 + \tau_\alpha^2$を計算すると以下のようになる。

$$\left(\sigma_\alpha - \frac{\sigma_z + \sigma_x}{2}\right)^2 + \tau_\alpha{}^2 = \left(\frac{\sigma_z - \sigma_x}{2}\right)^2 + \tau_{zx}{}^2 \tag{4.7}$$

式(4.7)に示すように、垂直応力とせん断応力の組み合わせ($\sigma_\alpha, \tau_\alpha$)は、中心座標$\left(\frac{\sigma_z + \sigma_x}{2}, 0\right)$、半径$\sqrt{\left(\frac{\sigma_z - \sigma_x}{2}\right)^2 + \tau_{zx}{}^2}$の円周上に存在することが分かる。式(4.7)を($\sigma, \tau$)応力平面上で図示すると図4･5(b)に示すような円となり、この円を「モールの応力円」とよぶ。円周上の点($\sigma_\alpha, \tau_\alpha$)は傾き$\alpha$が任意のときの応力の値を示す。さらに、図4･5(b)に示す点Pは、応力が働いている面の方向に関する「極」とよび、極をとおる任意の方向に線を引くことによりモールの応力円との交点からその面に働いている応力の値を図形的に求めることができる。

基本問題2 モールの応力円

以下の括弧内の数字を計算せよ。

地盤中のある点における応力状態を調べたところ、最大主応力はσ_1=100 kN/m^2、最小主応力はσ_3=40 kN/m^{2}であった。この点における最大主応力面に作用するせん断応力は(1　　　　) kN/m^{2}であり、最大主応力面から30°傾いた面に作用する垂直応力は(2　　　　) kN/m^2、せん断応力は(3　　　　) kN/m^{2}である。また最大せん断応力面と最大主応力面がなす角度は(4　　　　)°であり、その最大せん断応力面に作用するせん断応力は(5　　　　) kN/m^2、垂直応力は(6　　　　) kN/m^{2}である。

解答 （1） 0、（2） 85、（3） 26、（4） 45、（5） 30、（6） 70

最大主応力σ_1と最小主応力σ_3が既知であるので、図4･6に示すようなモールの応力円を描くことができる。点Pは、応力が作用している面の方向の極を示す。最大主応力面から30°傾いた面に作用する垂直応力およびせん断応力成分は極Pを用いて(または2×30°=60°の角度でOCから傾いた)図4･6の点Aで表すことができるので、以下の式をより求めることができる。

$$\sigma = \frac{\sigma_1 + \sigma_3}{2} + \frac{\sigma_1 - \sigma_3}{2}\cos 2\alpha = \frac{100\,[\mathrm{kN/m^2}] + 40\,[\mathrm{kN/m^2}]}{2}$$

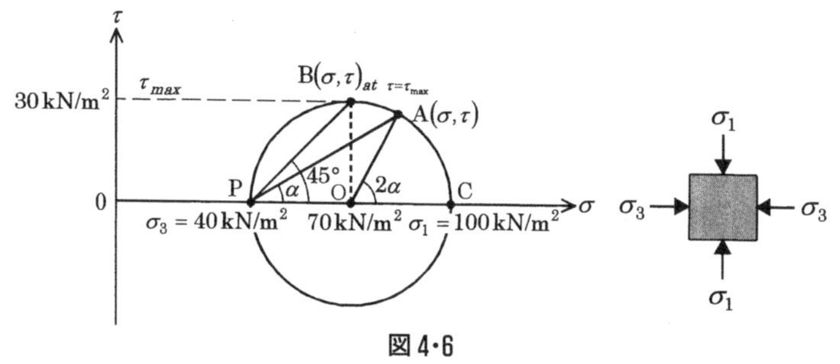

図 4・6

$$+\frac{100\,[\mathrm{kN/m^2}]-40\,[\mathrm{kN/m^2}]}{2}\cos(2\times30\,[°])=85\,[\mathrm{kN/m^2}]$$

また、

$$\tau=\frac{\sigma_1-\sigma_3}{2}\sin 2\alpha=\frac{100\,[\mathrm{kN/m^2}]-40\,[\mathrm{kN/m^2}]}{2}\sin(2\times30\,[°])$$
$$=26\,[\mathrm{kN/m^2}]$$

最大せん断応力面と最大主応力面がなす角度は、図 4・6 より∠BPC に等しい(または∠BOC の角度の 1/2)ので 45° である。さらに、最大せん断応力面に作用するせん断応力は図 4・6 に示すように 30 kN/m²、直応力成分は 70 kN/m² である。

基本問題 3　モールの応力円、主応力の計算

図 4・7 に示すような斜面内の土の要素(2 次元)を考える。この要素の水平面に $\sigma_v=150\,\mathrm{kN/m^2}$ の鉛直応力、鉛直面に $\sigma_h=90\,\mathrm{kN/m^2}$ の水平応力、両面に $\tau=30\,\mathrm{kN/m^2}$ のせん断応力が働いている場合、次の問に答えよ。

（1）　土の要素に働いている応力を用いてモールの応力円を描け。さらに応力の面の方向に関する極を示せ。

（2）　土の要素の最大主応力 σ_1 および最小主応力 σ_3 を計算せよ。さらに水平方向と最大主応力面のなす角度 α も求めよ。

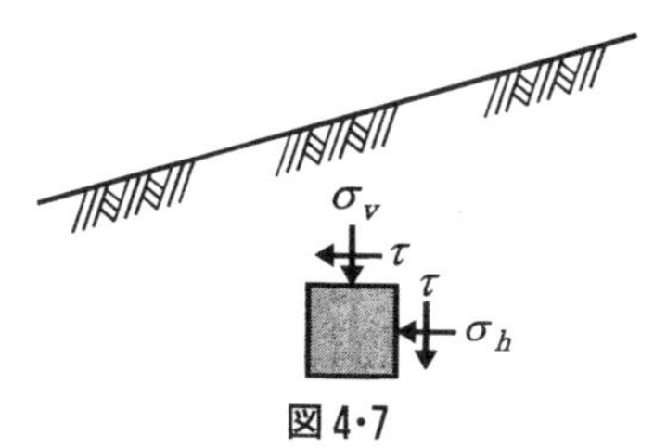

図 4・7

解答

（1） 図 4･8 に示すように $(\sigma_v, \tau)=(150\,\mathrm{kN/m^2}, 30\,\mathrm{kN/m^2})$ と $(\sigma_h, \tau)=(90\,\mathrm{kN/m^2}, -30\,\mathrm{kN/m^2})$ の 2 点 AB を直径とする円により、モールの応力円を描くことができる。点 A の応力は水平面に働いているので、応力の方向に関する極は点 P に示すことができる。

（2） 図 4･8 に示すモール円を用いて以下の式を導き、最大主応力および最小主応力をそれぞれ計算することができる。

$$\sigma_1=\frac{\sigma_v+\sigma_h}{2}+\sqrt{\left(\frac{\sigma_v-\sigma_h}{2}\right)^2+\tau^2}$$

$$=\frac{150\,[\mathrm{kN/m^2}]+90\,[\mathrm{kN/m^2}]}{2}$$

$$+\sqrt{\left(\frac{150\,[\mathrm{kN/m^2}]-90\,[\mathrm{kN/m^2}]}{2}\right)^2+\{30\,[\mathrm{kN/m^2}]\}^2}$$

$$=162.4\,[\mathrm{kN/m^2}]$$

$$\sigma_3=\frac{\sigma_v+\sigma_h}{2}-\sqrt{\left(\frac{\sigma_v-\sigma_h}{2}\right)^2+\tau^2}$$

$$=\frac{150\,[\mathrm{kN/m^2}]+90\,[\mathrm{kN/m^2}]}{2}$$

$$-\sqrt{\left(\frac{150\,[\mathrm{kN/m^2}]-90\,[\mathrm{kN/m^2}]}{2}\right)^2+\{30\,[\mathrm{kN/m^2}]\}^2}$$

$$=77.6\,[\mathrm{kN/m^2}]$$

つぎに、水平方向と最大主応力面のなす角度 α は、図 4･8 に示すように応力の方向の極を用いて以下のように求めることができる。

$$\tan 2\alpha=\frac{\tau}{\dfrac{\sigma_v-\sigma_h}{2}}=\frac{30\,[\mathrm{kN/m^2}]}{\dfrac{150\,[\mathrm{kN/m^2}]-90\,[\mathrm{kN/m^2}]}{2}}=1$$

$$\therefore\quad 2\alpha=45^\circ,\quad \alpha=22.5^\circ$$

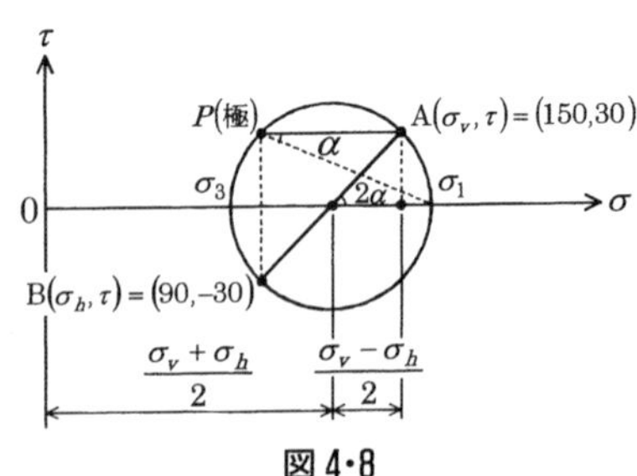

図 4･8

基本問題 4　応力とその成分

応力には 9 個の成分があるが、そのうち独立な応力成分は(1　　　　)個である。三軸圧縮試験では(2　　　　)個の主応力成分が測定・制御可能であるがその内(3　　　　)個は常に値が等しい。真の三軸試験では(4　　　　)個の主応力の測定・制御が可能である。

解答　(1)　6、(2)　3、(3)　2、(4)　3

土の三軸試験は円柱供試体を用いて、図 4•9(a)に示すように 3 つの主応力を作用させる試験であるが、側方には同じセル圧が作用しているため半径方向の 2 つの主応力は常に等しい。図 4•9(a)は三軸圧縮試験の場合を示している(鉛直応力が最大主応力になっている)。一方、真の三軸試験とよばれているものは、図 4•9(b)に示すように直方体に 3 つの主応力を作用させるもので、全て独立に制御可能である。

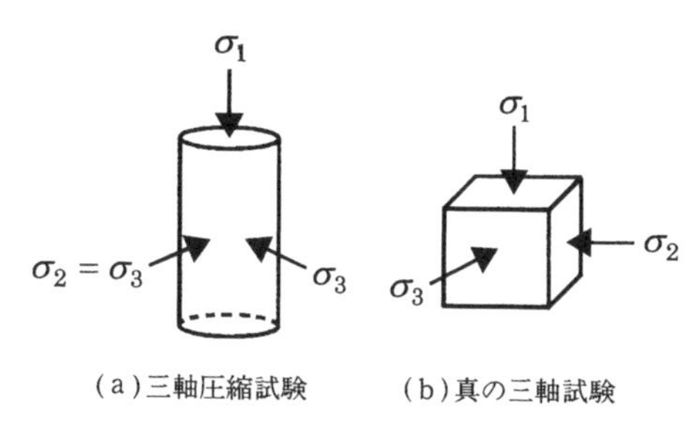

図 4•9

基本問題 5　クーロンの破壊規準と一面せん断試験

(1)　土のクーロンの破壊規準を式で示し、さらに図示せよ。

(2)　一面せん断試験において、鉛直応力を $\sigma'=100.0\,\mathrm{kN/m^2}$ に保ったまません断したところ、せん断応力の最大値(せん断強度)は $\tau=77.7\,\mathrm{kN/m^2}$ であった。つぎに鉛直応力を $\sigma'=200.0\,\mathrm{kN/m^2}$ に保ったまません断したところ、せん断応力の最大値は $\tau=135.0\,\mathrm{kN/m^2}$ であった。この土のせん断抵抗角(内部摩擦角) ϕ' および粘着力 c' をそれぞれ求めよ。

解答　有効応力による土のクーロンの破壊規準は式(4.1)で表され、図示する

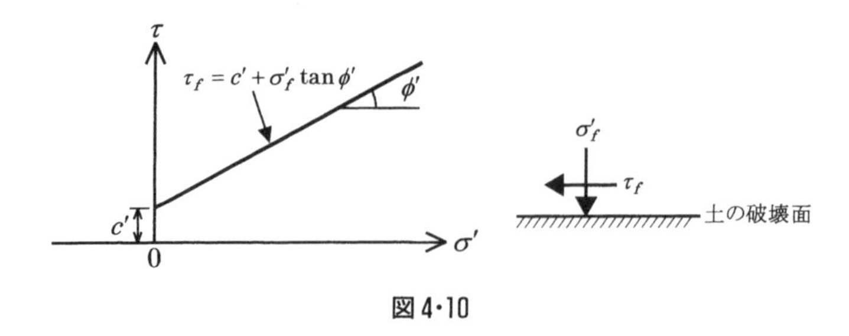

図 4・10

と図 4・10 のようになる。問題の一面せん断試験結果を式(4.1)に代入すると以下のようになる。

$$77.7\,[\mathrm{kN/m^2}] = c'\,[\mathrm{kN/m^2}] + 100\,[\mathrm{kN/m^2}]\cdot\tan\phi'$$
$$135.0\,[\mathrm{kN/m^2}] = c'\,[\mathrm{kN/m^2}] + 200\,[\mathrm{kN/m^2}]\cdot\tan\phi'$$

これらの 2 式より ϕ' と c' を求めると以下のようになる。

$$\phi' = 29.8°、c' = 20.4\ \mathrm{kN/m^2}$$

基本問題 6　クーロンの破壊規準と一面せん断試験、乾燥砂

乾燥砂の一面せん断試験を鉛直応力 150.0 kN/m^2 のもとで行ったところ、最大せん断応力は 117.2 kN/m^2 であった。せん断抵抗角 ϕ' および粘着力 c' をそれぞれ求めよ。

解答　乾燥砂であるから、式(4.1)のクーロンの破壊規準における粘着力 c' はゼロであると判断できる。よって式(4.1)より、せん断抵抗角 $\phi' = 38.0°$ となる。

基本問題 7　三軸圧縮試験の応力状態

円柱供試体を用いた土の三軸圧縮試験において、せん断中の供試体に作用する主応力状態を、(1) 等方圧密応力 σ'_0、(2) 軸圧縮応力(軸差応力) σ_q による三軸せん断、の 2 つに分けて説明せよ。

解答　三軸供試体の表面にはせん断応力が作用していないので、鉛直応力 σ'_v と水平応力 σ'_h は主応力になっている。図 4・11(a)に示すように、三軸圧縮試験はまず原位置の有効拘束圧(平均有効主応力)に相当する初期有効応力 σ'_0 で等方圧密を行う。この時 $\sigma'_v = \sigma'_h = \sigma'_0$ となり、等方圧密状態ではすべての主応力の大

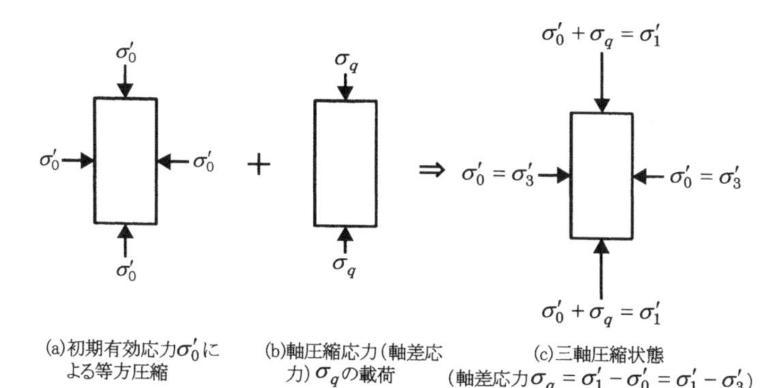

図 4･11

きさは等しい。つぎに、図 4･11(b)に示すように、等方圧密状態から軸差応力σ_qのみを増大させて軸圧縮せん断を行う。軸圧縮力(セル内のロードセルによる荷重)を供試体の断面積で割ったものが軸差応力 σ_q とよばれるもので、せん断開始時はゼロである。(a)の等方圧密状態と(b)の軸圧縮状態を重ね合わせたものが、(c)の三軸圧縮時における主応力の状態である。この時、$\sigma_v' = \sigma_0' + \sigma_q$、$\sigma_h' = \sigma_0'$ の三軸圧縮状態となり、$\sigma_v' > \sigma_h'$ なので、最大主応力 $\sigma_1' = \sigma_v'$、最小主応力 $\sigma_3' = \sigma_h'$、軸差応力 $\sigma_q = \sigma_v' - \sigma_h' = \sigma_1' - \sigma_3'$ となる。

基本問題 8　三軸圧縮試験の破壊面における応力状態

せん断抵抗角 ϕ'、粘着力 c' の土について排水状態で三軸圧縮試験を行ったところ、σ_{1f}'、σ_{3f}' の主応力で供試体が破壊した。このとき、モール・クーロンの破壊規準を 2 つの主応力で記述せよ。また、破壊が生じた面の角度をモールの応力円を用いて求めよ。

解答　図 4･1 に示すように σ_{1f}'、σ_{3f}' を主応力とするモール円を描き、モール・クーロンの破壊規準よりモールの応力円とクーロンの破壊規準は点 B において接することになるので、図に示す幾何学的な関係より式(4.2)が導かれる。この式はモール・クーロンの破壊規準を主応力で表した式である。つぎに、三軸供試体の内部で発生する破壊面は最大主応力が働いている面(水平面)から θ_f だけ傾いているとすると、図 4･1 のモールの応力円において応力の面の方向に関す

る極は点Pであるので、∠APBがθ_fとなる。さらに∠CABはϕ'に等しいので、幾何学的な関係より以下のように破壊面の角度が導かれる。

$$\theta_f = \frac{\pi}{4} + \frac{\phi'}{2} \tag{4.8}$$

破壊面の角度はせん断抵抗角ϕ'にのみ関係していることが分かる。

基本問題9　応力経路（ストレスパス）

土の排水または非排水三軸圧縮試験において、せん断開始から土の破壊までの応力状態の変化を示すために、応力経路（ストレスパス）がよく用いられる。排水三軸圧縮試験（$\sigma_0' = \sigma_3' =$一定）における応力経路について図を用いながら説明せよ。

解答　三軸応力状態に限らず土の応力状態はモールの応力円で表すことができる。今、図4･12に示すようなモール円で示すような応力状態であるとする。このモール円においてせん断応力が最大となる点Cの軌跡を描いたものが、最大せん断応力面に作用する応力に関する応力経路である。点Cは以下のように定義することができる。

$$p' = \frac{\sigma_1' + \sigma_3'}{2}$$
$$q = \frac{\sigma_1' - \sigma_3'}{2} = \frac{\sigma_1 - \sigma_3}{2} \tag{4.9}$$

具体的に排水三軸圧縮試験の場合の応力経路を図4･13に示す。まず等方応力状態では、3つの主応力が等しいのでモール円は点となる。つぎに三軸せん断を開始して軸差応力が増大していくと最小主応力σ_3'は一定であるから、最大主応力σ_1'がどんどん増加していく。図4･13に示すように、モール円が載荷とともにどんどん大きくなることが分かる。モール円はどんどん大きくなるが、モール・クーロンの破壊規準よりクーロンの破壊線に達したところでモール円は最大になる。この最大のモール円が示す応力状態が土が破壊したときである。このようにせん断が進行するにしたがってモール円は増大していくのだが、その増大をモール円そのもので表すのではなく、図4･12の点Cの軌跡で表したものが応力経路である。図4･13は有効応力表示であるので、有効応力経路という。図4･14に排水三軸圧縮試験の場合の有効応力経路を示す。横軸はp'、縦軸はqになっている。応力経路を表示するための応力成分は、お互い独立なものであれば何でもよい。例えば、図 4･15 に示すようなものもよく用いられる。

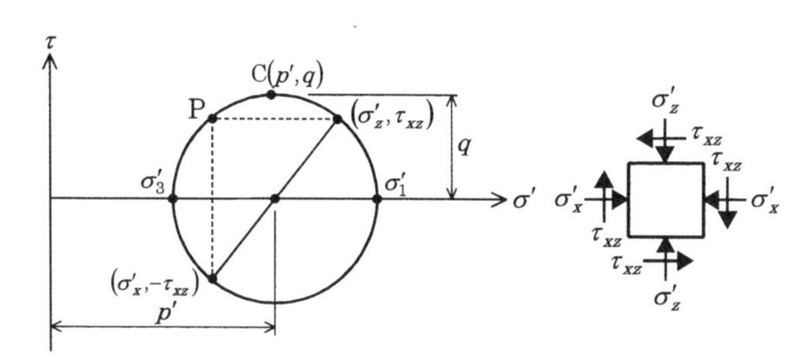

図 4･12

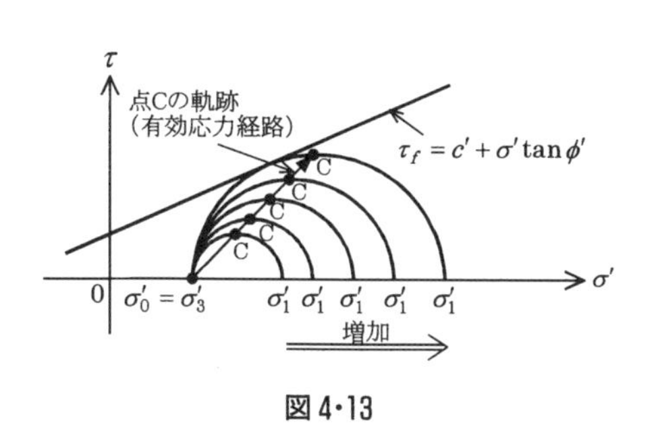

図 4･13

$q = \dfrac{\sigma'_1 - \sigma'_3}{2}$

有効応力経路

0 σ'_0 $p' = \dfrac{\sigma'_1 + \sigma'_3}{2}$

図 4･14

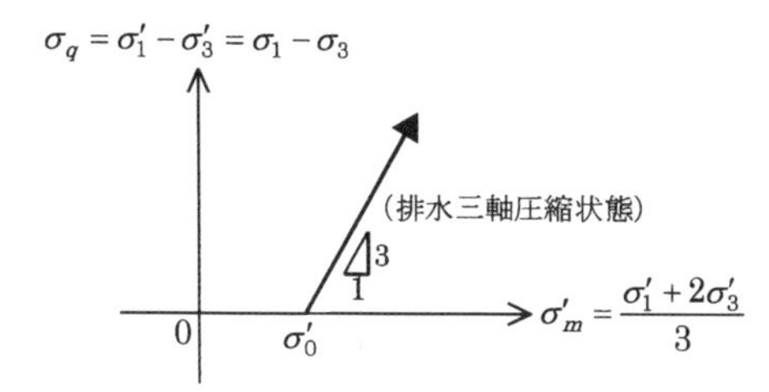

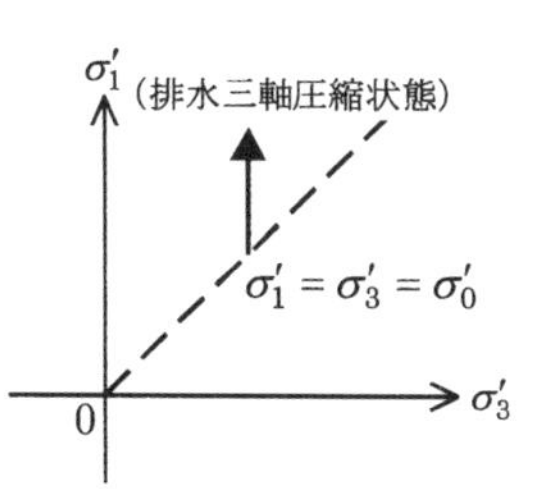

図 4･15

基本問題 10　有効応力面でのモール・クーロンの破壊規準

式(4.9)で示す有効応力面($p'-q$ 面)において、モール・クーロンの破壊規準を式で示し、モールの応力円の破壊包絡線を引かずに強度定数を求めることができることを示せ。

解答　式(4.1)および式(4.9)より以下の式が導かれる。

$$q_f = c'\cos\phi' + p'_f \sin\phi'$$
$$p'_f = \frac{1}{2}(\sigma'_{1f}+\sigma'_{3f})、\ q_f = \frac{1}{2}(\sigma'_{1f}-\sigma'_{3f}) \tag{4.10}$$

これらの式より有効応力面($p'-q$ 面)でのモール・クーロンの破壊規準は図 4･16 に示すようになる。モールの応力円の破壊包絡線を合理的に決定することは難しいが、図 4･16 に示す有効応力面では、破壊時の p' と q を点としてプロットできるので、最小二乗法等により強度定数を決定することができる。

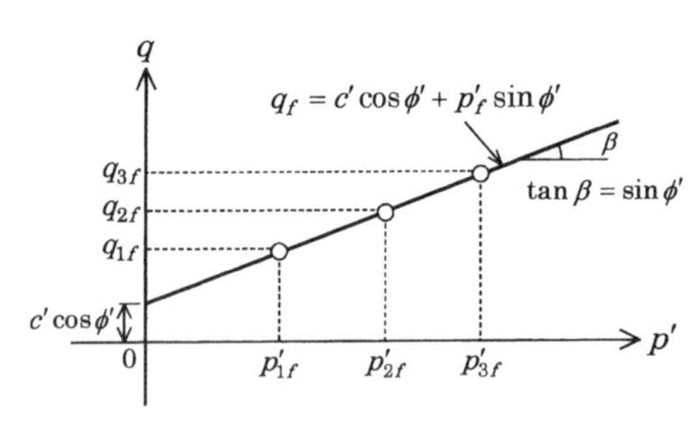

図 4･16

基本問題 11　砂の排水三軸圧縮試験

粘着力がゼロ($c'=0$ kN/m²)である砂に対して、側圧一定($\sigma_h=300$ kN/m²)、間隙水圧一定($u=100$ kN/m²)で排水三軸圧縮試験を行った。軸差応力 σ_q が 700 kN/m² となったところで最大となりせん断破壊が生じた。

（1）　この砂のせん断抵抗角 ϕ' はいくらか。

（2）　同じ砂に対して、側圧を 200 kN/m²、間隙水圧を 100 kN/m² に保ったまま軸力を増加させると、軸差応力がいくらになった時にせん断破壊が生じるか計算せよ。

解答

（1） 初期の有効拘束圧 σ'_0 は $\sigma'_0 = \sigma_h - u = 300\,[\mathrm{kN/m^2}] - 100\,[\mathrm{kN/m^2}] = 200\,[\mathrm{kN/m^2}]$ となり、排水試験であるので σ'_0 は破壊時の最小主応力 σ'_{3f} に等しい。さらに、破壊時の最大主応力 σ'_{1f} は以下のように求めることができる。

$$\sigma'_{1f} = \sigma_{q\max} + \sigma'_{3f} = 700\,[\mathrm{kN/m^2}] + 200\,[\mathrm{kN/m^2}] = 900\,[\mathrm{kN/m^2}]$$

図 4・17 に示すように、粘着力がゼロである砂の場合のモール・クーロンの破壊規準は以下の式で表される。

$$\sin\phi' = \frac{\sigma'_{1f} - \sigma'_{3f}}{\sigma'_{1f} + \sigma'_{3f}} \qquad (4.11)$$

よって、$\sin\phi' = \dfrac{900\,[\mathrm{kN/m^2}] - 200\,[\mathrm{kN/m^2}]}{900\,[\mathrm{kN/m^2}] + 200\,[\mathrm{kN/m^2}]} = \dfrac{7}{11}$、∴ $\phi' = 39.5°$ となる。

（2） 側圧は 200 kN/m²、間隙水圧は 100 kN/m² であるので、$\sigma'_{3f} = \sigma'_0 = \sigma_h - u = 200\,[\mathrm{kN/m^2}] - 100\,[\mathrm{kN/m^2}] = 100\,[\mathrm{kN/m^2}]$ となる。式(4.11)を $\sigma'_{1f}/\sigma'_{3f}$ について解くと以下のようになる。

$$\frac{\sigma'_{1f}}{\sigma'_{3f}} = \frac{1+\sin\phi'}{1-\sin\phi'} \qquad (4.12)$$

よって、$\dfrac{\sigma'_{1f}}{\sigma'_{3f}} = \dfrac{1+\sin 39.5\,[°]}{1-\sin 39.5\,[°]} = 4.5$ であるから、$\sigma'_{1f} = 4.5 \times \sigma'_{3f} = 4.5 \times 100\,[\mathrm{kN/m^2}] = 450\,[\mathrm{kN/m^2}]$ となり、軸差応力の最大値は次のようになる。

$$\sigma_{q\max} = \sigma'_{1f} - \sigma'_{3f} = 450\,[\mathrm{kN/m^2}] - 100\,[\mathrm{kN/m^2}] = 350\,[\mathrm{kN/m^2}]$$

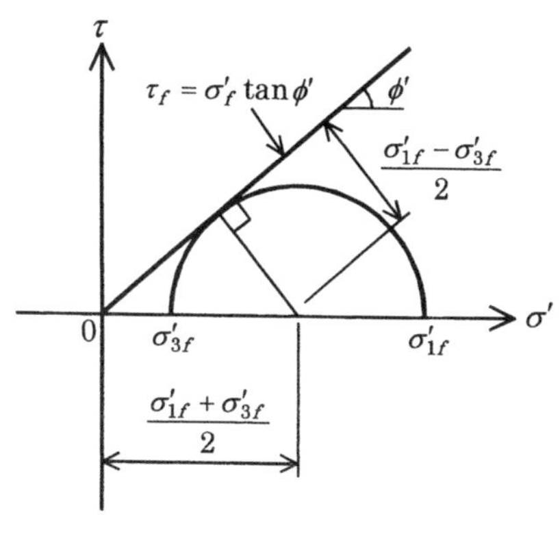

図 4・17

基本問題 12　三軸圧縮試験における破壊面

せん断抵抗角 ϕ' が 30° 粘着力 c' が 10 kN/m² の土を三軸圧縮試験でせん断した時、破壊面が最大主応力面となす角度を計算せよ。

解答　式(4.8)より $\theta_f = \frac{\pi}{4} + \frac{\phi'}{2} = 45\,[°] + \frac{30\,[°]}{2} = 60\,[°]$ となる。粘着力 c' は θ_f に関係ない。

基本問題 13　粘土の有効応力および全応力に基づく強度定数

正規圧密粘土において、CD 試験や $\overline{CU}$ 試験から得られる有効応力に基づく強度定数(せん断抵抗角 ϕ'、粘着力 c')はどのような特徴があるのか。また、過圧密粘土や固結した粘土の場合はどうか。一方、全応力に基づく強度定数は一般的にどのような値になるのか簡単に説明せよ。

解答　正規圧密粘土の有効応力に基づく強度定数(せん断抵抗角 ϕ'、粘着力 c')は $\overline{CU}$ 試験や CD 試験において以下のようになる。

$$\phi' \neq 0、c' = 0 \tag{4.13}$$

式(4.13)は多くの正規圧密粘土において満足することが実験的に確認されている。しかし、過圧密粘土や固結した粘土の場合は以下のようになる。

$$\phi' \neq 0、c' \neq 0 \tag{4.14}$$

一方、全応力に基づく強度定数(せん断抵抗角 ϕ、粘着力 c)は一般的に以下のようになり、全応力解析(基本問題 14 参照)ではこれらの値が広く採用されている。

粘土の場合　$\phi = 0、c \neq 0$　(4.15)

砂の場合　$\phi \neq 0、c = 0$　(4.16)

基本問題 14　全応力解析と有効応力解析

クーロンの破壊規準における定数は、土の強度定数として構造物や地盤の安定解析等で広く用いられている。安定解析は、大きく全応力解析と有効応力解析に分けることができる。これらの解析で用いられる土の強度定数について説明せよ。

解答　全応力解析および有効応力解析における土の強度定数について、以下に説明する。

・全応力解析：安定解析において、上載圧(土被り圧)は有効上載圧を考えるが、土の強度定数は全応力に基づく c、ϕ を用いる。ただし、c、ϕ は原位置の応力状態(有効上載圧を用いる、全応力ではない)を考慮した一面せん断試験や三軸圧縮試験などで決定する。つまり初期条件としては有効上載圧を考えるが、せん断中の間隙水圧の変化は考えない安定解析をいう。代表的な例として、軟弱地盤上に盛土を行った場合、非圧密非排水強さ($\phi_u \fallingdotseq 0$、$c_u = q_u/2$)を用いて、短期安定問題として解析する方法がある。

・有効応力解析：安定解析において、上載圧(土被り圧)は有効上載圧を考え、土の強度定数も、有効応力に基づく c'、ϕ' を用いる。c'、ϕ' は原位置の有効応力状態を考慮した一面せん断試験や三軸圧縮試験などで決定する。そして、せん断による間隙水圧の変化を考慮し、破壊時の過剰間隙水圧を用いて安定解析を行う。

基本問題 15　土のせん断特性、ダイレイタンシー

密な砂や過圧密粘土を、有効拘束圧一定でせん断すると体積が(1　　　　)し、体積一定でせん断すると有効拘束圧が(2　　　　)する。この性質を(3　　　　)という。また、ゆるい砂や正規圧密粘土を、有効拘束圧一定でせん断すると体積が(4　　　　)し、体積一定でせん断すると有効拘束圧が(5　　　　)する。この性質を(6　　　　)という。

解答　(1)　膨張　(2)　増加　(3)　正のダイレイタンシー　(4)　収縮　(5)　減少　(6)　負のダイレイタンシー

基本問題 16　砂の圧密排水三軸圧縮試験

きれいな砂に対して、圧密排水三軸圧縮試験を行って強度定数を求めた。以下のような条件および実験結果の時、次の設問に答えよ。

円柱供試体の直径 $D = 7.5$ cm、高さ $H = 15.0$ cm、

三軸圧縮試験前の有効拘束圧 $\sigma_0' = 100$ kN/m^2、

三軸セルの中にセットした荷重計(ロードセル)の三軸圧縮時の最大値 $P_{max} =$ 1189 N

（1） 軸差応力 σ_q の最大値
（2） 破壊時の最大主応力 σ'_{1f} と最小主応力 σ'_{3f}
（3） せん断抵抗角 ϕ'

解答

（1） 排水試験であるから試験中の間隙水圧は一定であり、セル圧も一定ならばせん断前の圧密圧力 σ'_0 は破壊時の最小主応力 σ'_3 に等しい。荷重計の値(力)を供試体の断面積で割ったものは、軸差応力 σ_q に等しいので、以下のような計算で軸差応力 σ_q の最大値を求めることができる。

三軸供試体の断面積　$A=\frac{\pi}{4}(7.5\,[\mathrm{cm}])^2=44.2\,[\mathrm{cm}^2]=44.2\times10^{-4}\,[\mathrm{m}^2]$

破壊時の軸差応力　$\sigma_{qf}=\sigma'_{1f}-\sigma'_{3f}=\frac{P_{\max}}{A}=\frac{1189\,[\mathrm{N}]}{44.2\times10^{-4}\,[\mathrm{m}^2]}$
$=269\,[\mathrm{kN/m^2}]$

（2） 破壊時の最小主応力 σ'_{3f} は有効圧密応力に等しいので、$\sigma'_{3f}=100$ $\mathrm{kN/m^2}$

$\therefore\quad \sigma'_{1f}=\sigma_{qf}+\sigma'_{3f}=269\,[\mathrm{kN/m^2}]+100\,[\mathrm{kN/m^2}]=369\,[\mathrm{kN/m^2}]$

（3） きれいな砂であるから、粘着力 $c'=0$ である。よってモール・クーロンの破壊規準より、せん断抵抗角 ϕ' は式(4.11)より以下のように求められる。

$$\sin\phi'=\frac{\sigma'_{1f}-\sigma'_{3f}}{\sigma'_{1f}+\sigma'_{3f}}=\frac{369\,[\mathrm{kN/m^2}]-100\,[\mathrm{kN/m^2}]}{369\,[\mathrm{kN/m^2}]+100\,[\mathrm{kN/m^2}]}=0.574$$

$\therefore\quad \phi'=35.0°$

基本問題 17　砂の圧密排水三軸圧縮試験による強度定数の決定

ゆる詰めの砂に対し排水状態で三軸圧縮試験を行ったところ、以下の応力の時に破壊した。モールの応力円と p'(平均主応力)～q(せん断応力)関係の 2 種類の方法で粘着力 c' およびせん断抵抗角 ϕ' を求めよ。

表 4·2

初期の有効拘束圧 (kN/m²)	100	200	300
破壊時の鉛直応力 (kN/m²)	385	770	1160

解答 図4・18(a)に示すようなモール円を描くことにより、強度定数を求めることができる。$c'=0$、$\phi'=36.0°$

また、式(4.9)を用いることにより、以下のようにp'およびqを計算して図4・18(b)に示すように強度定数を求めることができる。

表4・3

p'（平均主応力）(kN/m²)	242.5	485	730
q（せん断応力）(kN/m²)	142.5	285	430

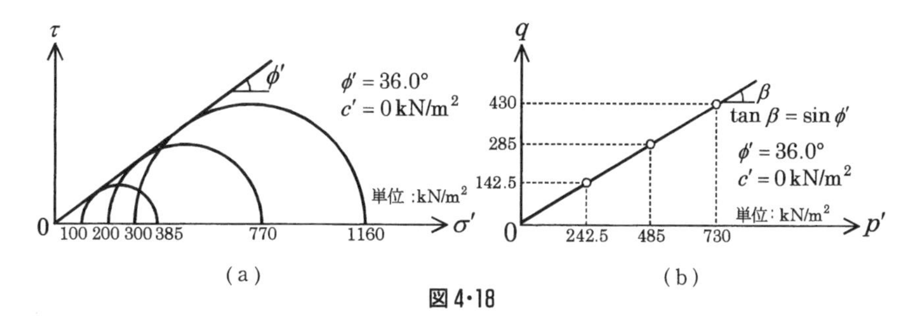

図4・18

基本問題18　正規圧密粘土の圧密非排水三軸圧縮試験による強度定数の決定

正規圧密粘土に対して圧密非排水状態で三軸圧縮試験を行ったところ、以下の応力の時に破壊した。有効応力で考えた場合の粘着力c'およびせん断抵抗角ϕ'を求めよ。

表4・4

供試体No.	No.1	No.2	No.3
初期の有効拘束圧 σ_0' (kN/m²)	100.0	200.0	300.0
破壊時の軸差応力 $\sigma_{q\max}$ (kN/m²)	70.0	139.9	209.8
破壊時の過剰間隙水圧 Δu_f (kN/m²)	63.0	126.0	189.0

解答 破壊時の最小応力σ_{3f}'および最大主応力σ_{1f}'は、以下の式から求めることができる。表4・5に求めたσ_{3f}'およびσ_{1f}'を示す。

$$\sigma_{3f}'=\sigma_0'-\Delta u_f$$

$$\sigma_{1f}'=\sigma_{q\max}+\sigma_{3f}'$$

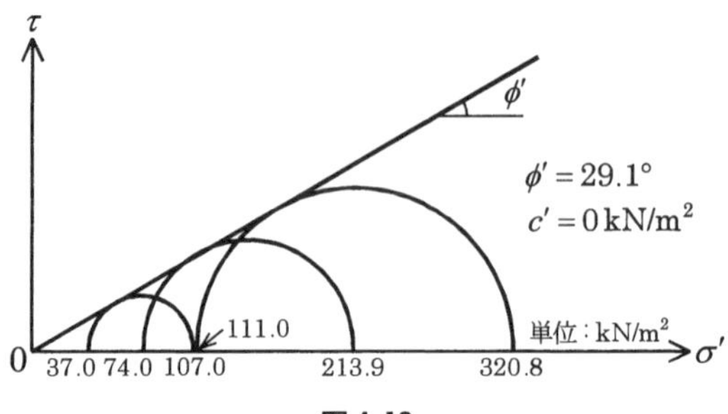

図 4・19

表 4・5

供試体 No.	No. 1	No. 2	No. 3
初期の有効拘束圧 σ'_0 (kN/m²)	100	200	300
破壊時の最小主応力 σ'_{3f} (kN/m²)	37.0	74.0	111.0
破壊時の最大主応力 σ_{1f}' (kN/m²)	107.0	213.9	320.8

図 4・19 に示すようなモールの応力円を描くことができる。よって強度定数は $c'=0$、$\phi'=29.1°$ となる。

基本問題 19　強度増加率の計算

基本問題 18 の実験結果に対して、圧密による強度増加率 $\frac{s_u}{p'_0}$ を求めよ。

解答　圧密による強度増加率 $\frac{s_u}{p'_0}$ は以下の式で表される。

$$\frac{s_u}{p'_0}=\frac{\left(\frac{\sigma'_{1f}-\sigma'_{3f}}{2}\right)}{p'_0} \tag{4.17}$$

ここで、s_u：非排水せん断強さ(三軸試験の場合モールの応力円の半径に等しい)

p'_0：せん断前の圧密圧力

強度増加率を以下の表より計算すると、$\frac{s_u}{p'_0}=0.35$ (平均値) となる。

表 4・6

初期の有効拘束圧 p'_0 (kN/m²)	100	200	300
破壊時の有効鉛直応力 σ'_{1f} (kN/m²)	107.0	213.9	320.8
破壊時の有効拘束圧 σ'_{3f} (kN/m²)	37.0	74.0	111.0
非排水せん断強さ s_u (kN/m²)	35.0	70.0	104.9
強度増加率 $\frac{s_u}{p'_0}$	0.35	0.35	0.35

基本問題 20　間隙圧係数

三軸試験装置を用いて、飽和砂を 100 kN/m² まで等方圧縮した後、非排水状態にして軸圧を 300 kN/m²、側圧を 200 kN/m² になるまで増加した。間隙圧係数 $A=0.8$、$B=1.0$ として、間隙水圧の値を計算せよ。

解答　三軸供試体において、最大主応力および最小主応力の変化に対して過剰間隙水圧は式(4.5)で表すことができる。よって以下のように計算できる。

$$\Delta u=1.0\times〔(200-100)\,[\mathrm{kN/m^2}]+0.8\times\{(300-100)\,[\mathrm{kN/m^2}]-(200-100)\,[\mathrm{kN/m^2}]\}〕=180\,[\mathrm{kN/m^2}]$$

基本問題 21　破壊時の間隙圧係数 A_f

基本問題 18 の実験結果に対して、破壊時の間隙圧係数 A_f の値を求めよ。

解答　三軸圧縮試験では $\Delta\sigma'_3=0$ なので、式(4.5)より、破壊時の間隙圧係数 A_f の値は以下の式より求めることができる。

$$A_f=\frac{\Delta u_f}{\Delta\sigma_{1f}-\Delta\sigma_{3f}}=\frac{\Delta u_f}{\Delta\sigma_{1f}}=\frac{\Delta u_f}{\sigma_{q\max}}$$

表 4・7

初期の有効拘束圧 p'_0 (kN/m²)	100	200	300
破壊時の過剰間隙水圧 Δu_f (kN/m²)	63.0	126.0	189.0
最大軸差応力 $\sigma_{q\max}$ (kN/m²)	70.0	139.9	209.8
破壊時の間隙圧係数 A_f	0.9	0.9	0.9

表 4・7 に示す計算より A_f の値は 0.9 となる。

基本問題 22　過圧密粘土の圧密排水三軸圧縮試験による強度定数の決定

過圧密粘土に対し圧密排水状態で三軸圧縮試験を行ったところ、以下の応力の時に破壊した。粘着力 c_d およびせん断抵抗角 ϕ_d を求めよ。

表 4・8

供試体 No.	No. 1	No. 2	No. 3
初期の有効拘束圧 σ'_0 (kN/m²)	100	200	400
過圧密比 OCR	4	2	1
破壊時の軸差応力 $\sigma_{q\max}$ (kN/m²)	191.5	337.9	630.7

解答　破壊時の σ'_3 は初期の有効拘束圧 σ'_0 に等しく、$\sigma'_{1f}=\sigma_{q\max}+\sigma'_{3f}$ であるので、以下の表のようになる。

表 4・9

供試体 No.	No. 1	No. 2	No. 3
過圧密比 OCR	4	2	1
破壊時の有効拘束圧 σ'_{3f} (kN/m²)	100.0	200.0	400.0
破壊時の有効鉛直応力 σ'_{1f} (kN/m²)	291.5	537.9	1030.7

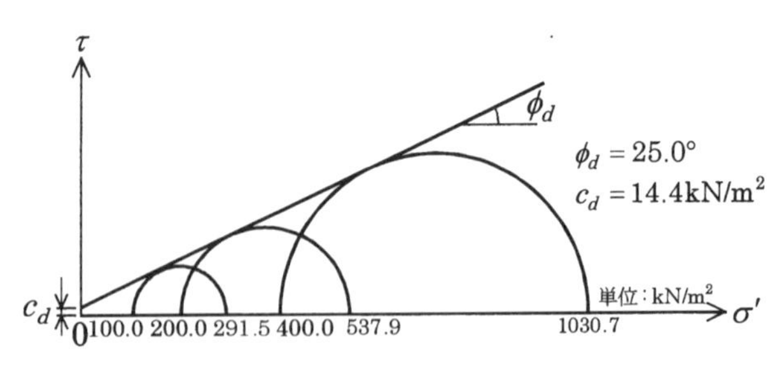

図 4・20

よって、図 4・20 に示すモールの応力円より、$c_d=14.4$ kN/m²、$\phi_d=25°$ となる。

基本問題 23　過圧密粘土の圧密非排水三軸圧縮試験

過圧密粘土に対し圧密非排水状態で三軸圧縮試験を行ったところ、以下の表に示す応力の時に破壊した。それぞれの試験における破壊時の間隙圧係数 A_f と強度増加率 $\frac{s_u}{p'_0}$ を求めよ。

表 4･10

供試体 No.	No. 1	No. 2	No. 3
過圧密比 OCR	4	2	1
初期の有効拘束圧 σ'_{0f} (kN/m²)	100.0	200.0	400.0
破壊時の軸差応力 $\sigma_{q\max}$ (kN/m²)	192.0	236.0	280.0
破壊時の過剰間隙水圧 Δu_f (kN/m²)	0	70.8	252.0

解答 基本問題 19 および 21 を参考にして以下の表のように求めることができる。

表 4･11

供試体 No.	No. 1	No. 2	No. 3
過圧密比 OCR	4	2	1
初期の有効拘束圧 p'_0 (kN/m²)	100	200	400
破壊時の有効鉛直応力 σ'_{1f} (kN/m²)	292.0	365.2	428.0
破壊時の有効拘束圧 σ'_{3f} (kN/m²)	100.0	129.2	148.0
非排水せん断強さ s_u (kN/m²)	96.0	118.0	140.0
強度増加率 $\frac{s_u}{p'_0}$	0.96	0.59	0.35
破壊時の過剰間隙水圧 Δu_f (kN/m²)	0	70.8	252.0
破壊時の間隙圧係数 A_f	0	0.3	0.9

過圧密比が大きくなると、強度増加率は増え、破壊時の間隙圧係数は減少することがわかる。

基本問題 24　一軸圧縮試験による非排水せん断強度の決定

飽和した粘土に対して一軸圧縮試験を行った場合、一軸圧縮強さは 60 kN/m² となった。非排水せん断強さ s_u を求めよ。

解答　図4・21のモール円に示すように、非排水せん断強さ s_u は、一軸圧縮試験の破壊時の軸圧(一軸圧縮強さ) q_u の半分として求められる。

よって、　$s_u=\frac{q_u}{2}=\frac{60\,[\mathrm{kN/m^2}]}{2}=30\,[\mathrm{kN/m^2}]$

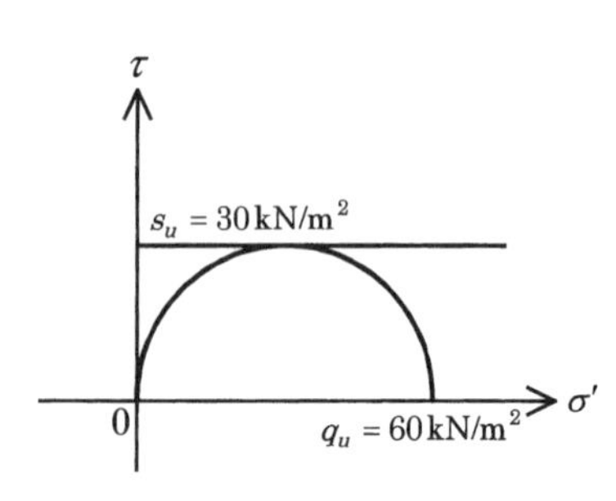

図4・21

基本問題25　一軸圧縮試験によるヤング率の決定

ボーリング孔から採取した不撹乱粘土試料を素早く整形して、高さ70.0mm、直径35.0mmの円柱供試体を作成し、一軸圧縮試験を行ったところ、図4・22のような結果が得られた。この粘土の非排水せん断強さ s_u および割線変形係数 E_{50} をそれぞれ計算せよ。

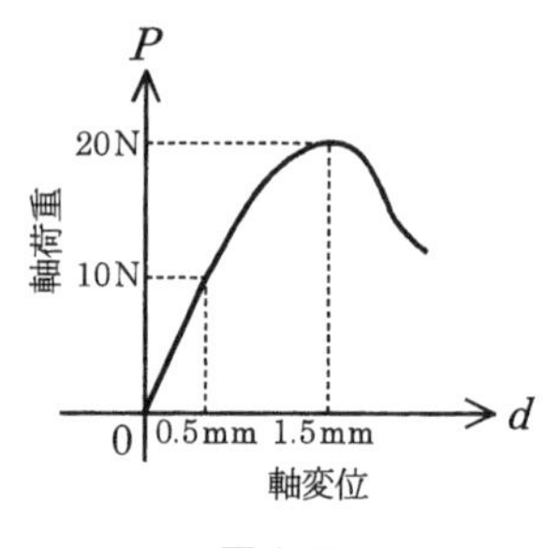

図4・22

解答　図4・22より数値を読み取って以下のように計算することができる。

供試体の断面積　$A=\frac{\pi}{4}(3.5\,[\mathrm{cm}])^2=9.62\times10^{-4}\,[\mathrm{m^2}]$

よって一軸圧縮強さは $q_u=\frac{P_{\max}}{A}=\frac{20\,[\mathrm{N}]}{9.62\times10^{-4}\,[\mathrm{m^2}]}=20.8\,[\mathrm{kN/m^2}]$ となるので、非排水せん断強さ s_u は $s_u=\frac{q_u}{2}=\frac{20.8\,[\mathrm{kN/m^2}]}{2}=10.4\,[\mathrm{kN/m^2}]$ となる。

割線変形係数 E_{50} は、$E_{50}=\dfrac{q_u/2}{(\varepsilon_a)_{at\ q=q_u/2}}=\dfrac{\dfrac{10\,[\mathrm{N}]}{9.62\times10^{-4}\,[\mathrm{m}^2]}}{\dfrac{0.5}{70}}=1455.3\,[\mathrm{kN/m^2}]$

となる。

基本問題 26　鋭敏比

不撹乱粘土試料の一軸圧縮強さ q_u は 86 kN/m²、同じ粘土を練り返した試料の一軸圧縮強さは 20 kN/m² であった。鋭敏比 S_t を求めよ。

解答　鋭敏比 S_t は以下の式で表される。

$$S_t=\frac{q_u}{q_{ur}} \tag{4.18}$$

ここで、q_u：不撹乱試料の一軸圧縮強さ、q_{ur}：練り返した試料の一軸圧縮強さ

よって $S_t=\dfrac{86\,[\mathrm{kN/m^2}]}{20\,[\mathrm{kN/m^2}]}=4.3$ となる。

基本問題 27　液状化発生の条件

地震時において地下水位以下の緩い砂地盤で液状化が発生する理由について、以下の言葉をすべて用いて説明せよ。

粒径が均質な砂、緩く堆積、地下水位、せん断応力、負のダイレイタンシー、体積収縮、非排水条件、間隙水圧、過剰間隙水圧、蓄積、有効応力、噴砂(順不同)

解答　**粒径が均質な砂**が**緩く堆積**している地盤で、しかも**地下水位**が高い場合には、地震動により砂地盤が**せん断応力**を受けると、**負のダイレイタンシー**により砂は**体積収縮**しようとする。しかし、地震によるせん断は短い時間で行われ、透水係数が大きな砂であっても地震時には**非排水条件**に近いので、**体積収縮**しないで、**間隙水圧**が上昇する。よって**間隙水圧**が上昇すると、**有効応力**は減少する。さらに地震動の繰り返しにより**過剰間隙水圧**はどんどん**蓄積**し、最後には**有効応力**はゼロになって液状化が発生する。地震が終了すると、上昇した**過剰間隙水圧**が地表面に噴出するが、その時に砂と一緒に噴出し**噴砂**となる。地震後しばらくたって地表面の水が引いた後は地表面では**噴砂**および地盤沈下等が観察される。

4 応用問題

応用問題 1　斜面地盤内の応力状態

有効応力に関する強度定数が $c'=0\,\mathrm{kN/m^2}$、$\phi'=30°$ の砂で構成される斜面地盤がある。地盤内のある点における応力状態を測定したところ、図 4・23 に示すように、

$$\sigma=\begin{pmatrix}\sigma_x & \tau_{xz}\\ \tau_{zx} & \sigma_z\end{pmatrix}=\begin{pmatrix}30\,\mathrm{kN/m^2} & 14\,\mathrm{kN/m^2}\\ 14\,\mathrm{kN/m^2} & 52\,\mathrm{kN/m^2}\end{pmatrix}$$

が得られた。

（1）　この点における主応力の大きさと主応力が作用する面の方向を求めよ。

（2）　降雨のために斜面地盤内の間隙水圧が上昇してきた。間隙水圧 u がいくらになった時に上記の点で破壊が生じるか。ただし、全応力状態は変化しないものとする。

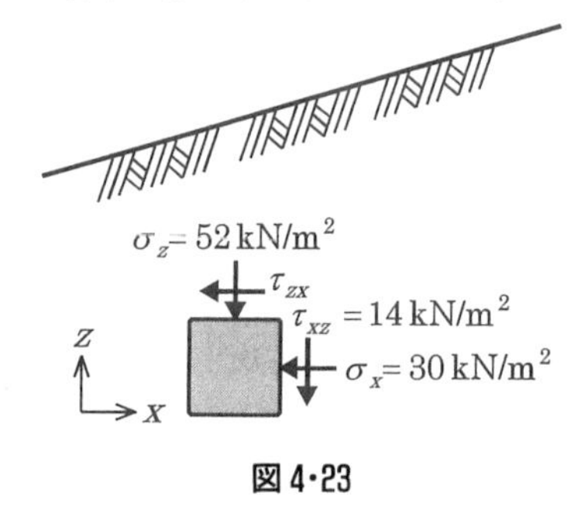

図 4・23

応用問題 2　土のせん断試験

ある地盤から土を採取して、2 種類のせん断試験を行った。以下の問に答えよ。

（1）　直径 $D=6.0\,\mathrm{cm}$、高さ $H=2.0\,\mathrm{cm}$ の円盤状の供試体を作成して、一面せん断試験を行った。1 回目の試験では、鉛直力を 282.7 N に保ってせん断力を増加させたところ、せん断力が 224.9 N となったところで破壊した。2 回目の試験では、鉛直力を 565.5 N に保ってせん断力を増加させたところ、せん断力が 402.2 N となったところで破壊した。この土のせん断抵抗角 ϕ' と粘着力 c' を求めよ。ただし、十分にゆっくりせん断するので、間隙水圧は常にゼロに保たれている。

（2）　同じ土を用いて直径 $D=5.0\,\mathrm{cm}$、高さ $H=10.0\,\mathrm{cm}$ の円柱状の供試体を作成し、排水三軸圧縮試験を行った。拘束圧（セル圧）$\sigma_c=200\,\mathrm{kN/m^2}$、間隙水圧 $u=100\,\mathrm{kN/m^2}$ を一定に保って軸圧縮した時、破壊時の軸圧縮力 F を求めよ。ただし、$F=0\,\mathrm{N}$ の時、等方応力状態 $\sigma_1=\sigma_3=\sigma_c$ である。また破壊時の供試体の変形量は十分に小さいものとする。

応用問題 3　自然堆積地盤中の応力状態と非排水せん断強さ

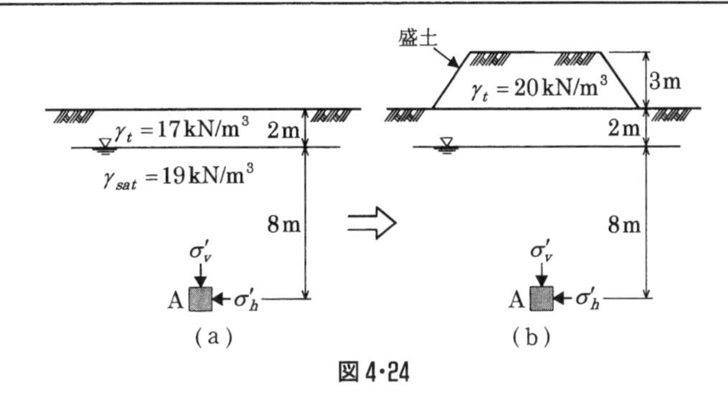

図 4・24

図 4・24(a)のような自然堆積地盤(正規圧密地盤)の A の深さから不撹乱試料を採取して、三軸圧縮試験を行った。以下の問いに答えよ。

(1)　この試料が原位置(A の深さ)で受けていた有効上載圧 σ'_v はいくらか。また静止土圧係数 K_0 を 0.8 として、水平方向の有効応力 σ'_h も求めよ。

(2)　この試料から三軸圧縮試験用に円柱状の供試体を 3 本切り出し、それぞれに、σ'_0=100、200、300 kN/m² の等方応力状態で圧密を行った。その後、非排水状態で側圧が一定のままで三軸圧縮試験を行ったところ、表 4・12 に示す実験結果を得た。

① 破壊時の p'(有効応力)および q をそれぞれ求めよ。

ただし、$p'=\dfrac{\sigma'_1+\sigma'_3}{2}$　$q=\dfrac{\sigma'_1-\sigma'_3}{2}=\dfrac{\sigma_1-\sigma_3}{2}$ である。

② 強度定数 ϕ' および c' を求めよ。さらに、図の A の深さにおける土の非排水せん断強さ s_u を求めよ。

表 4・12

供試体 No.	No. 1	No. 2	No. 3
初期の有効拘束圧 σ_0' (kN/m²)	100.0	200.0	300.0
破壊時の軸差応力 $\sigma_{q\max}$ (kN/m²)	70.0	139.9	209.8
破壊時の過剰間隙水圧 Δu_f (kN/m²)	63.0	126.0	189.0

(3)　次に図 4・24(b)に示すように、地表面上に盛土を非常にゆっくりと時間をかけて施工した(緩速施工)。盛土完成後の A の深さにおける非排水せん断強さ s_u はいくらに増加するか計算せよ。

応用問題 4　間隙圧係数

三軸試験装置を用いて、飽和した正規圧密粘性土($c'=0$、$\phi'=29°$、$A_f=0.9$)を、背圧(Back pressure)が 200 kN/m^2 のもとで σ'_0(有効拘束圧)=100 kN/m^2 まで等方圧密した。拘束圧を一定に保って以下の条件で三軸圧縮試験を行った。以下の問いに答えよ。

(1)　三軸試験では、供試体に背圧をかける場合が多い。背圧をかける工学的意味について説明せよ。

(2)　排水せん断(間隙水圧一定)したときの破壊時の鉛直応力はいくらか。

(3)　非排水(体積一定)したときの破壊時の鉛直応力と間隙水圧はいくらか。ただし、土は完全に水で飽和しているものとする。

応用問題 5　砂の排水せん断挙動

密な砂とゆるい砂の排水三軸圧縮時のせん断挙動について、図 4•25 に示すようなグラフを用いて定性的に説明せよ。

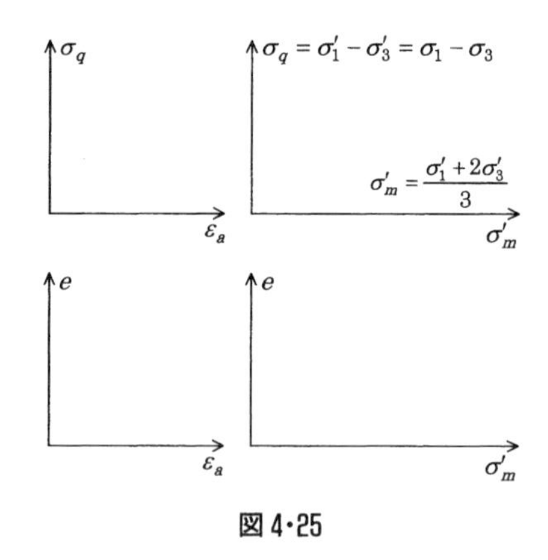

図 4•25

応用問題 6　粘土の排水せん断挙動

正規圧密粘土と過圧密粘土の排水三軸圧縮時のせん断挙動について、図 4•25 に示すようなグラフを用いて定性的に説明せよ。

応用問題７　繰返し非排水三軸試験

図１は，砂の繰返し非排水三軸試験結果を，繰り返し軸差応力，軸ひずみおよび過剰間隙水圧比の時刻歴で示したものである。また、表１は，図１に示す試験結果の数値データの一部を示したものである。圧密圧力 σ_c'（初期の有効拘束圧 σ_0'）は60kPaで，繰り返し軸差応力の片振幅は30kPaである。

（１）　１・２波目および５・６波目における有効応力経路（Effective Stress Path）および軸差応力―軸ひずみ関係をそれぞれ図に描いて，液状化現象について説明せよ。

（２）　図１に示すグラフから，過剰間隙水圧比（過剰間隙水圧 Δu／初期の有効拘束圧 σ_0'）が0.95の時の繰返し回数Nを求めよ。

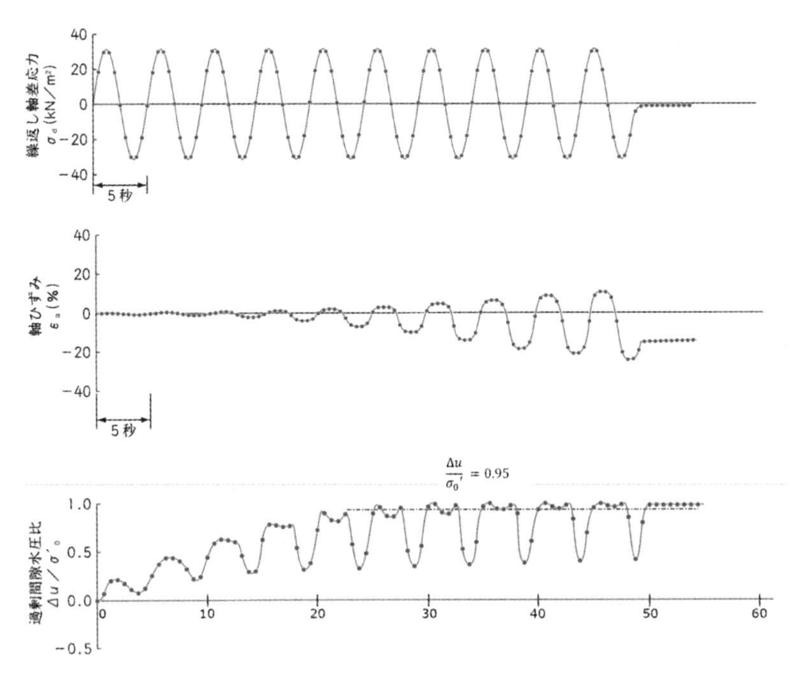

図１　繰返し非排水三軸試験結果

第４章　土のせん断強さ

表1　砂の繰返し非排水三軸試験結果の数値データ

経過時間	繰返し軸差応力 σ_d(kPa)	軸ひずみ ε_a(%)	過剰間隙水圧比 $\Delta u/\sigma_0'$	鉛直応力 σ_a(kPa)	水平応力 σ_r(kPa)	平均有効応力 σ_m'(kPa)	軸差応力 σ_g(kPa)
0.0	0.0	0.0	0.00				
0.5	18.4	0.2	0.04				
1.0	29.8	0.3	0.17				
1.5	29.7	0.3	0.22				
2.0	18.3	0.2	0.21				
2.5	-0.4	-0.2	0.18				
3.0	-18.8	-0.3	0.13				
3.5	-30.0	-0.5	0.09				
4.0	-29.9	-0.5	0.09				
4.5	-19.0	-0.3	0.15				
5.0	-0.8	0.0	0.26				
5.5	18.0	0.2	0.36				
6.0	30.0	0.6	0.42				
6.5	29.9	0.7	0.44				
7.0	18.7	0.6	0.44				
7.5	0.3	0.2	0.41				
8.0	-19.0	-0.3	0.35				
8.5	-30.0	-0.7	0.25				
9.0	-29.9	-0.8	0.21				
9.5	-18.7	-0.7	0.28				
10.0	-0.4	-0.5	0.44				
20.5	19.2	0.3	0.91				
21.0	30.2	2.0	0.85				
21.5	30.2	2.5	0.82				
22.0	19.0	2.4	0.83				
22.5	0.8	1.3	0.89				
23.0	-18.1	-2.2	0.71				
23.5	-29.7	-5.7	0.38				
24.0	-30.0	-6.6	0.36				
24.5	-17.4	-6.5	0.58				
25.0	1.4	-4.8	0.90				
25.5	19.6	0.9	0.98				
26.0	30.4	3.2	0.90				
26.5	30.2	3.3	0.86				
27.0	18.9	3.3	0.88				
27.5	0.3	1.8	0.96				
28.0	-18.3	-5.7	0.63				
28.5	-29.7	-9.0	0.38				
29.0	-29.4	-9.3	0.39				
29.5	-17.9	-9.2	0.70				
30.0	0.8	-6.3	0.97				

（応用問題7の解答例）

（1） 1・2波目および5・6波目における有効応力経路および軸差応力―軸ひずみ関係を，それぞれ図2および3に示す。図2より，1・2波目の平均有効主応力は減少しているが，軸差応力―軸ひずみ関係より軸ひずみは増大していないので，液状化は発生していない。一方，図3より，5・6波目の有効応力経路は平均有効応力がゼロに近づいており，軸差応力―軸ひずみ関係においても軸ひずみが伸張方向に増大しているため，液状化が発生していることが分かる。

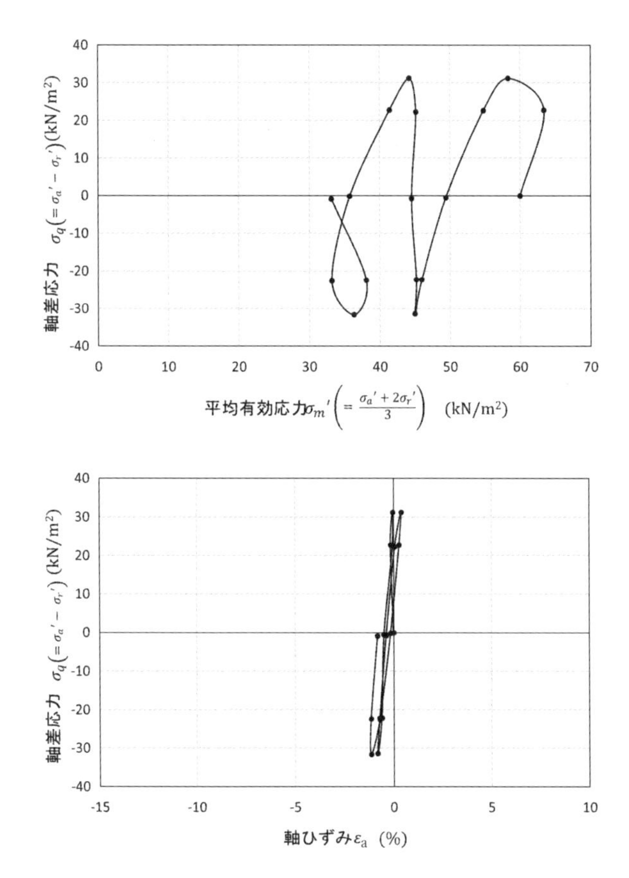

図2 1・2波目における有効応力経路および軸差応力―軸ひずみ関係

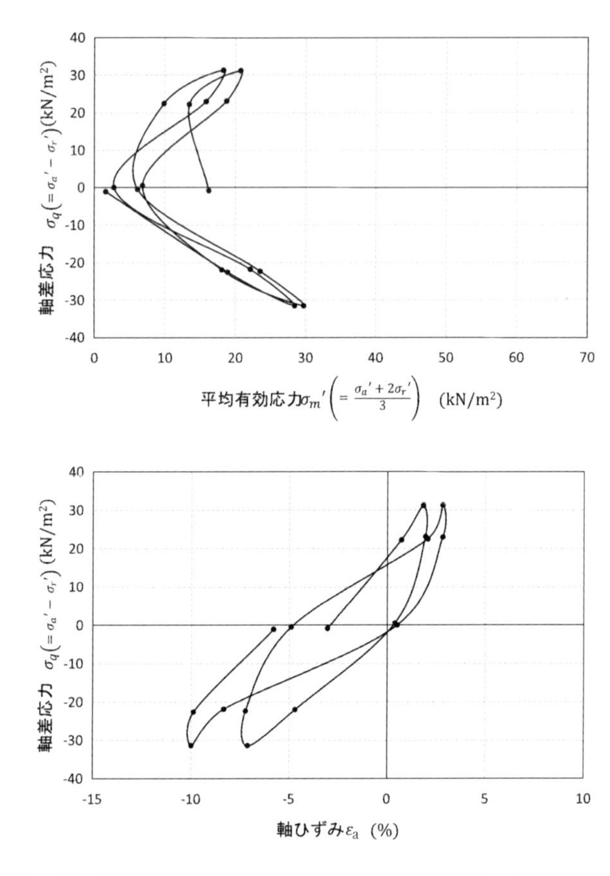

図３　５・６波目における有効応力経路および軸差応力―軸ひずみ関係

（２）図１に示すグラフから，過剰間隙水圧比（過剰間隙水圧 Δu／初期の有効拘束圧 σ_0'）が 0.95 の時の繰り返し回数 N は，５回である。

（参考）

図４に，図１に示す実験結果の全ての有効応力経路および軸差応力―軸ひずみ関係を示す。

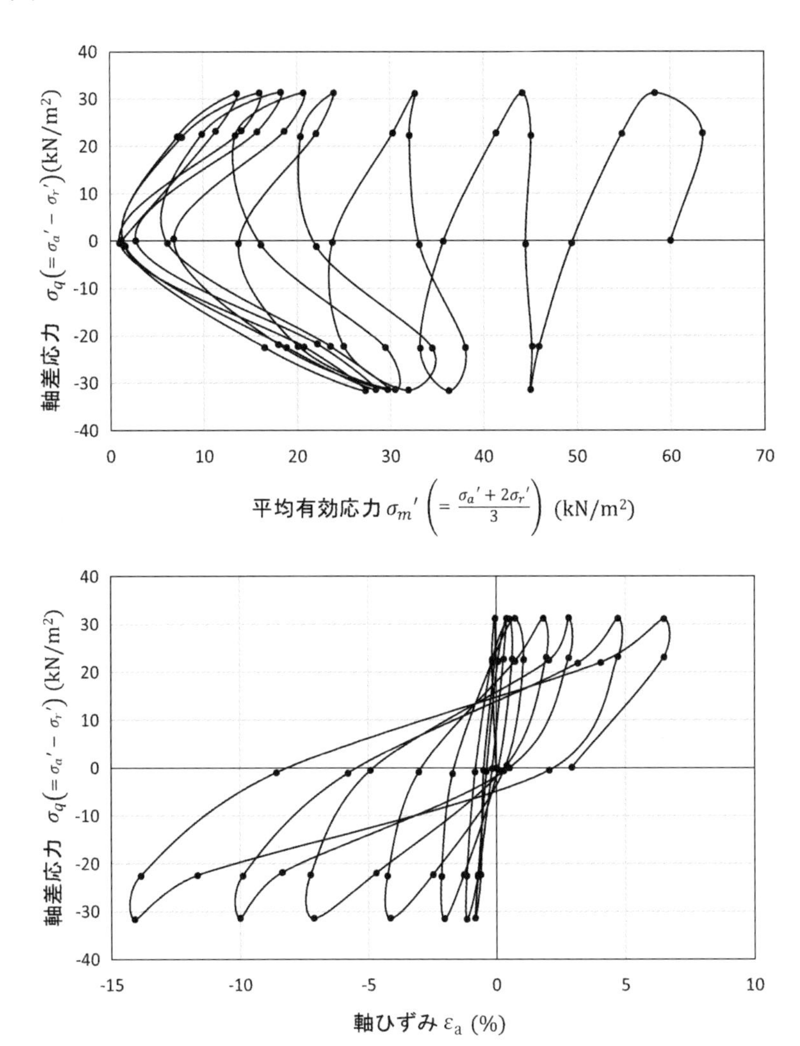

図４　表１に示す実験結果の有効応力経路および軸差応力―軸ひずみ関係

4 記述問題

記述問題 1

室内での土のせん断試験の代表的な方法を列挙し、その特徴を簡単に述べよ。

記述問題 2

三軸圧縮試験における CD 試験、$\overline{CU}$ 試験、UU 試験の手法・目的について簡単に説明せよ。さらに、これらの条件は実際のどのような施工に対応しているのか、説明せよ。

記述問題 3

砂質土と粘性土のせん断特性の違いを説明せよ。

記述問題 4

ダイレイタンシーとは何か。緩い砂と密な砂で、ダイレイタンシー特性はどのように異なるのか、定性的に説明せよ。

記述問題 5

圧密排水三軸圧縮試験(CD 試験)と圧密非排水三軸圧縮試験($\overline{CU}$ 試験)のそれぞれにおいて、土のダイレイタンシー特性は実験結果にどのように現れるのか説明せよ。さらに、一面せん断試験(定応力および定体積)においてはどうか。

記述問題 6

間隙圧係数 A、B の意味するところを述べよ。また緩い砂と密な砂、および正規圧密粘土と過圧密粘土で、両係数はどのように異なるか、説明せよ。

記述問題 7

粘性土の不撹乱試料を採取するために、シンウォールチューブサンプリングがよく用いられている。この採取方法について簡単に説明し、なぜ不撹乱試料を採取することができるのか、その原理を説明せよ。

記述問題 8

地盤の中から粘土を採取して一軸圧縮試験を行い、粘土の非排水せん断強さ s_u を求める方法について説明せよ。その中で、一軸圧縮試験は地上(拘束圧ゼロ)で行うにも拘わらず地盤中の粘土のせん断強さを求めることができる理由も説明せよ。

記述問題 9

非圧密非排水三軸試験(UU 試験)によって土の非排水せん断強さ s_u を求める方法について説明せよ。その中で、UU 試験から得られるせん断抵抗角 ϕ_u は常にゼロである理由も説明せよ。

記述問題 10

緩い砂地盤において液状化が発生する条件を 4 つ挙げよ。さらに、4 つの条件に対応した液状化対策工の例を挙げ、なぜこのような対策工が液状化を軽減することができるのかメカニズムを踏まえながら説明せよ。

第5章 土 圧

土に接する構造物は土から圧力を受ける。この圧力を「土圧」という。この章では土圧を算定するための理論とその方法について学ぶ。さらに、擁壁や土留め壁のような抗土圧構造物の安定性についても述べる。

5.1 土圧の種類と静水圧、側圧との関係

(1) 土圧の種類

土圧には図5･1に示す水平方向と鉛直方向の土圧がある。図5･2に示すように、水平方向の土圧は壁が地盤から離れるように動く場合には主働土圧が働き、壁が地盤を押すように動く場合には受働土圧が働く。また、壁が変位しない場合には静止土圧が働く。鉛直土圧は構造物上部の地盤と周囲の地盤の沈下量に相違が生じる場合には、土被り圧(上載圧)とは値が変わってくる。

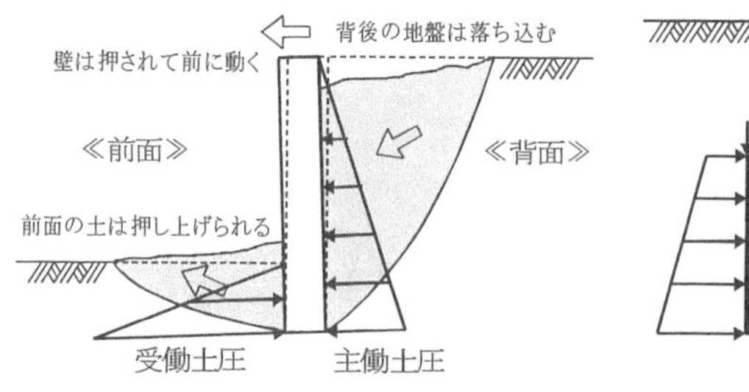

(a) 擁壁・岸壁・土留め壁の前面・背面に加わる水平方向の土圧

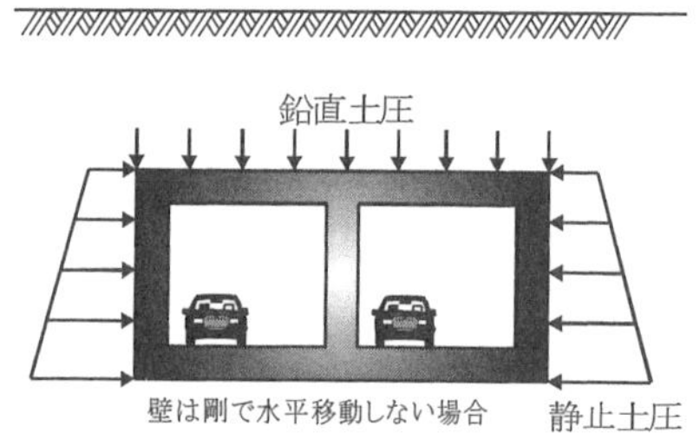

(b) 地中構造物に加わる水平・鉛直方向の土圧

図5･1 構造物に作用する土圧の種類と発生する場所

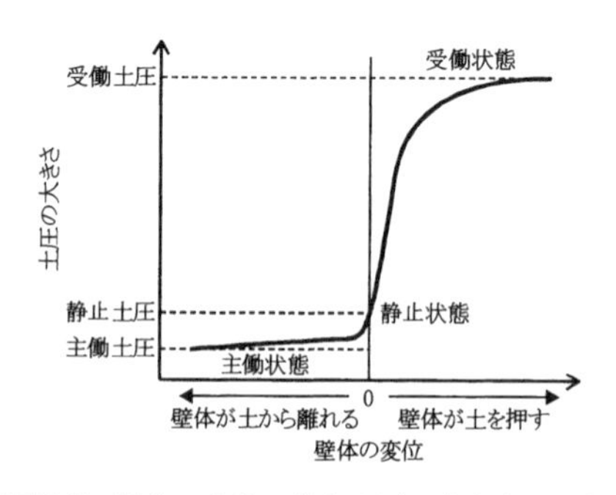

図5･2 壁体の変化に伴う土圧の大きさの変化

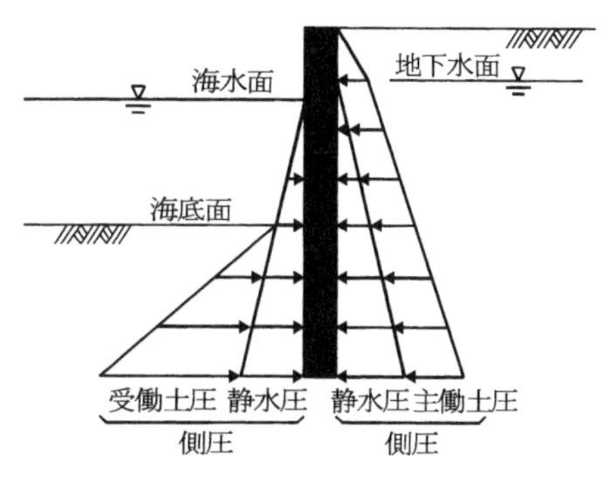

図 5・3 壁体に作用する側圧

（2） 主働土圧・受働土圧と静水圧、側圧との関係

主働土圧や受働土圧は、土粒子自体が壁に作用する圧力であり、有効応力により表示される。地下水位以深では、地下水による静水圧も壁に作用する。両者を合わせて側圧と呼ぶ。

5.2 ランキン(Rankine)の土圧理論

（1） ランキンの土圧係数

a） 主働土圧係数 K_A $$K_A=\frac{1-\sin\phi'}{1+\sin\phi'}=\tan^2\left(\frac{\pi}{4}-\frac{\phi'}{2}\right) \quad (5.1)$$

b） 受働土圧係数 K_P $$K_P=\frac{1+\sin\phi'}{1-\sin\phi'}=\tan^2\left(\frac{\pi}{4}+\frac{\phi'}{2}\right) \quad (5.2)$$

（2） ある深さ(有効上載圧 σ'_V)での土圧

a） 主働土圧 σ'_A [kN/m²] $$\sigma'_A=K_A\sigma'_V-2c'\sqrt{K_A} \quad (5.3)$$

b） 受働土圧 σ'_P [kN/m²] $$\sigma'_P=K_P\sigma'_V+2c'\sqrt{K_P} \quad (5.4)$$

（3） 単一層の場合の合土圧(地下水が深い場合)

a） 主働土圧 P_A [kN/m²] $$P_A=\int\sigma'_A dz=\frac{\gamma}{2}H^2K_A-2c'H\sqrt{K_A} \quad (5.5)$$

b） 受働土圧 P_P [kN/m²] $$P_P=\int\sigma'_P dz=\frac{\gamma}{2}H^2K_P+2c'H\sqrt{K_P} \quad (5.6)$$

$c'=0$ kN/m² の場合、主働土圧、受働土圧と合土圧の作用位置は下端から $1/3H$ の高さとなる(図 5・4)。

（4） 等分布の上載荷重 q kN/m² による土圧の増加量

$$\Delta\sigma'_A=qK_A \qquad \Delta\sigma'_P=qK_P \quad (5.7)$$

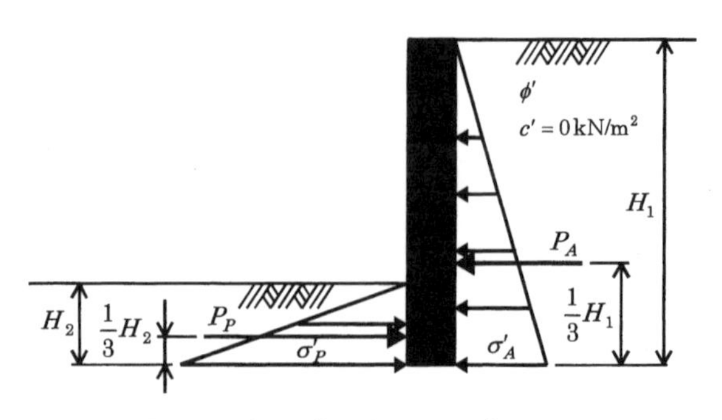

図 5・4　壁体に作用する土圧の作用位置

単一層の場合の合土圧(作用位置は下端から $1/2H$ の高さ)

$$\Delta P_A = qK_AH \qquad \Delta P_P = qK_PH \tag{5.8}$$

(5)　仮想背面の考え方

ランキンの土圧理論では背後地盤の壁は鉛直でなければ成り立たないので、壁が鉛直ではない場合には仮想な鉛直面を考えてこれに加わる土圧で設計する(図5・5)。

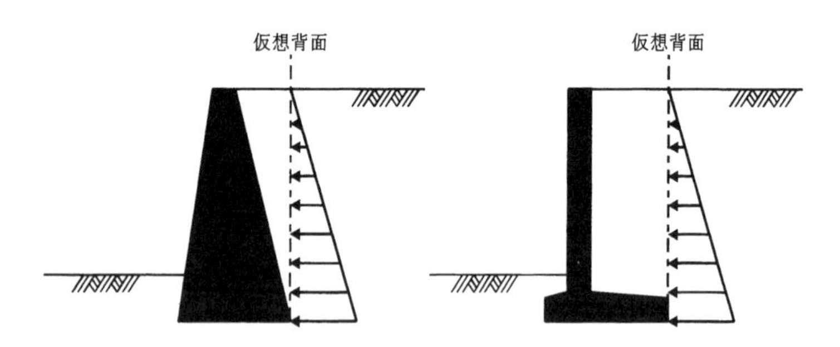

図 5・5　仮想背面の取り方

5.3　クーロン(Coulomb)の土圧理論

クーロンの主働・受働土圧係数

$$K_A = \frac{\sin^2(\theta - \phi)}{\sin^2\theta\,\sin(\theta + \delta)\left[1 + \sqrt{\dfrac{\sin(\delta + \phi)\sin(\phi - i)}{\sin(\theta + \delta)\sin(\theta - i)}}\right]^2} \tag{5.9}$$

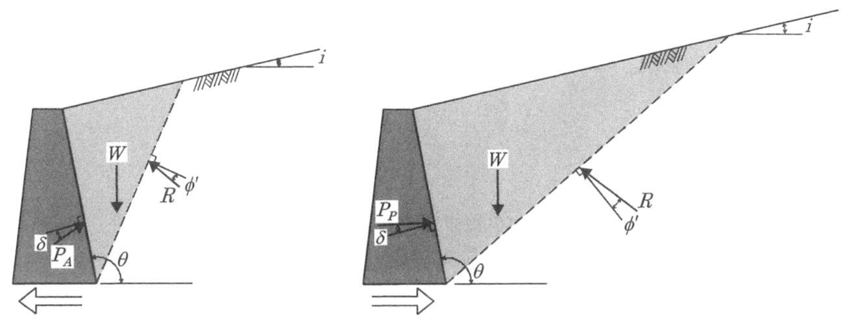

（a） 主働状態　　　　（b） 受働状態

図5･6 クーロン土圧理論による土塊ブロックに作用する力の釣り合い

$$K_P=\frac{\sin^2(\theta+\phi)}{\sin^2\theta\sin(\theta-\delta)\left[1-\sqrt{\frac{\sin(\delta+\phi)\sin(\phi+i)}{\sin(\theta-\delta)\sin(\theta-i)}}\right]^2} \qquad (5.10)$$

5.4 土圧に対する擁壁等の安定性

（1） 滑動に対する安全率の検討

$$F_s=\frac{T}{\sum H}=\frac{(W+P_{AV}-P_{PV})\mu+B\cdot c'_B+P_{PH}}{P_{AH}} \qquad (5.11)$$

ここに、μ：擁壁底版と支持地盤との摩擦係数

c'_B：擁壁底版と支持地盤との付着力

（2） 転倒に対する安全率の検討（擁壁前面下端回り）

a） 安全率法

$$F_S=\frac{\sum M_r}{\sum M_d}=\frac{W\cdot x_C+P_{PH}\cdot y_P+P_{AV}\cdot x_A}{P_{AH}\cdot y_A+P_{PV}\cdot x_P} \qquad (5.12)$$

b） 許容偏心法

$$|e|\leqq\frac{B}{6} \qquad e=\frac{B}{2}-d$$

$$d=\frac{\sum M_r-\sum M_d}{\sum V}=\frac{(W\cdot x_C+P_{PH}\cdot y_P+P_{AV}\cdot x_A)-(P_{AH}\cdot y_A+P_{PV}\cdot x_P)}{W+P_{AV}-P_{PV}} \qquad (5.13)$$

（3） 擁壁底版に作用する地盤反力に対する検討

$$q_1、q_2\leqq q_a \qquad q_1、q_2=\frac{W+P_{AV}-P_{PV}}{B}\left(1\pm\frac{6e}{B}\right) \qquad (5.14)$$

ここに、q_a：許容支持力

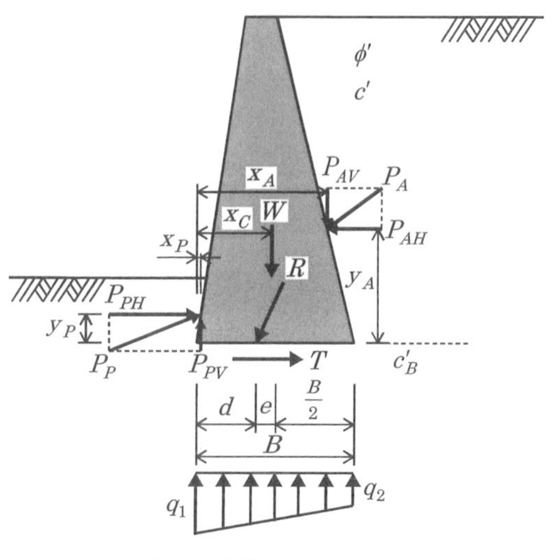

図 5･7　擁壁に作用する外力

5.5　掘削限界深さ

$$H_c = \frac{4c'}{\gamma}\tan\left(\frac{\pi}{4} + \frac{\phi'}{2}\right) \tag{5.15}$$

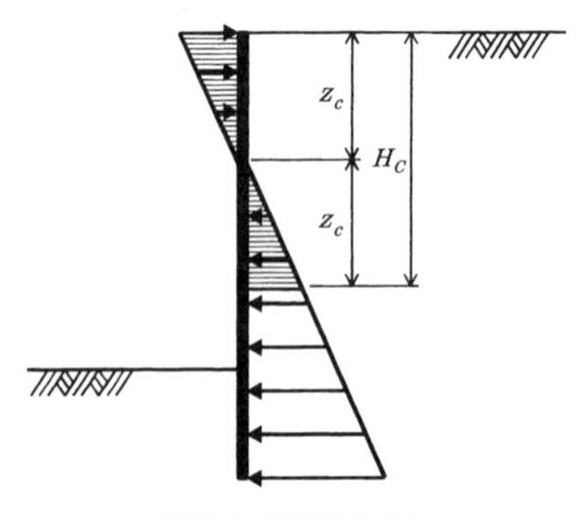

図 5･8　掘削限界深さ

基本問題

基本問題 1　砂質土におけるランキンの土圧係数の計算

擁壁前・背後の土について圧密排水状態で三軸圧縮試験を行ったところ、せん断抵抗角 ϕ' が 30° となった。ランキンの方法で主働土圧係数 K_A および受働土圧係数 K_P を求めよ。

解答　式(5.1)(5.2)に $\phi'=30°$ を入れると、$K_A=0.333$、$K_P=3.00$ となる。

基本問題 2　砂礫、粘性土におけるランキンの土圧係数

せん断抵抗角 ϕ' が 39° で粘着力 c' が 0 kN/m² の砂礫、および、せん断抵抗角 ϕ' が 10° で粘着力 c' が 15 kN/m² の過圧密粘性土におけるそれぞれの主働・受働土圧係数を求めよ。

解答　式(5.1)、(5.2)にそれぞれの ϕ' の値を入れると、砂礫で $K_A=0.228$、$K_P=4.40$、粘性土で $K_A=0.704$、$K_P=1.42$ となる。

基本問題 3　主働土圧、静水圧と側圧の関係

図 5･9 に示すような擁壁背後地盤において、深さ 3 m の深度における有効上載圧 σ'_V、主働土圧 σ'_A、静水圧 P_W、側圧 σ_H を求めよ。ただし、地盤はせん断抵抗角 $\phi'=35°$ の砂質土であり、地下水位上および地下水位下における土の単位体積重量はそれぞれ 16 kN/m³、18 kN/m³ である。また、地下水位は深さ 2 m である。

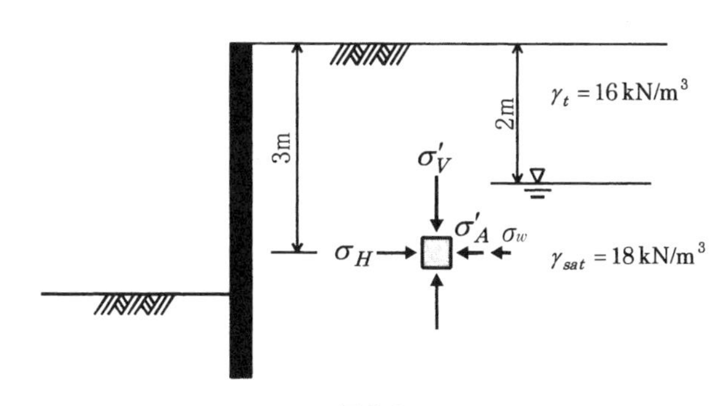

図 5･9

解答　$\sigma'_V = 16\,[\mathrm{kN/m^3}]\times 2\,[\mathrm{m}] + 18\,[\mathrm{kN/m^3}]\times 1\,[\mathrm{m}] - 9.81\,[\mathrm{kN/m^3}]\times 1\,[\mathrm{m}]$

$= 40.2\,[\mathrm{kN/m^2}]$

$\sigma'_A = K_A \times \sigma'_V = 0.271 \times 40.2\,[\mathrm{kN/m^2}] = 10.9\,[\mathrm{kN/m^2}]$

$\sigma_w = 9.81\,[\mathrm{kN/m^3}]\times 1\,[\mathrm{m}] = 9.81\,[\mathrm{kN/m^2}]$

$\sigma_H = \sigma'_A + \sigma_w = 20.7\,[\mathrm{kN/m^2}]$

基本問題 4　クーロンの土圧係数の計算

背後が砂地盤の擁壁がある。図 5･10 に示されるように壁体背面および背後地盤はそれぞれ 20° 傾いている。クーロンの方法で式(5.9)と式(5.10)を用いて主働および受働土圧係数を求めよ。なお、土のせん断抵抗角 ϕ'=30° とし、壁体と地盤の間の摩擦角 δ =15° と仮定せよ。

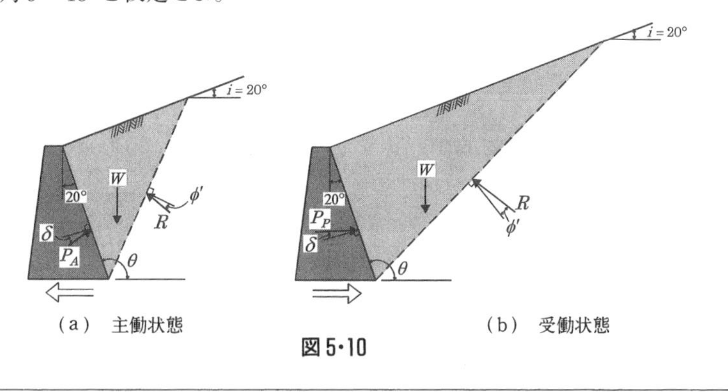

(a)　主働状態　　　(b)　受働状態

図 5･10

解答　$\theta = 110°$、$\phi' = 30°$、$\delta = 15°$、$i = 20°$ なので、式(5.9)、(5.10)より $K_A = 0.697$、$K_P = 6.81$ となる。

基本問題 5　砂質土地盤の土圧分布および合力の計算

図 5･11 に示すような擁壁がある。前・背面の地盤は均質な砂よりなり、地表面は水平で地下水位は擁壁下端より深い位置にある。また、土の単位体積重量 $\gamma_t = 17\,\mathrm{kN/m^3}$、せん断抵抗角 $\phi' = 30°$、粘着力 $c' = 0\,\mathrm{kN/m^2}$ である。

(1)　背面、前面とも 2 m の深さにおける有効上載圧を求めよ。また、その深さにおけるランキンの主働土圧、受働土圧を求めよ。

(2)　背面と前面に作用する土圧の分布を求め、その合力と作用線の位置を求めよ。

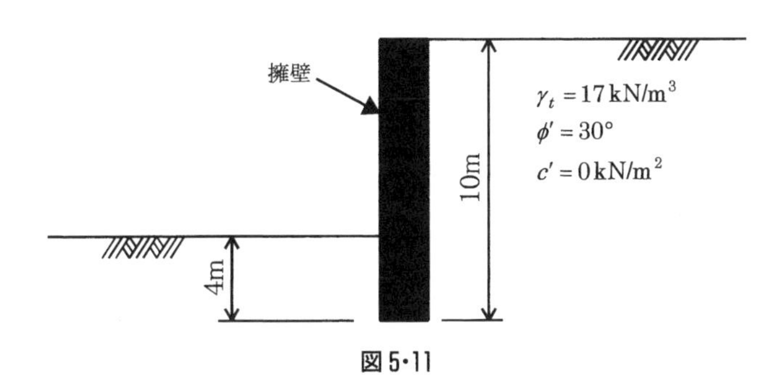

図 5・11

解答

（1） 2 m の深さにおける有効上載圧 $\sigma'_V = 17\,[\mathrm{kN/m^3}] \times 2\,[\mathrm{m}] = 34\,[\mathrm{kN/m^2}]$ である。式(5.1)、(5.2)より主働土圧係数、受働土圧係数は 0.333、3.00 であるため、背面に加わる主働土圧 $\sigma'_A = 0.333 \times 34\,[\mathrm{kN/m^2}] = 11.3\,[\mathrm{kN/m^2}]$、前面に加わる受働土圧は $\sigma'_P = 3.00 \times 34\,[\mathrm{kN/m^2}] = 102\,[\mathrm{kN/m^2}]$ となる。

（2） 擁壁下端での主働土圧は式(5.3)より

$\sigma'_A = 0.333 \times 17\,[\mathrm{kN/m^3}] \times 10\,[\mathrm{m}] = 56.6\,[\mathrm{kN/m^2}]$

擁壁下端での受働土圧は式(5.4)より

$\sigma'_P = 3.00 \times 17\,[\mathrm{kN/m^3}] \times 4\,[\mathrm{m}] = 204\,[\mathrm{kN/m^2}]$

主働・受働土圧の合力は、式(5.5)、(5.6)よりそれぞれ以下のようになる。

$P_A = 0.333 \times 0.5 \times 17\,[\mathrm{kN/m^3}] \times 10^2\,[\mathrm{m^2}] = 283\,[\mathrm{kN/m}]$

$P_P = 3.00 \times 0.5 \times 17\,[\mathrm{kN/m^3}] \times 4^2\,[\mathrm{m^2}] = 408\,[\mathrm{kN/m}]$

主働土圧、受働土圧の分布は図 5・4 に示すように三角形分布となる。土圧の合力の作用位置は擁壁下端から(1/3) H となり、主働土圧の作用位置 y_A は擁壁下端から 3.33 m、受動土圧の作用位置 y_P は擁壁下端から 1.33 m となる。

基本問題 6　粘性土地盤の土圧分布および合力の計算

基本問題 5 と同じ擁壁がある。ただし、前・背後地盤は過圧密粘土であり、土の単位体積重量 $\gamma_t = 15\,\mathrm{kN/m^3}$、せん断抵抗角 $\phi' = 15°$、粘着力 $c' = 10\,\mathrm{kN/m^2}$ である。

（1） 背面、前面とも 2 m の深さにおけるランキンの主働土圧、受働土圧を求めよ。

（2） 背面と前面に作用する土圧の分布を求め、その合力と作用線の位置を求めよ。

解答

（1） 式(5.1)、(5.2)に $\phi'=15°$ を入れると、$K_A=0.589$、$K_P=1.70$ となる。

擁壁背面 GL－2 m における主働土圧は

$\sigma'_A=0.589\times15\,[\mathrm{kN/m^3}]\times2\,[\mathrm{m}]-2\times10\,[\mathrm{kN/m^2}]\times\sqrt{0.589}$

$=2.32\,[\mathrm{kN/m^2}]$

擁壁前面 GL－2 m における受働土圧は

$\sigma'_P=1.70\times15\,[\mathrm{kN/m^3}]\times2\,[\mathrm{m}]+2\times10\,[\mathrm{kN/m^2}]\times\sqrt{1.70}$

$=77.1\,[\mathrm{kN/m^2}]$

（2） 粘着力があるので上部では主働土圧は負の値となる。これを考慮することもあるが、壁と土の間には引っ張り力が働かないと考える方が実務的であるので、ここでは粘着力を考慮しない方法により解答を行う。

主働土圧が 0 になる深さ z_c は

$$z_c=\frac{2\times10\,[\mathrm{kN/m^2}]}{15\,[\mathrm{kN/m^3}]}\tan\left(45[°]+\frac{15[°]}{2}\right)=1.74\,[\mathrm{m}]$$

主働土圧について、擁壁下端における主働土圧 σ'_A は

$\sigma'_A=0.589\times15\,[\mathrm{kN/m^3}]\times10\,[\mathrm{m}]-2\times10\,[\mathrm{kN/m^2}]\times\sqrt{0.589}$

$=73.0\,[\mathrm{kN/m^2}]$

ゆえに主働土圧合力 P_A は以下のようになる。

$P_A=0.5\times73.0\,[\mathrm{kN/m^2}]\times(10\,[\mathrm{m}]-1.74\,[\mathrm{m}])=301\,[\mathrm{kN/m}]$

合力作用位置 y_A は三角形分布なので $y_A=(10\,[\mathrm{m}]-1.74\,[\mathrm{m}])/3=2.75\,[\mathrm{m}]$

受働土圧について、擁壁天端・下端における受働土圧 σ'_{P1}、σ'_{P2}、は

$\sigma'_{P1}=1.70\times15\,[\mathrm{kN/m^3}]\times0\,[\mathrm{m}]+2\times10\,[\mathrm{kN/m^2}]\times\sqrt{1.70}$

$=26.1\,[\mathrm{kN/m^2}]$

$\sigma'_{P2}=1.70\times15\,[\mathrm{kN/m^3}]\times4\,[\mathrm{m}]+2\times10\,[\mathrm{kN/m^2}]\times\sqrt{1.70}$

$=128\,[\mathrm{kN/m^2}]$

ゆえに受働土圧合力 P_P は以下のようになる。

$P_P=0.5\times(26.1\,[\mathrm{kN/m^2}]+128\,[\mathrm{kN/m^2}])\times4\,[\mathrm{m}]=308\,[\mathrm{kN/m}]$

合力作用位置 y_A は台形分布なので四角形と三角形に分けて考えると

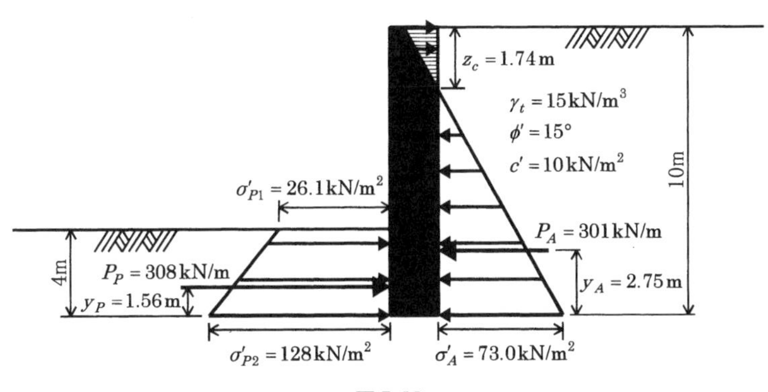

図 5・12

$$y_P = \frac{\left(\begin{array}{l}26.1\,[\mathrm{kN/m^2}] \times 4\,[\mathrm{m}] \times 4\,[\mathrm{m}]/2 + 0.5 \times (128\,[\mathrm{kN/m^2}] \\ \quad -26.1\,[\mathrm{kN/m^2}]) \times 4\,[\mathrm{m}] \times 4\,[\mathrm{m}]/3\end{array}\right)}{308\,[\mathrm{kN/m}]} = 1.56\,[\mathrm{m}]$$

基本問題 7　上載荷重による土圧の増加の計算

図 5・13 に示すように、擁壁背後の地表面に等分布荷重($q=20$ kN/m²)が作用するとき、擁壁に作用する主働土圧の分布を求め、その合力と作用線の位置を求めよ。ただし地盤は均質な土よりなり、地下水位は擁壁下端より深い位置にあるものとする。また、土の単位体積重量$\gamma_t=17$ kN/m³、せん断抵抗角 $\phi'=30°$、粘着力 $c'=0$ kN/m² とする。

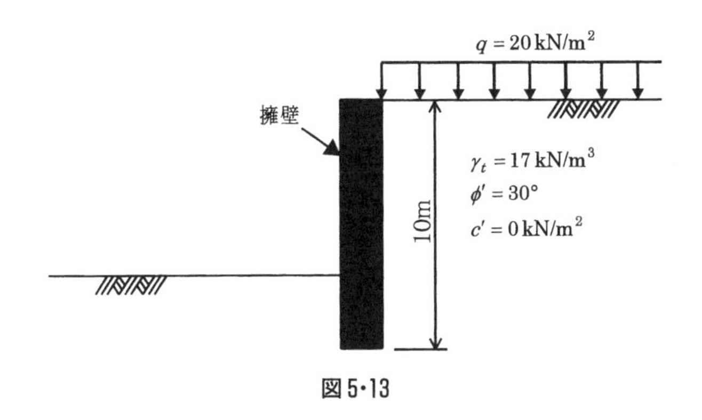

図 5・13

解答 土圧の分布図を図5・14に示す。

主働土圧係数は、式(5.1)より $K_A=0.333$ となり、裏込め土による擁壁下端での主働土圧は、式(5.3)より $\sigma'_A=0.333\times17\,[\mathrm{kN/m^3}]\times10\,[\mathrm{m}]=56.6\,[\mathrm{kN/m^2}]$、上載荷重による主働土圧の増分は式(5.7)より以下のように求められる。

$$\varDelta\sigma'_A=0.333\times20\,[\mathrm{kN/m^2}]=6.66\,[\mathrm{kN/m^2}]$$

主働土圧の合力は裏込め土の土圧は三角形分布、上載荷重による土圧は四角形分布なので

$$P_1=6.66\,[\mathrm{kN/m^2}]\times10\,[\mathrm{m}]=66.6\,[\mathrm{kN/m}]$$

$$P_2=0.5\times56.6\,[\mathrm{kN/m^2}]\times10\,[\mathrm{m}]=283\,[\mathrm{kN/m}]$$

$$P_A=P_1+P_2=66.6\,[\mathrm{kN/m}]+283\,[\mathrm{kN/m}]=350\,[\mathrm{kN/m}]$$

P_1 は四角形分布であるので、P_1 の作用線の位置は擁壁下端から5 m、P_2 は三角形分布であるので、P_2 の作用線の位置は擁壁下端から3.33 mである。P_A の作用線の位置 y_A は、擁壁下端からのモーメントを考え、以下のように求められる。

$$y_A=\frac{66.6\,[\mathrm{kN/m}]\times5\,[\mathrm{m}]+283\,[\mathrm{kN/m}]\times3.33\,[\mathrm{m}]}{350\,[\mathrm{kN/m}]}=3.64\,[\mathrm{m}]$$

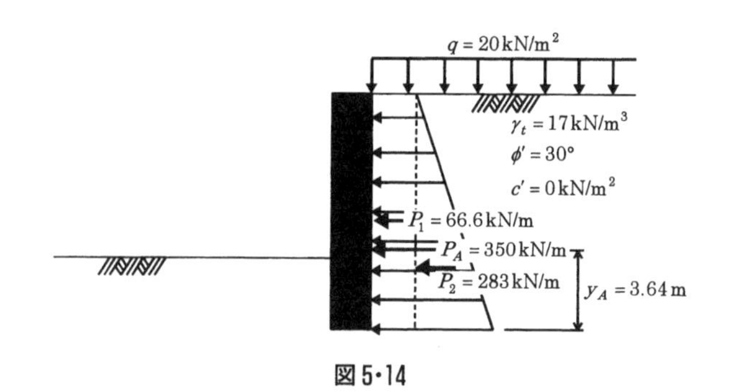

図5・14

基本問題8 地下水が上昇した場合の土圧と側圧の変化

基本問題5の擁壁および地盤に対して、降雨により擁壁背後地盤の水位が上昇した場合、擁壁に作用する主働土圧の分布を求め、その合力と作用線の位置を求めよ。また、擁壁に作用する水圧分布、側圧分布とその合力も求めよ。ただし、地下水位下の土の単位体積重量 $\gamma_{sat}=19\,\mathrm{kN/m^3}$ である。なお、背後地盤の地下水面は地表より2m下にあるものとする。

解答　土圧と水圧の分布図を図 5･15 に示す。

主働土圧係数は、式(5.1)より $K_A=0.333$ となり、地下水位の深さにおける主働土圧は、式(5.3)より $\sigma'_{A1}=0.333\times17\,[\mathrm{kN/m^3}]\times2\,[\mathrm{m}]=11.3\,[\mathrm{kN/m^2}]$

擁壁下端での主働土圧は、

$$\sigma'_{A2}=0.333\times(19\,[\mathrm{kN/m}]-9.81\,[\mathrm{kN/m^3}])\times8\,[\mathrm{m}]+11.3\,[\mathrm{kN/m^2}]$$
$$=35.8\,[\mathrm{kN/m^2}]$$

主働土圧の合力は

$$P_1=0.5\times11.3\,[\mathrm{kN/m^2}]\times2\,[\mathrm{m}]=11.3\,[\mathrm{kN/m}]$$
$$P_2=11.3\,[\mathrm{kN/m^2}]\times8\,[\mathrm{m}]=90.4\,[\mathrm{kN/m}]$$
$$P_3=0.5\times(35.8\,[\mathrm{kN/m^2}]-11.3\,[\mathrm{kN/m^2}])\times8\,[\mathrm{m}]=98.0\,[\mathrm{kN/m}]$$
$$P_A=P_1+P_2+P_2=11.3\,[\mathrm{kN/m}]+90.4\,[\mathrm{kN/m}]+98.0\,[\mathrm{kN/m}]$$
$$=200\,[\mathrm{kN/m}]$$

P_1 は三角形分布であるので、P_1 の作用線の位置は擁壁下端から 8.67 m、P_2 は四角形分布であるので、P_2 の作用線の位置は擁壁下端から 4 m、P_3 は三角形分布であるので、P_3 の作用線の位置は擁壁下端から 2.67 m である。P_A の作用線の位置 y_A は、擁壁下端からのモーメントを考え以下のように求められる。

$$y_A=\frac{\left(\begin{array}{c}11.3\,[\mathrm{kN/m}]\times8.67\,[\mathrm{m}]+90.4\,[\mathrm{kN/m}]\times4\,[\mathrm{m}]\\+98.0\,[\mathrm{kN/m}]\times2.67\,[\mathrm{m}]\end{array}\right)}{200\,[\mathrm{kN/m}]}=3.61\,[\mathrm{m}]$$

一方、擁壁下端での水圧は $\sigma_w=9.81\,[\mathrm{kN/m^3}]\times8\,[\mathrm{m}]=78.5\,[\mathrm{kN/m^2}]$

水圧の合力は $P_w=0.5\times78.5\,[\mathrm{kN/m^2}]\times8\,[\mathrm{m}]=314\,[\mathrm{kN/m}]$

したがって、擁壁に作用する側圧合力は $P=P_A+P_w=514\,[\mathrm{kN/m}]$

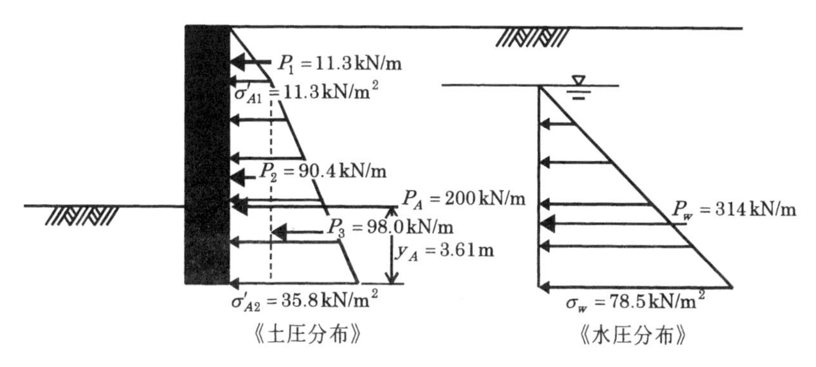

図 5･15

参考） 水圧も含めた場合の全水平応力（側圧と呼ぶ）の作用線の位置 y は以下のようになる。

$$y=\frac{200\,[\mathrm{kN/m}]\times 3.61\,[\mathrm{m}]+314\,[\mathrm{kN/m}]\times 2.67\,[\mathrm{m}]}{200\,[\mathrm{kN/m}]+314\,[\mathrm{kN/m}]}=3.04\,[\mathrm{m}]$$

基本問題 9　擁壁の滑動に対する安全率の計算

図 5・16 に示すような擁壁を設計している。奥行き 1 m 当たりの主働土圧の水平方向合力、受働土圧の水平方向合力はそれぞれ 102 kN/m、57 kN/m である。それらの作用位置は擁壁下端からそれぞれ 2 m、0.5 m の高さにある。また、擁壁の断面の自重は奥行き 1 m あたり 144 kN である。なお、この擁壁の滑動に対する安全率を求めよ。ただし、擁壁底版と地盤との摩擦係数は 0.3 と仮定せよ。また、滑動に対する安全率が 1.0 を少し下回る場合、簡単な対策方法を述べよ。

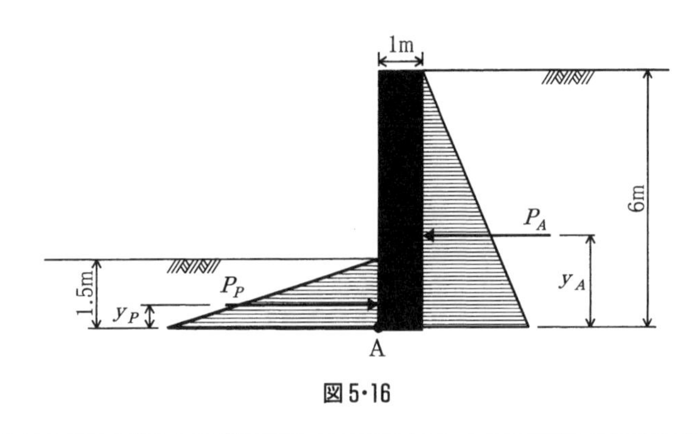

図 5・16

解答　奥行き 1 m あたりの擁壁底面の摩擦力は 144 [kN/m]×0.3=43.2 [kN/m] で図中右向きに働くため、滑動に対する安全率は以下のようになる。

$$F_S=(57\,[\mathrm{kN/m}]+43.2\,[\mathrm{kN/m}])/102\,[\mathrm{kN/m}]=0.982$$

これは滑動に対して不安定となるが、安全率は 1 より少し小さいだけで抵抗力を少し増すだけでよい。このための対策方法としては、擁壁底面に突起を付けるとか、L 字型の擁壁にして底面積を増やす方法などがある。

基本問題 10　擁壁の転倒に対する安全率の計算

基本問題 9 について安全率法を用い、転倒に対する安全率を計算せよ。また不安定な場合、対策方法を述べよ。

解答 転倒する場合には図 5.16 中の A 点を中心として反時計回りに回転すると考えられる。ゆえに、A 点の回りの奥行き 1 m あたりの回転モーメントを求めると、転倒に対する安全率は以下のようになる。

$$F_S=\frac{0.5\,[\mathrm{m}]\times 57\,[\mathrm{kN/m}]+0.5\,[\mathrm{m}]\times 144\,[\mathrm{kN/m}]}{2\,[\mathrm{m}]\times 102\,[\mathrm{kN/m}]}=0.493$$

したがって、転倒に対しても不安定である。これに対し例えばL型や逆T型にすると、擁壁自重と擁壁底板上の土の自重による抵抗モーメントも増して安定する。

基本問題 11　静止土圧の計算

ある地下街の外壁が地表面から深さ 7 m まで存在する。この外壁は剛な鉛直壁である。地下街外周の地盤は湿潤密度が $\rho_t=1.95\,\mathrm{Mg/m^3}$ である密な砂質土で、地下水位は外壁底面より深いところにある。地表面は水平である。静止土圧係数を $K_0=0.5$ と仮定して鉛直壁に加わる土圧を求めよ。

解答 z m の深さにおける有効上載圧は以下のようになる。

$$\sigma'_v=1.95\,[\mathrm{Mg/m^3}]\times 9.81\,[\mathrm{m/s^2}]\times z\,[\mathrm{m}]=19.1z\,[\mathrm{kN/m^2}]$$

この深さの静止土圧は $\sigma'_0=K_0\cdot\sigma'_v=0.5\times 19.1z\,[\mathrm{kN/m^2}]=9.55z\,[\mathrm{kN/m^2}]$ となり、z m の深さまでの静止土圧の合力は $P_0=0.5\times 9.55z^2\,[\mathrm{kN/m}]$ となる。

ゆえに 7 m の深さまで加わる静止土圧合力は、奥行き 1 m あたりとすると、$P_0=0.5\times 9.55\,[\mathrm{kN/m^2}]\times 7^2\,[\mathrm{m^2}]=234\,[\mathrm{kN/m}]$ となる。

基本問題 12　粘性土地盤の掘削時の土圧分布および限界深さの計算

せん断強度定数が $c'=5\,\mathrm{kN/m^2}$、$\phi'=20°$、湿潤単位体積重量 $\gamma_t=16\,\mathrm{kN/m^3}$、の粘性土地盤がある。地下水位は地表面下 10 m と深い。この地盤を鉛直に掘削したい。

（1） 深さ 10 m まで剛な土留め壁を用いて掘削した場合に、土留め壁に加わる土圧の分布を求めよ。また、土圧がゼロとなる深さを求めよ。

（2） 土留め壁を用いなくても掘削出来る深さを求めよ。また、そのような深さを何と呼ぶか述べよ。

解答

（1） 擁壁は掘削内部に向かって倒れようとするため、背後の地盤には主働土圧が働く。主働土圧係数は、式(5.1)より $K_A=0.490$ となり、z m の深さにおける主働土圧は、式(5.3)より以下のようになる。

$$\sigma'_A=0.490\times16\,[\mathrm{kN/m^3}]\times z\,[\mathrm{m}]-2\times5\,[\mathrm{kN/m^2}]\times\sqrt{0.490}$$
$$=(7.84z-7.00)[\mathrm{kN/m^2}]$$

したがって土圧分布は図5•17のようになり、土圧 σ'_A がゼロとなる深さ $z_C=0.893$ m となる。

（2） 粘着力がある土では、土留め壁に加わる土圧の分布は図5•17に示すように地表面では見かけ上マイナスになり、深さとともに増加する。これを地表面から積分して考えると、主働土圧 P_A がゼロになる深さまでは土留め壁に圧力が加わらない、つまり土留め壁がなくても掘削できることになる。この深さは $P_A=0$ とした式(5.3)で計算し、土圧がゼロとなる深さを求めそれを2倍して、$H_C=2z_C=1.79$ m となる。他の方法として式(5.15)を用いると、$H_C=\dfrac{4\times5\,[\mathrm{kN/m^2}]}{16\,[\mathrm{kN/m^3}]}\tan\left(45[°]+\dfrac{20\,[°]}{2}\right)=1.79\,[\mathrm{m}]$ となる。この深さを掘削限界深さと呼ぶ。

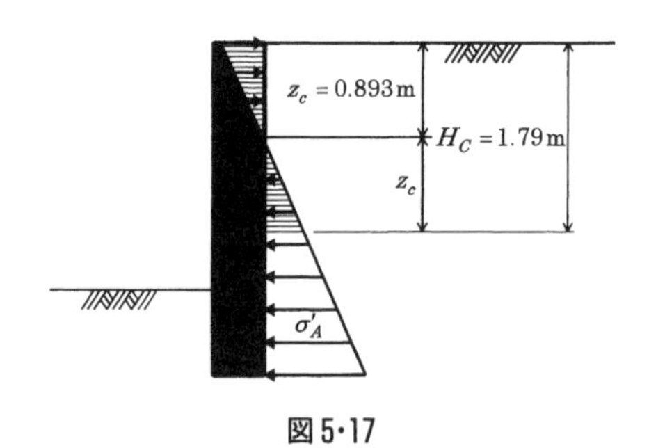

図5•17

基本問題13 粘性土地盤における掘削時の崩壊をもとにした強度定数の推定

湿潤密度 $\rho_t=1.85\,\mathrm{Mg/m^3}$ の粘土を垂直に掘削した。深さ4 m になったときに掘削面が崩壊した。せん断抵抗角 $\phi'=0°$ として、この粘土の粘着力 c' を求めよ。なお、地下水位は掘削底面より深いものと仮定せよ。

解答 式(5.17)より $H_C=4$ m とおいて、$c'=18.1\,\mathrm{kN/m^2}$ となる。

応用問題

応用問題 1　三軸圧縮試験結果を用いた土圧係数の計算

背後および前面の地盤が同じ土からなる矢板岸壁がある。この土をサンプリングし、圧密非排水状態で側圧を一定に保ち三軸圧縮試験を行ったところ、破壊時の応力状態が以下のようになった。ランキンの方法で主働土圧係数、受働土圧係数を求めよ。

表 5・1

側圧（kN/m²）	破壊時の軸圧（kN/m²）	破壊時の過剰間隙水圧（kN/m²）
50	226.4	−11.4
100	287.6	19.6
150	348.8	50.6

応用問題 2　多層地盤の土圧分布の計算

擁壁背後および前面が図 5・18 に示すような多層からなる地盤がある。地下水位はIII層より深い位置にある。擁壁背面および前面に加わるランキンの土圧の分布を求めよ。

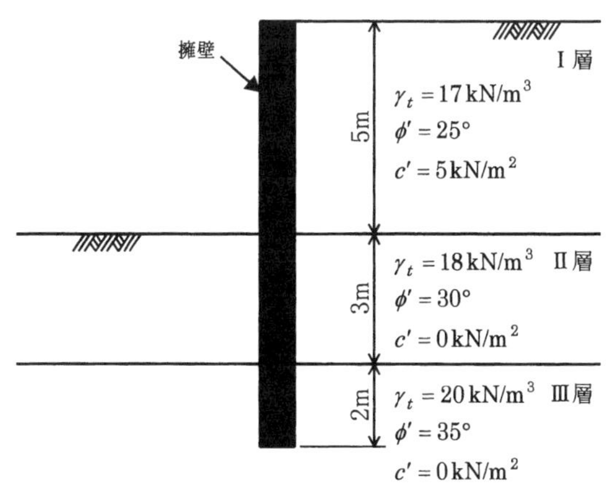

図 5・18

応用問題 3　土圧と側圧の計算および岸壁の安定性の検討

図 5・19 に示すような矢板岸壁を設計したい。地盤から試料を採取して圧密非

排水三軸圧縮試験を行ったところ、$c'=20\,\mathrm{kN/m^2}$、$\phi'=15°$ となった。また、地下水位上および地下水位下の地盤の単位体積重量は、それぞれ $15\,\mathrm{kN/m^3}$、$16\,\mathrm{kN/m^3}$ となった。なお、地盤は矢板岸壁の前面・背面とも均一と仮定せよ。

（1） 図中の A、B、C における有効上載圧を求めよ。

（2） 岸壁に加わる主働土圧、受働土圧、静水圧の分布を描け。なお、土圧はランキンの方法で求めよ。

（3） 主働土圧、受働土圧、静水圧の合力および作用位置を求めよ。

（4） 岸壁前面および背面に加わる側圧(主働土圧や受働土圧と静水圧を合わせたもの)の合力を求めよ。

（5） 側圧分布より矢板岸壁の水平方向のバランスについて述べよ。また、バランスが保てない場合にはどのような対策をとればよいか述べよ。

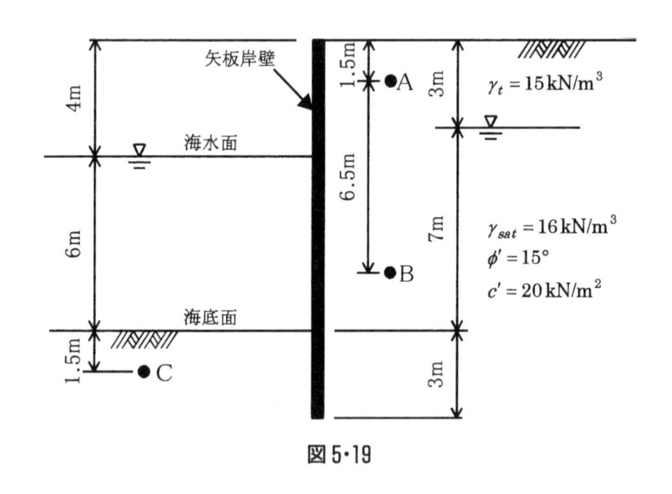

図 5･19

応用問題 4　仮想背面を考えた土圧の計算および擁壁の安定性の検討

図 5･20 に示すような高さ 6 m、底面幅 3 m の L 形擁壁がある。擁壁の仮想背面を仮定して、擁壁背面に作用するランキンの主働土圧の合力およびその作用位置を求めよ。つぎに、この擁壁の滑動、転倒に対する安定性を検討せよ。ただし、裏込め土のせん断抵抗角 $\phi'=26°$、裏込め土の単位体積重量 $\gamma_t=17.8\,\mathrm{kN/m^3}$、鉄筋コンクリートの単位体積重量 $\gamma=24.5\,\mathrm{kN/m^3}$ とする。また、擁壁底面と地盤との摩擦係数は 0.6 と仮定し、滑動・転倒に対して必要な安全率はそ

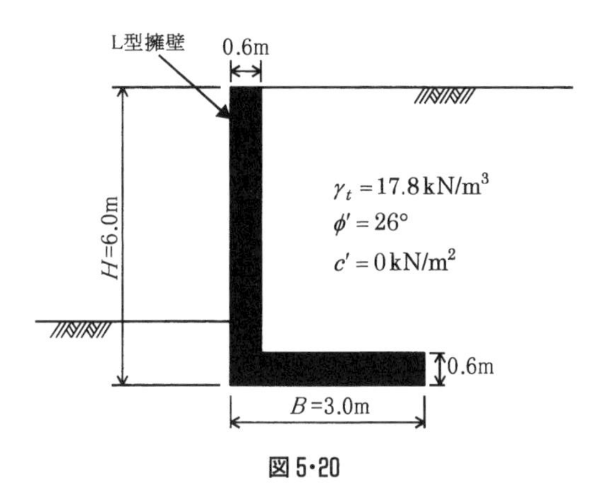

図 5•20

れぞれ 1.5 とせよ。なお、滑動・転倒の計算式には安全側をみて擁壁前面の受働土圧を考慮しないこととし、転倒の計算式には安全率法を用いることとする。

応用問題 5　任意の形状の擁壁における土圧の計算および安定性の検討

図 5•21 に示すような擁壁を建設したい。地下水位は擁壁底面より下方にある。背後に盛る予定の土について予め試験を行ったところ、$c'=0$ kN/m^2、$\phi'=30°$、$\gamma_t=18$ kN/m^3 となった。

（1）　擁壁背後および前面に加わる土圧係数および土圧をクーロンの方法で求めよ。ただし、地盤と壁体の摩擦角 $\delta=\phi'/2$ とせよ。

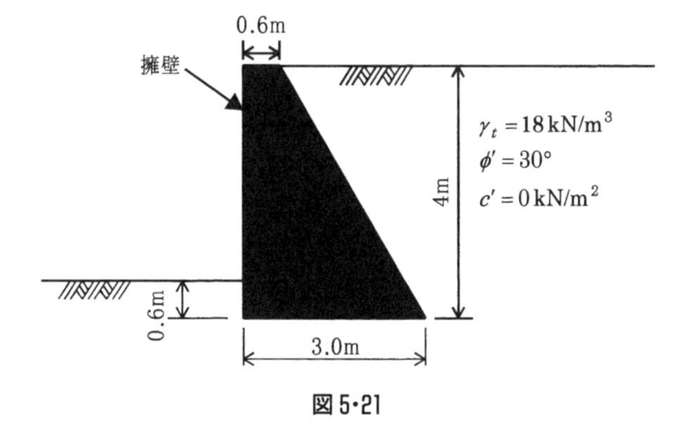

図 5•21

（2） 土圧の分布を三角形分布と仮定し、その合力の作用位置を求めよ。

（3） 単位奥行き当たりの擁壁の自重および自重の作用点位置を求めよ。ただし、鉄筋コンクリートの単位体積重量 $\gamma=24.5\,\mathrm{kN/m^3}$ とする。

（4） 地盤反力は十分にあるとして、この擁壁の滑動・転倒に対する安定性を述べよ。ただし、擁壁底面と地盤との摩擦係数は 0.5、滑動に対して必要な安全率は 1.5 とせよ。なお、転倒の計算式は許容偏心法を用いることとする。

応用問題 6　限界深さの計算

均一な土からなる水平地盤から不撹乱試料を採取して、三軸圧縮試験を行ったところ、粘着力 $c'=5\,\mathrm{kN/m^2}$、せん断抵抗角 $\phi'=30°$、湿潤密度 $\gamma_t=18\,\mathrm{kN/m^3}$ なる値が得られた。地下水位は地表面下 8 m と深かった。以下の問いに答えよ。

（1） 土留め壁を用いずに掘削出来る深さを求めよ。

（2） 掘削底面より数 m ほど深く根入れした土留め壁を設置して、5 m ほど掘削したい。土留め壁の前面、背面それぞれに加わる土圧の種類は何か？

（3） （2）の場合における土留め壁の前面、背面に加わる土圧の深さ方向の分布図を描け。また、前面、背面それぞれの合土圧を計算せよ。ただし、ランキンの土圧理論にしたがって計算せよ。

（4） （3）のように土留め壁に前面、背面から加わる土圧の水平方向のバランスを考えて、バランスが保てるために必要な土留めの根入れ深さを求めよ。

応用問題 7　埋設管に作用する土圧

原地盤が密な地盤を 1.5 m の幅で 3 m の深さまで掘削した。そして、外径 600 mm のたわみやすい管を溝の底に埋設し、その上を土で埋め戻した。管上部に作用する鉛直土圧を求めよ。ただし、埋戻し土の湿潤密度は $\rho_t=1.75\,\mathrm{Mg/m^3}$、せん断抵抗角は $\phi'=28°$ とせよ。

5 記述問題

記述問題 1

主働土圧、受働土圧、静止土圧の違いを壁体の変位との関係図を用いて説明せよ。また、実際にはどのような場合に壁体が主働土圧、受働土圧、静止土圧を受けるか述べよ。

記述問題 2

水平な地盤に鉛直な擁壁を設ける場合、擁壁の変位にともなう静止土圧から主働土圧への移行、また静止土圧から受働土圧への移行を、モールの応力円とモール・クーロンの破壊規準を用いてそれぞれ表現することにより、ランキンの主働土圧係数 K_A・受働土圧係数 K_P を導出せよ。

記述問題 3

矢板岸壁の背後と前面に加わる土圧の種類を述べよ。また、これらの土圧と静水圧、側圧の関係を述べよ。

記述問題 4

どのような条件の時に、ランキンの主働土圧係数とクーロンの主働土圧係数が一致するか述べよ。

記述問題 5

切梁のある矢板土留め壁では、深度方向の土圧分布が三角形分布になりにくい理由を述べよ。

第6章 地盤の弾性沈下と支持力

軟弱地盤上に盛土構造物や建築構造物を構築すると、上部構造物の自重を支えきれなくなり、上部構造物の沈下や、しまいには地盤の破壊を引き起こすことがある。本章では、上部構造物の構築により地盤内に発生する応力の推定法と、浅い基礎と杭基礎の支持力の算定法などを学ぶ。

6.1 地盤内に発生する応力の推定法

(1) 半無限弾性体の表面に作用する点荷重

点荷重 P が、(z, ρ) 円筒座標において点 $(0, 0)$ に作用する。

$$\sigma_z=\frac{3Pz^3}{2\pi r^5}、\ \sigma_\rho=\frac{3P}{2\pi}\left\{\frac{z\rho^2}{r^5}-\frac{1-2\nu}{3}\frac{1}{r(r+z)}\right\}$$

$$\sigma_t=\frac{3P}{2\pi}\left\{\frac{1-2\nu}{3}\frac{r^2-rz-z^2}{r^3(r+z)}\right\}、\ \tau_{\rho z}=\frac{3P}{2\pi}\frac{z^2\rho}{r^5}、\ \tau_{\rho o}=\tau_{zt}=0 \qquad (6.1)$$

ただし　$r^2=\rho^2+z^2$、ν：ポアソン比

(2) 半無限弾性体の表面に作用する線状荷重

線状荷重 p が、y 軸上に作用する。(x, z) 直交座標において、

$$\sigma_z=\frac{2p}{\pi}\frac{\cos^4\theta}{z}、\ \sigma_x=\frac{2p}{\pi}\frac{\cos^2\theta\sin^2\theta}{z}、\ \tau_{xz}=\frac{2p}{\pi}\frac{\cos^3\theta\sin\theta}{z}、$$

$$\sigma_y=0、\ \tau_{xy}=\tau_{zy}=0 \qquad (6.2)$$

ただし、$\theta=\tan^{-1}\left(\frac{x}{z}\right)$

6.2 浅い基礎の支持力の算定法

(1) 基礎地盤のせん断破壊の種類

・全般せん断破壊：密度が比較的大きい地盤において、基礎の沈下は比較的小さいが、基礎の直下から基礎の脇の地表面に至る地盤内の広い領域において塑性状態が発達して破壊に至る。

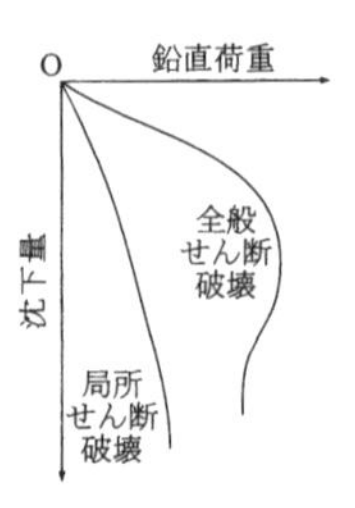

図6･1 荷重－沈下曲線と支持力せん断破壊の種類

・局所せん断破壊：密度が比較的小さい地盤において基礎の沈下が大きく発生し、基礎の直下で局所的に塑性領域が発達して破壊に至る。

（2） 浅い帯基礎の極限支持力 Q（本演習書では、テルツァーギの支持力係数を参考に学ぶ。）

単位面積あたりの極限支持力を q とする。

・全般せん断破壊（比較的密な砂質土地盤を想定）においては、

$$Q=q\times B,\ q=c'N_c+\frac{\gamma_t B}{2}N_\gamma+q_sN_q \tag{6.3}$$

ただし、B：基礎幅、$q_s=\gamma_t D_f$、D_f：根入れ深さ、N_c、N_γ、N_q：テルツァーギの支持力係数で、ここでは基礎底面が粗な場合を想定し、以下の式で表される。

$$N_q=K_p e^{\pi\tan\phi'}、N_c=(N_q-1)\cot\phi'、N_\gamma \fallingdotseq 2(N_q+1)\tan\phi' \tag{6.4}$$

・局所せん断破壊（軟弱な粘性土地盤を想定）においては、

$$q=\frac{Q}{B}=\frac{2}{3}c'N'_c+\frac{\gamma_t B}{2}N'_\gamma+q_sN'_q \tag{6.5}$$

ただし、N'_c、N'_γ、N'_q：テルツァーギの支持力係数で、ここでは基礎底面が滑らかな場合を想定し、以下の式で表される。

$$N'_q=\frac{1}{1-\sin\phi'}e^{\left(\frac{3\pi}{2}-\phi'\right)\tan\phi'}$$
$$N'_c=(N'_q-1)\cot\phi'、N'_\gamma \fallingdotseq (N'_q-1)\tan(1.4\phi') \tag{6.6}$$

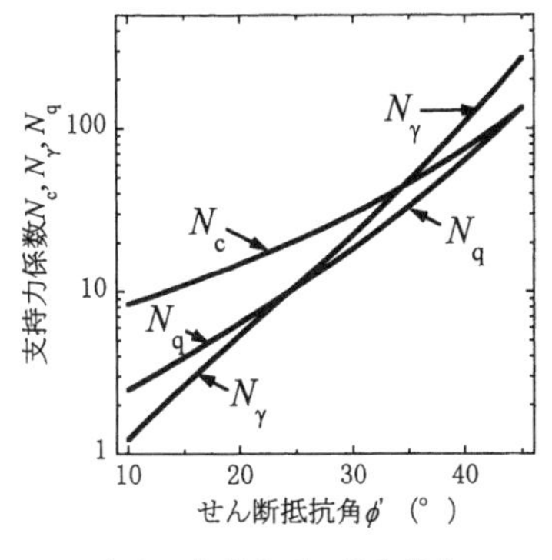

（a） 基礎底面が粗な場合

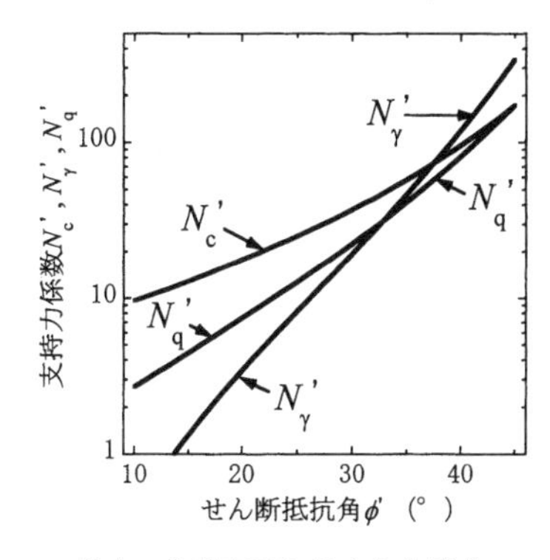

（b） 基礎底面が滑らかな場合

図6・2 テルツァーギの支持力係数

第6章 地盤の弾性沈下と支持力

（3） 基礎形状の影響

各種形状をもつ基礎の極限支持力 Q は、

$$Q=q\times A,\ q=\alpha c'N_c+\beta\gamma_t BN_\gamma+q_s N_q \tag{6.7}$$

ただし、A：基礎の面積、α、β：形状係数

表 6·1 形状係数

基礎底面の形状	帯（連続）	正方形	長方形	円形
α	1.0	1.3	$1+0.3\dfrac{B}{L}$	1.3
β	0.5	0.4	$0.5-0.1\dfrac{B}{L}$	0.3

ただし、B：短辺の長さ、L：長辺の長さ

（4） 地下水位の影響

地下水位がある場合、

$$q=\frac{Q}{A}=\alpha c'N_c+\beta\gamma_1 BN_\gamma+\gamma_2 D_f N_q \tag{6.8}$$

ただし、γ_1：基礎底面以深の単位体積重量、γ_2：基礎底面以浅の単位体積重量。γ_1 と γ_2 は、地下水位以深では有効単位体積重量とする。

（5） 偏心・傾斜荷重の影響

・マイヤーホッフ（Meyerhof）による傾斜荷重に関する極限支持力の補正式

$$q=c'N_c\times i_c+\frac{\gamma_t B}{2}N_\gamma\times i_\gamma+\gamma_t D_f N_q\times i_q \tag{6.9}$$

ただし、$i_c=i_q=\left(1-\dfrac{\delta}{\pi/2}\right)^2$、$i_\gamma=\left(1-\dfrac{\delta}{\phi'}\right)^2$、$\delta$：荷重の傾斜角

・マイヤーホッフによる偏心荷重に関する極限支持力の補正式

$$\frac{Q_e}{B}=\frac{Q}{B}\frac{B'}{B}=\left\{c'N_c+\frac{\gamma_t B}{2}N_\gamma+q_s N_q\right\}\times\frac{B-2e}{B} \tag{6.10}$$

ただし、有効幅 $B'=B-2e$、e：偏心荷重の作用位置と基礎の中心との距離、Q_e：偏心荷重を受ける帯基礎の極限支持力、Q：中心荷重を受ける幅 B の帯基礎の極限支持力。

6.3 杭基礎の鉛直支持力の算定法

建築基礎構造設計指針（2019）では、

打込み閉端杭の極限支持力は、

$$R_u = R_p + R_f = A_p \times q_p + \Psi \sum (H_i \times \tau_i) \tag{6.11}$$

ただし、R_u：打込み杭の極限支持力［kN］、R_p：先端抵抗力［kN］、R_f：周面摩擦抵抗力［kN］、A_p：杭の先端面の面積［m^2］、q_p：杭の先端抵抗［kN/m^2］、ψ：杭の周長［m］、H_i：第 i 層の層厚［m］、τ_i：第 i 層における杭の周面摩擦抵抗［kN/m^2］。

（1）　先端抵抗力の算定

・砂質土：$q_p = 300\bar{N}$ [kN/m^2]、ただし、$\bar{N}$：杭先端より下に $1D$、上に $4D$ の範囲の N 値の平均値、(D：杭の直径)（上限 $N = 100$）

・粘性土：$q_p = 6c_u$ [kN/m^2]、ただし、c_u：非排水せん断強度 [kN/m^2]

（2）　周面摩擦抵抗力の算定

・砂質土：各砂質土層において、$\tau_i = 2.0N_i$ [kN/m^2]、N_i：第 i 層の平均 N 値

・粘質土：各粘性土層において、$\tau_i = 0.8c_u$［kN/m^2］

鉛直支持力の設計用限界値は、

$$R_d = \phi_R R_u \tag{6.12}$$

ただし、R_d：設計用限界値［kN］、ϕ_R：耐力係数

耐力係数 ϕ_R は、常時荷重を想定する使用限界状態を要求性能レベルとするとき。$\phi_R = \frac{1}{3}$、レベル１荷重を想定する損傷限界状態では $\phi_R = \frac{1}{1.5}$、レベル２荷重を想定する終局限界状態では $\phi_R = 1$。

6 基本問題

基本問題1　半無限弾性体表面に作用する点荷重(1)

半無限弾性体の(z, ρ)円筒座標の表面の一点$(0, 0)$に、$P=100$ kN の点荷重が作用するとき、z軸上$(\rho=0)$に沿って発生する鉛直応力σ_zの分布を描け。また、一定の深さ$z=2$ m における座標 ρ 方向に沿う鉛直応力 σ_z の分布を描け。

解答　ブーシネスク(Boussinesq)の解を含む半無限弾性体を対象とする弾性解の応力成分の式には、物質定数として弾性係数 E を含まずポアソン比 ν だけを含むという特徴がある。つまり、物質の硬軟に関らずポアソン比 ν だけにより応力の大きさが決まる。特に、表面に点荷重が作用する半無限弾性体内の応力成分のうち、鉛直応力 σ_z だけは以下の式のように表され、ポアソン比 ν さえも含まない。

$$\sigma_z=\frac{3P}{2\pi}\frac{z^3}{r^5}\text{、ただし}\quad r^2=\rho^2+z^2$$

z 軸上に沿って発生する鉛直応力 σ_z は、$P=100$ kN と $\rho=0$ を代入すると、$\sigma_z=\dfrac{150}{\pi z^2}$ kN/m² となり、図6･3のような分布を示す。また一定の深さ $z=2$ m では、$\sigma_z=\dfrac{1200}{\pi(4+\rho^2)^{5/2}}$ kN/m² となり、図6･4のような分布を示す。

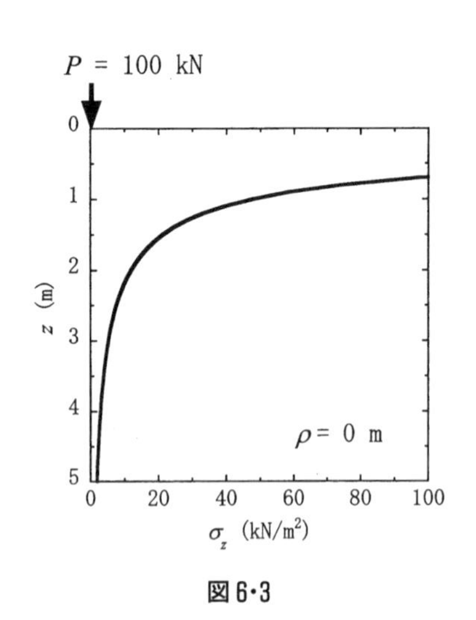

図6･3

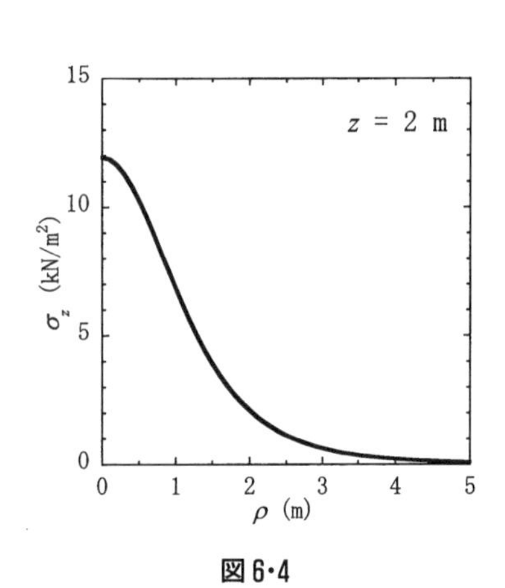

図6･4

基本問題２　半無限弾性体表面に作用する点荷重（２）

（１）　ポアソン比 ν が 0.4 の半無限弾性体において、(z, ρ) 円筒座標の表面の点 $(0, 0)$ に、$P=100$ kN の点荷重が作用するとき、半無限弾性体内の応力成分 $(\sigma_z, \sigma_\rho, \sigma_t, \tau_{\rho z}, \tau_{\rho t}, \tau_{zt})$ を検討し、一定の深さ $z=2$ m に沿う 3 点 $(2, 0)$、$(2, 2)$、$(2, 4)$ それぞれにおける最大主応力の大きさと方向角を求めよ。

（２）　上記の問題において、半無限弾性体のポアソン比 ν が 0.5 であるとき、どうなるか検討せよ。

解答

（１）　図 6•5 に、応力成分を示す。ポイントの式(6.1)に、$P=100$ kN、$\nu=0.4$ を代入する。

点 $(z, \rho)=(2, 0)$ では $r=z$、$\rho=0$ なので、この点における応力成分

$$(\sigma_z, \sigma_\rho, \sigma_t, \tau_{\rho z}, \tau_{\rho t}, \tau_{zt})=(3\times100\,[\mathrm{kN}]/(2\pi)/4\,[\mathrm{m}^2], 3\times100\,[\mathrm{kN}]\times(-0.2/8\,[\mathrm{m}^2]/3)/(2\pi), 3\times100\,[\mathrm{kN}]\times(-0.2/3/8\,[\mathrm{m}^2])/(2\pi))$$
$$=(75/(2\pi), -5/(4\pi), -5/(4\pi), 0, 0, 0)$$
$$=(11.94, -0.40, -0.40, 0, 0, 0)\,[\mathrm{kN/m^2}]$$

点 $(2, 2)$：$(75\sqrt{2}/(16\pi), (95\sqrt{2}-40)/(16\pi), 5(4-3\sqrt{2})/(8\pi), 75\sqrt{2}/(16\pi), 0, 0)$
$$=(2.11, 1.88, -0.05, 2.11, 0, 0)\,[\mathrm{kN/m^2}]$$

点 $(2, 4)$：$(3\sqrt{5}/(10\pi), (53\sqrt{5}-25)/(40\pi), (25-9\sqrt{5})/(40\pi), 3\sqrt{5}/(5\pi), 0, 0)$
$$=(0.21, 0.74, 0.04, 0.43, 0, 0)\,[\mathrm{kN/m^2}]$$

ここで、直応力 σ_t が作用する面のせん断応力成分 $\tau_{\rho t}$ と τ_{zt} は 0 となるため、σ_t は必然的に主応力となる $(\sigma_c=\sigma_t)$。残りの (z, ρ) 面における応力成分 $(\sigma_z, \sigma_\rho, \tau_{\rho z})$ から得られる残りの 2 つの主応力成分 $\sigma_{a,b}$ は、

$$\sigma_{a,b}=\frac{\sigma_z+\sigma_\rho}{2}\pm\sqrt{\left(\frac{\sigma_z-\sigma_\rho}{2}\right)^2+\tau_{\rho z}^2}、$$

$z\rho$ 面での主応力方向角 $\theta=\dfrac{\tan^{-1}\left(\dfrac{2\tau_{\rho z}}{\sigma_z-\sigma_\rho}\right)}{2}$

よって、

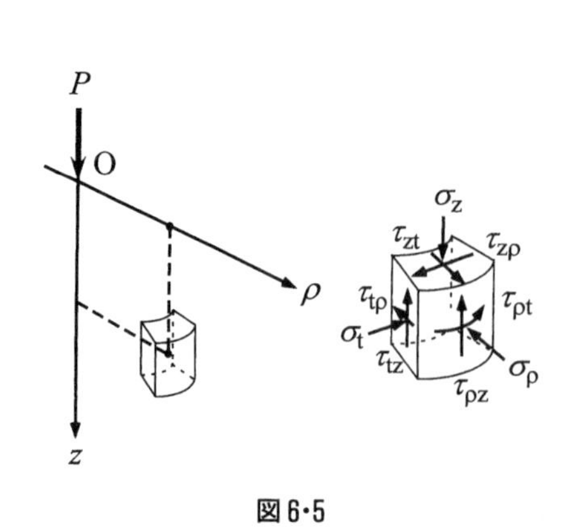

図6•5

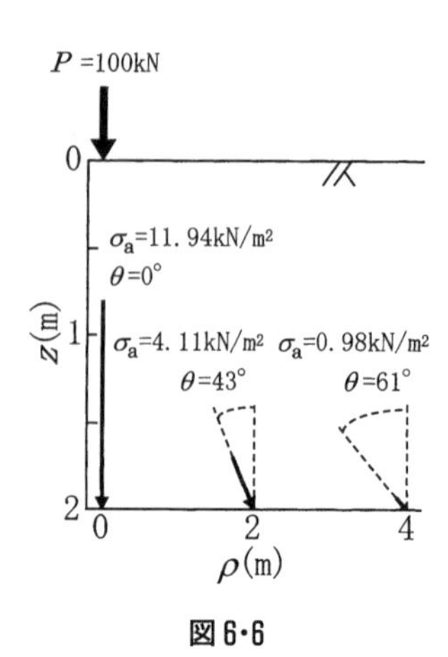

図6•6

点 $(z, \rho)=(2, 0)$ における主応力成分

$(\sigma_a, \sigma_b, \sigma_c)=(11.94, -0.40, -0.40)$ [kN/m²]、主応力方向角 $\theta=0°$

点 $(2, 2)$：$(4.11, -0.12, -0.05)$ [kN/m²]、主応力方向角 $\theta=43°$

点 $(2, 4)$：$(0.98, -0.03, 0.04)$ [kN/m²]、主応力方向角 $\theta=61°$

以上、最大主応力 σ_a の大きさと方向角 θ についてまとめると、図6•6のようになる。

（2） ポアソン比 ν が0.5のとき、$\sigma_z=\dfrac{3P}{2\pi}\dfrac{z^3}{r^5}$、$\sigma_\rho=\dfrac{3P}{2\pi}\dfrac{z\rho^2}{r^5}$、$\sigma_t=0$、

$\tau_{\rho z}=\dfrac{3P}{2\pi}\dfrac{z\rho^2}{r^5}$、$\sigma_t=0$、$\tau_{\rho z}=\dfrac{3P}{2\pi}\dfrac{z^2\rho}{r^5}$、$\tau_{\rho t}=\tau_{zt}=0$、

ただし　$r^2=\rho^2+z^2$。つまり、ポアソン比 ν が0.5(体積変化なし)の条件のもとでは $\sigma_t=0$ となる。よって、

点 $(z, \rho)=(2, 0)$ の応力成分

$(\sigma_z, \sigma_\rho, \sigma_t, \tau_{\rho z}, \tau_{\rho t}, \tau_{zt})=(75/(2\pi), 0, 0, 0, 0, 0)$

$=(11.94, 0, 0, 0, 0, 0)$ [kN/m²]

点 $(2, 2)$：$(75\sqrt{2}/(16\pi), 75\sqrt{2}/(16\pi), 0, 75\sqrt{2}/(16\pi), 0, 0)$

$=(2.11, 2.11, 0, 2.11, 0, 0)$ [kN/m²]

点 $(2, 4)$：$(3\sqrt{5}/(10\pi), 6\sqrt{5}/(5\pi), 0, 3\sqrt{5}/(5\pi), 0, 0)$

$=(0.21, 0.85, 0, 0.43, 0, 0)$ [kN/m²]

さらに、

点 $(z, \rho)=(2, 0)$ における主応力成分 $(\sigma_a, \sigma_b, \sigma_c)=(11.94, 0, 0)$

[kN/m^2]、主応力方向角 $\theta=0°$

点(2, 2)：(4.22, 0, 0)[kN/m^2]、主応力方向角 $\theta=45°$

点(2, 4)：(1.07, 0, 0)[kN/m^2]、主応力方向角 $\theta=63°$

となり、主応力 σ_a が残り、σ_b と σ_c は0となる。以上まとめると、図6•7のようになる。

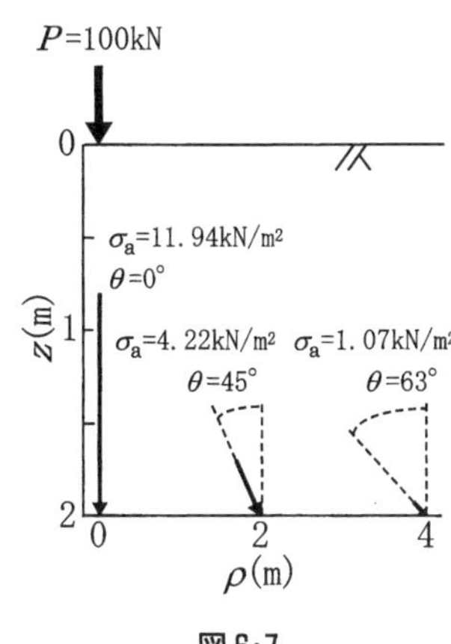

図6•7

基本問題3　半無限弾性体表面に作用する線状荷重

半無限弾性体(z, x, y)座標の表面の y 軸上に、$p=10$ kN/m の線状荷重が作用するとき、半無限弾性体内の応力成分($\sigma_z, \sigma_x, \sigma_y, \tau_{xz}, \tau_{xy}, \tau_{zy}$)を検討し、一定の深さ $z=2$ m に沿う3点(2, 0, 0)、(2, 2, 0)、(2, 4, 0)それぞれにおける主応力の大きさと方向角を求めよ。

解答　図6•8に示す応力成分は、ポイントの式(6.2)で表され、ポアソン比 ν を含まず物質定数によらない。また、$\sigma_y=\tau_{xy}=\tau_{zy}=0$ となり、σ_y は主応力(σ_c)をなすが0となる。また、残りの応力成分($\sigma_z, \sigma_x, \tau_{xz}$)から2つの主応力成分($\sigma_a$, σ_b)が形成される。よって $p=10$ kN/m、$y=0$ を代入し、

点(z, x)=(2, 0)の応力成分($\sigma_z, \sigma_x, \tau_{xz}$)=$(10/\pi, 0, 0)=(3.18, 0, 0)$[kN/m^2]

点(2, 2)：$(5/(2\pi), 5/(2\pi), 5/(2\pi))=(0.796, 0.796, 0.796)$[kN/m^2]

点(2, 4)：$(2/(5\pi), 8/(5\pi), 4/(5\pi))=(0.127, 0.509, 0.255)$[kN/m^2]

さらに、

点 $(z, x)=(2, 0)$ における主応力成分 $(\sigma_a, \sigma_b)=(3.18, 0)$ [kN/m²]、主応力方向角 $\theta=0°$

点 $(2, 2)$：$(1.59, 0)$ [kN/m²]、主応力方向角 $\theta=45°$

点 $(2, 4)$：$(0.64, 0)$ [kN/m²]、主応力方向角 $\theta=63°$

以上まとめると、図6・9のようになる。

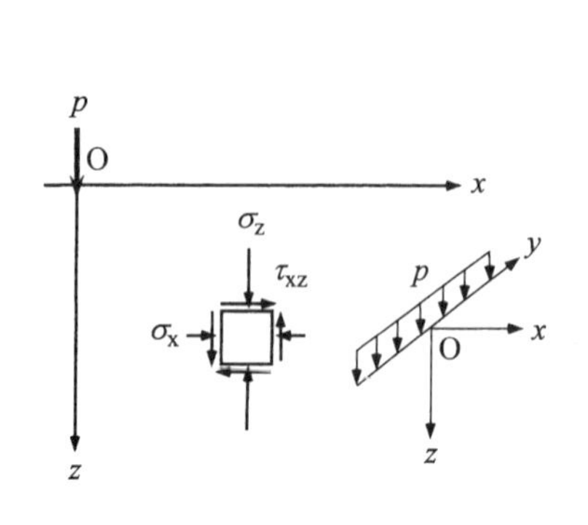

図6・8

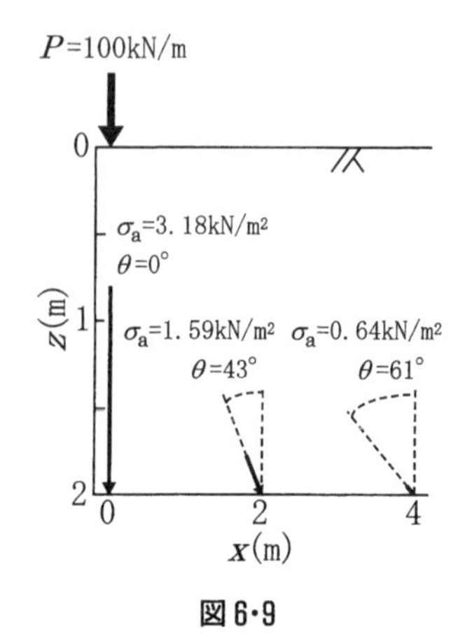

図6・9

基本問題4　圧力球根

半無限弾性体の (z, ρ) 円筒座標の表面の点 $(0, 0)$ に、$P=150$ kN の点荷重が作用するとき、点荷重の作用点の直下深さ $z=3$ m における鉛直応力 σ_z を求めよ。また、これと等しい鉛直応力を示す点を連ねて描かれる等鉛直応力線(圧力球根)の形状を、極座標を考えることにより求めよ。

解答　式(6.1)に、$\rho=0$ より $z=r$、$P=150$ kN、$z=3$ m を代入すると、

$$\sigma_z=\frac{3P}{2\pi}\frac{z^3}{r^5}=\frac{3P}{2\pi}\frac{1}{z^2}=\frac{3\times150\,[\mathrm{kN}]}{2\pi}\frac{1}{3^2\,[\mathrm{m}^2]}=\frac{25}{\pi}\,[\mathrm{kN/m^2}]=7.96\,[\mathrm{kN/m^2}]$$

いま、極座標において $z=r\cos\theta$ より、これを式(6.1)に代入すると、

$$\sigma_z=\frac{3P}{2\pi}\frac{z^3}{r^5}=\frac{3P}{2\pi}\frac{\cos^3\theta}{r^2}$$

この式に $P=150$ kN、$\sigma_z=\dfrac{25}{\pi}$ kN/m² を代入すると、$r^2\,\mathrm{m}^2=9\cos^3\theta$

これが等鉛直応力線を表す式となる。図6・10に、求められた圧力球根を示す。

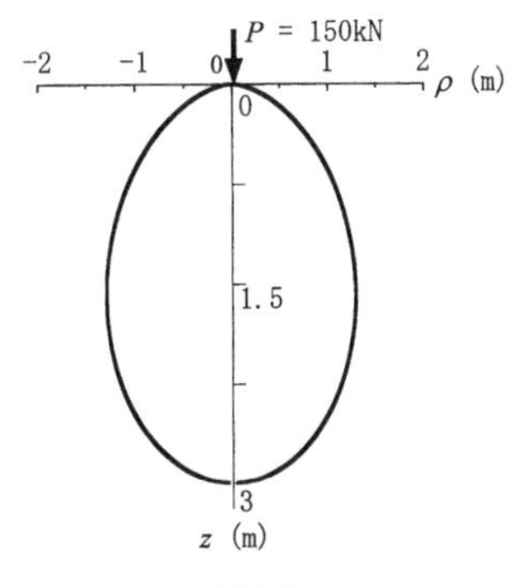

図 6・10

基本問題 5　浅い基礎の支持力

（1）　空欄に入れる適語を下から選び、文章を完成せよ。

(A)の土圧論は、図 6・11 に示すように基礎の支持力を導出する際にも応用されることがある。つまり、基礎の直下と側方の 2 つの領域が、基礎からの荷重により塑性状態にあると仮定する。ここで領域 I は右に押し、領域 II は上に押し出される格好となる。基礎の直下の領域は(B)土圧状態にあり、この(B)土圧は(C)主応力をなす。側方の領域は(D)土圧状態にあり、この土圧は(E)主応力をなす。

(a)ランキン　(b)クーロン　(c)主働　(d)静止　(e)受働　(f)最大　(g)中間　(h)最小

（2）　粘着力 $c'=30.0\,\mathrm{kN/m^2}$、せん断抵抗角 $\phi'=30°$、単位体積重量 $\gamma_t=18.0\,\mathrm{kN/m^3}$ である地盤上に、幅 $B=4$ m で根入れ深さ $D_f=0.5$ m の帯基礎を設計するとき、図 6・2(a)および式(6.4)に示すテルツァーギの支持

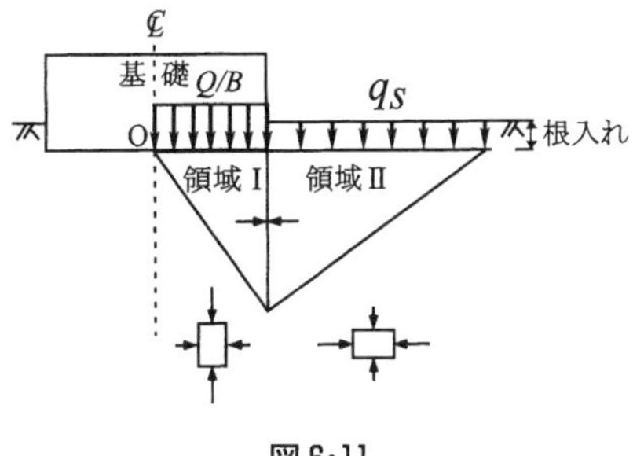

図 6・11

力係数(基礎底面が粗な場合)を用いて極限支持力を求めよ。また、安全率を3とした場合の許容支持力を求めよ。

(3) せん断抵抗角 $\phi'=35°$、単位体積重量 $\gamma_t=20.0\,\mathrm{kN/m^3}$ である砂質土地盤上に、幅 $B=3\,\mathrm{m}$ で根入れのない帯状べた基礎を設計するとき、図6•2(a)および式(6.4)に示すテルツァーギの支持力係数(基礎底面が粗な場合)を用いて極限支持力を求めよ。

(4) 粘性土地盤上に、幅 $B=4\,\mathrm{m}$ で根入れのない帯状べた基礎を設計したい。この粘性土地盤から採取された不撹乱試料に対して一軸圧縮試験を行ったところ、一軸圧縮強さ q_u が $30\,\mathrm{kN/m^2}$ と得られた。図6•2(b)および式(6.6)に示すテルツァーギの支持力係数(基礎底面が滑らかな場合)を仮定することにより、極限支持力を求めよ。

解答

(1) (A):(a)ランキン、(B):(c)主働、(C):(h)最小、
(D):(e)受働、(E):(f)最大

(2) 支持力係数 N_c、N_γ、N_q はせん断抵抗角 ϕ' の関数である。$\phi'=30°$ のとき $N_c=30.1$、$N_\gamma=22.4$、$N_q=18.4$　よって、帯基礎の極限支持力 Q は、

$$\frac{Q}{B}=c'N_c+\frac{\gamma_t B}{2}N_\gamma+q_s N_q=c'N_c+\frac{\gamma_t B}{2}N_\gamma+\gamma_t D_f N_q$$

$$=30.0\,[\mathrm{kN/m^2}]\times 30.1+(18.0\,[\mathrm{kN/m^3}]\times 4.0\,[\mathrm{m}]/2)\times 22.4$$
$$+18.0\,[\mathrm{kN/m^3}]\times 0.5\,[\mathrm{m}]\times 18.4=1875\,[\mathrm{kN/m^2}]$$

よって、$Q=1875\,[\mathrm{kN/m^2}]\times 4.0\,[\mathrm{m}]=7500\,[\mathrm{kN/m}]$

また安全率 $F_s=3$ としたときの許容支持力 Q_a は、

$$Q_a=\frac{Q}{F_s}=\frac{7500\,[\mathrm{kN/m}]}{3}=2500\,[\mathrm{kN/m}]$$

(3) 根入れのない砂質土地盤($c'=0$、$q_s=0$)の帯状べた基礎の極限支持力 Q は、$\dfrac{Q}{B}=\dfrac{\gamma_t B}{2}N_\gamma$　$\phi'=35°$ のとき $N_\gamma=48.0$　よって、

$$\frac{Q}{B}=\frac{\gamma_t B}{2}N_\gamma=(20.0\,[\mathrm{kN/m^3}]\times 3.0[\mathrm{m}]/2)\times 48.0=1440\,[\mathrm{kN/m^2}]$$

よって、$Q=1440\,[\mathrm{kN/m^2}]\times 3.0[\mathrm{m}]=4320\,[\mathrm{kN/m}]$

(4) 粘性土地盤は局部せん断破壊を起こすと仮定され、テルツァーギの支持

力係数に関しては基礎底面が滑らかな場合が採用される。根入れのない粘性土地盤($\phi'=0$、$q_s=0$)上の帯状べた基礎の極限支持力 Q は、

$\dfrac{Q}{B}=\dfrac{2}{3}cN_c'$　いま、$q_u=2c$　$\phi'=0$ のとき $N_c'=5.7$、$N_\gamma'=0$、$N_q'=1.0$

よって、$Q/B=(2/3)\times(30/2)$ [kN/m²] $\times 5.7=57$ [kN/m²]、

よって、$Q=57$ [kN/m²] $\times 4$ [m] $=228$ [kN/m]

基本問題6　基礎形状の影響

(1)　粘着力 $c'=20$ kN/m²、せん断抵抗角 $\phi'=25°$、単位体積重量 $\gamma_t=19.0$ kN/m³ である地盤上に、幅 $B=4$ m× 長さ $L=6$ m で根入れ深さ $D_f=0.4$ m の長方形基礎を設計するとき、表6･1の形状係数と、図6･2(a)および式(6.4)に示すテルツァーギの支持力係数(基礎底面が粗な場合)を用いて極限支持力を求めよ。ただし地下水位は深いものとする。

(2)　せん断抵抗角 $\phi'=30°$、単位体積重量 $\gamma_t=18.0$ kN/m³ である砂質土地盤上に、直径 $B=4$ m で根入れのない円形べた基礎を設計するとき、図6･2(a)および式(6.4)に示すテルツァーギの支持力係数(基礎底面が粗な場合)を用いて極限支持力を求めよ。

解答

(1)　$\alpha=1+0.3\times(B/L)=1+0.3\times(4\,[\mathrm{m}]/6\,[\mathrm{m}])=1.2$、$\beta=0.5-0.1\times(B/L)=0.5-0.1\times(4\,[\mathrm{m}]/6\,[\mathrm{m}])=0.43$。$\phi'=25°$ のとき $N_c=20.72$、$N_\gamma=10.88$、$N_q=10.66$　よって、

$$q=\alpha c'N_c+\beta\gamma_t BN_\gamma+q_sN_q$$
$$=1.2\times20.0\,[\mathrm{kN/m^2}]\times20.72+0.43\times19.0\,[\mathrm{kN/m^3}]\times4.0\,[\mathrm{m}]\times10.88+19.0\,[\mathrm{kN/m^3}]\times0.4\,[\mathrm{m}]\times10.66=934\,[\mathrm{kN/m^2}]$$

よって、$Q=q\times(B\times L)=934$ [kN/m²] $\times(4$ [m] $\times 6$ [m]$)=22416$ [kN]

(2)　砂質土地盤($c'=0$、$q_s=0$)の根入れのない円形べた基礎の極限支持力 Q は、形状係数を用いて、$q=\beta\gamma_t BN_\gamma$、$\beta=0.3$、$\phi'=30°$ のとき $N_\gamma=22.4$ よって、

$$q=\beta\gamma_t BN_\gamma=0.3\times18.0\,[\mathrm{kN/m^3}]\times4.0\,[\mathrm{m}]\times22.4=484.0\,[\mathrm{kN/m^2}]$$

よって、$Q=q\times\left(\dfrac{B}{2}\right)^2\pi=484.0\,[\mathrm{kN/m^2}]\times(4/2)^2\pi\,[\mathrm{m^2}]=608\,[\mathrm{kN}]$

基本問題7　地下水位の影響

（1）　粘着力 $c'=15.0\,kN/m^2$、せん断抵抗角 $\phi'=25°$、地下水位以浅で単位体積重量 $\gamma_t=17.0\,kN/m^3$ で、地下水位以深で単位体積重量 $\gamma_{sat}=20.0\,kN/m^3$ である地盤上に、幅 $B=2\,m$×長さ $L=3\,m$ で根入れ深さ $D_f=3\,m$ の長方形基礎を設計するとき、以下の3ケースについて、表6･1の形状係数と、図6･2(a)および式(6.4)に示すテルツァーギの支持力係数(基礎底面が粗な場合)を用いて極限支持力を求めよ。

(a)地下水位が地表面から3m　(b)地下水位が地表面から2m　(c)地下水位が地表面と一致

（2）　上記(1)の結果を考察し、地下水位の上昇が支持力に及ぼす影響を考察せよ。

解答

（1）　$\alpha=1+0.3\times(B/L)=1+0.3\times(2[m]/3[m])=1.2$、$\beta=0.5-0.1\times(B/L)=0.5-0.1\times(2[m]/3[m])=0.43$　$\phi'=25°$ のとき $N_c=20.72$、$N_\gamma=10.88$、$N_q=10.66$　地下水位がある場合、ポイントの式(6.8)を用いる。

（a）　地下水位が地表面から3mのとき、地下水位が基礎底面と一致し、

$\gamma_2=\gamma_t$　これから、$\gamma_1=20.0-9.81=10.19\,[kN/m^3]$、

$\gamma_2=17.0\,[kN/m^3]$　よって、

$$q=\alpha c'N_c+\beta\gamma_1 BN_\gamma+\gamma_2 D_f N_q$$
$$=1.2\times15.0[kN/m^2]\times20.72+0.43\times10.19\,[kN/m^3]\times2.0\,[m]\times10.88+17.0\,[kN/m^3]\times3\,[m]\times10.66$$
$$=1012\,[kN/m^2]$$

$$Q=q\times B\times L=1012\,[kN/m^2]\times2\,[m]\times3\,[m]=6072\,[kN]$$

（b）　地下水位が地表面から2mのとき、地下水位が地表面と基礎底面の間にあるため、$\gamma_1=\gamma'=\gamma_{sat}-\gamma_w=20.0-9.81=10.19\,[kN/m^3]$、

$$\gamma_2=(1\,[m]\times\gamma'\,[kN/m^3]+2\,[m]\times\gamma_t\,[kN/m^3])/3\,[m]$$
$$=(1\times10.19+2\times17.0)/3=14.73\,[kN/m^3]$$　よって、

$$q=\alpha c'N_c+\beta\gamma_1 BN_\gamma+\gamma_2 D_f N_q$$
$$=1.2\times15.0\,[kN/m^2]\times20.72+0.43\times10.19\,[kN/m^3]\times2\,[m]\times10.88+14.73\,[kN/m^3]\times3\,[m]\times10.66$$
$$=939\,[kN/m^2]$$

$Q = q \times B \times L = 939\,[\mathrm{kN/m^2}] \times 2\,[\mathrm{m}] \times 3\,[\mathrm{m}] = 5634\,[\mathrm{kN}]$

（c） 地下水位が地表面と一致しているとき、$\gamma_1 = \gamma' = \gamma_{sat} - \gamma_w = 20.0 - 9.81 = 10.19\,[\mathrm{kN/m^3}]$、$\gamma_2 = \gamma' = 10.19\,[\mathrm{kN/m^3}]$　よって、

$$q = \alpha c' N_c + \beta \gamma_1 B N_\gamma + \gamma_2 D_f N_q$$
$$= 1.2 \times 15.0\,[\mathrm{kN/m^2}] \times 20.72 + 0.43 \times 10.19\,[\mathrm{kN/m^3}] \times 2\,[\mathrm{m}] \times 10.88 + 10.2\,[\mathrm{kN/m^3}] \times 3\,[\mathrm{m}] \times 10.66$$
$$= 795\,[\mathrm{kN/m^2}]$$

$Q = q \times B \times L = 795\,[\mathrm{kN/m^2}] \times 2\,[\mathrm{m}] \times 3\,[\mathrm{m}] = 4770\,[\mathrm{kN}]$

（2） 地下水位が上昇すると、支持力は低下する。

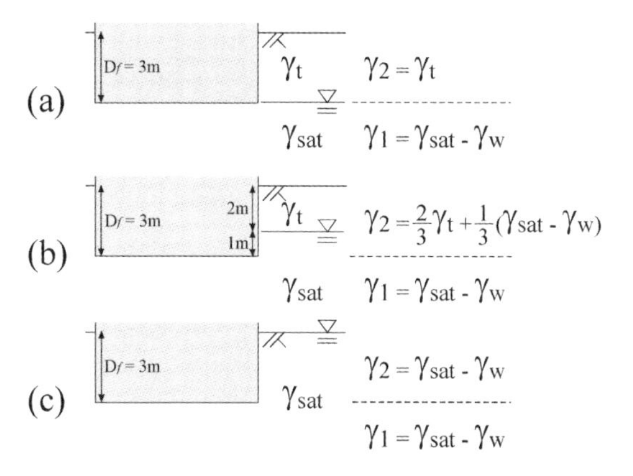

基本問題 8　偏心・傾斜荷重

（1） せん断抵抗角 $\phi' = 35°$、単位体積重量 $\gamma_t = 20.0\,\mathrm{kN/m^3}$ の砂質土地盤上の幅 $B = 2\,\mathrm{m}$ で根入れのない帯状べた基礎が、15° の傾斜荷重を受けるとき、マイヤーホッフの式を用いて極限支持力を求めよ。ただし、図6･2(a)および式(6.4)に示すテルツァーギの支持力係数(基礎底面が粗な場合)を用いることとする。

（2） せん断抵抗角 $\phi' = 30°$、単位体積重量 $\gamma_t = 17.0\,\mathrm{kN/m^3}$ の砂質土地盤上の幅 $B = 4\,\mathrm{m}$ で根入れのない帯状べた基礎が、偏心 $e = 0.5\,\mathrm{m}$ の荷重を受けるとき、マイヤーホッフの式を用いて極限支持力を求めよ。ただし、図6･2(a)および式(6.4)に示すテルツァーギの支持力係数(基礎底面が粗な

場合)を用いることとする。

解答

(1) 傾斜荷重を受ける根入れのない砂質土地盤($c'=0$、$q_s=0$)の帯状べた基礎の極限支持力 Q は、$\dfrac{Q}{B}=\dfrac{\gamma_t B}{2}N_\gamma\times i_\gamma$　$\phi'=35°$ のとき

$N_\gamma=48.0$、$i_\gamma=\left(1-\dfrac{\delta}{\phi'}\right)^2=(1-15°/35°)^2=0.327$　よって、

$$\frac{Q}{B}=\frac{\gamma_t B}{2}N_\gamma\times i_\gamma=(20.0\,[\mathrm{kN/m^2}]\times 2\,[\mathrm{m}]/2)\times 48.0\times 0.327$$
$$=314\,[\mathrm{kN/m^2}]$$
$$Q=314\,[\mathrm{kN/m^2}]\times 2\,[\mathrm{m}]=628\,[\mathrm{kN/m}]$$

(2) 偏心荷重を受ける根入れのない砂質土地盤($c'=0$、$q_s=0$)の帯状べた基礎の極限支持力 Q_e は、$\dfrac{Q_e}{B}=\dfrac{\gamma_t B}{2}N_\gamma\times\dfrac{B-2e}{B}=\dfrac{\gamma_t(B-2e)}{2}N_\gamma$、

$\phi'=30°$ のとき $N_\gamma=22.4$　よって、

$$\frac{Q_e}{B}=\frac{\gamma_t(B-2e)}{2}N_\gamma=(17.0\,[\mathrm{kN/m^3}]\times(4\,[\mathrm{m}]-2\times 0.5\,[\mathrm{m}])/2)\times 22.4$$
$$=571\,[\mathrm{kN/m^2}]$$
$$Q=571\,[\mathrm{kN/m^2}]\times 4\,[\mathrm{m}]=2284\,[\mathrm{kN}]$$

基本問題9　杭基礎

(1) 杭基礎を、支持方法・施工法により分類せよ。

(2) 打込み杭の極限鉛直支持力の算定は、先端抵抗力と周面摩擦抵抗力に分けた評価が行われるが、それぞれの評価方法の概略をわかりやすく簡単に説明せよ。

解答

(1) 支持方法に関する分類では、杭先端で構造物の荷重を地盤に伝える支持杭と、杭周面と地盤の間に発生する摩擦力により構造物の荷重を地盤に伝える摩擦杭がある。施工法に関する分類では、既製杭をハンマーなどで地盤に打ち込む打込み杭と、地盤を予め掘削し鉄筋とコンクリートを打設する場所打ち杭(埋込み杭)がある。

（2） 打込み杭の極限鉛直支持力 R_u は、下式のように先端抵抗力 R_p と周面摩擦抵抗力 R_f に分けて評価を行う。

$R_u = R_p + R_f$

先端抵抗力 R_p は、杭頭が地盤に伝えられる極限荷重で、$R_p = A_p \times q_p$（A_p：杭頭の断面積）により表される。q_p は、浅い基礎の支持力理論を援用して評価を行う努力がなされてきているが、実務上砂質土では N 値により、粘性土では非排水せん断強度 c_u により評価が行われている。

周面摩擦抵抗力 R_f は、打ち込みの過程で杭周面と地盤の間で引き起こされる摩擦抵抗により地盤に伝えられる極限荷重であり、$R_f = \Psi H \times \tau$（Ψ：杭の周長、H：杭の長さ）により表される。杭と地盤の間で起こるせん断抵抗 τ は、室内せん断試験からも求められるが、実務上は砂質土では N 値により、粘性土では非排水せん断強度 c_u または一軸圧縮強度 q_u により評価が行われている。

基本問題 10　杭基礎の鉛直支持力

建築基礎構造設計指針(2019)の、打込み杭の極限支持力 R_u、損傷限界支持力 R_a を求める(6.11)(6.12)により、図 6･12 に示す鋼杭基礎の使用限界支持力を算定せよ。

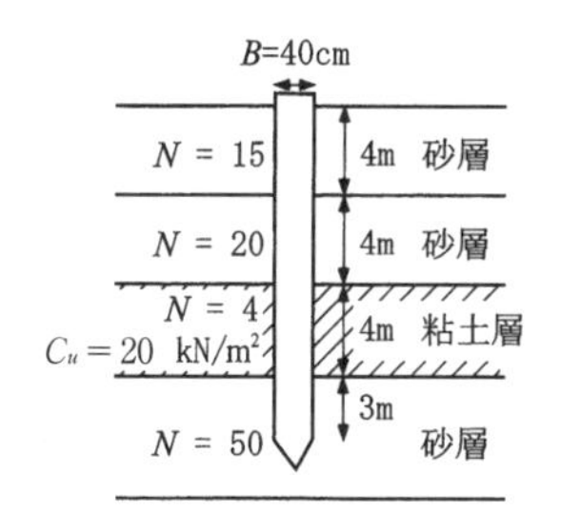

図 6･12

解答 建築基礎構造設計指針(2019)にしたがい、図6•12に示す鋼杭基礎の支持力を、先端抵抗力 R_p と周面摩擦抵抗力 R_f に分けて算定する。

(a) 先端抵抗力の算定

杭先端より下に $1D$、上に $4D$ の範囲は完全にこの砂質土に含まれているので、$\bar{N}=50$ よって、

$$q_p=300\bar{N}=300\times 50=15000\ [\mathrm{kN/m^2}]$$

(b) 周面摩擦抵抗力の算定

地表面から杭先端まで砂質土層と粘性土層に分けて算定する。

(b-1) 砂質土各層において、$H_i\times\tau_i=H_i\times 2.0N_i[\mathrm{kN/m}]$ として、

$$\begin{aligned}\Sigma(H_i\times\tau_i)&=\Sigma(H_i\times 2.0N_i)\ [\mathrm{kN/m}]\\&=4\ [\mathrm{m}]\times 2.0\times 15+4\ [\mathrm{m}]\times 2.0\times 20\\&\quad+3\ [\mathrm{m}]\times 2.0\times 50=580\ [\mathrm{kN/m}]\end{aligned}$$

(b-2) 粘性土各層において、$H_i\times\tau_i=H_i\times 0.8C_{ui}\ [\mathrm{kN/m}]$、として、

$$\begin{aligned}\Sigma(H_i\times\tau_i)&=\Sigma(H_i\times 0.8C_{ui})\\&=4[\mathrm{m}]\times 0.8\times 20[\mathrm{kH/m^2}]=64[\mathrm{kH/m}]\end{aligned}$$

よって、極限支持力 R_u は、

$$\begin{aligned}R_u&=R_p+R_f=A_p\times q_p+\Psi\Sigma(H_i\times\tau_i)\\&=(0.4/2)^2\pi\ [\mathrm{m^2}]\times 15000\ [\mathrm{kN/m^2}]+(0.4\times\pi)\ [\mathrm{m}]\\&\quad\times(580\ [\mathrm{kN/m}]+64\ [\mathrm{kN/m}])=2694\ [\mathrm{kN}]\end{aligned}$$

よって、使用限界支持力 R_a は、耐力係数 $\phi_R=\frac{1}{3}$として、

$$R_a=\phi_R/R_u=2694/3=1898[\mathrm{kN}]$$

基本問題11 負の摩擦力

(1) 粘土層地盤に打設された杭基礎においてよく問題にされる、負の摩擦力について説明せよ。

(2) 杭を地盤内に打設したとき、粘性土層においてみられる負の摩擦力に対する安全性は、どのように検討されるか、その方法について説明せよ。

解答

（1）　杭基礎は、杭先端の先端抵抗力と杭周面の周面摩擦抵抗力により支持されるが、図6・13に示すように、杭基礎が打設された地盤中に粘性土層など圧密層が存在すると、圧密層の沈下にともない圧密層より上層において、部分的に杭周面と地盤の間の摩擦抵抗力が減少し、ついには杭を地盤に引き込む方向の摩擦力が働く。これは、構造物の荷重を支える摩擦抵抗力とは逆向きで、荷重と同じ方向に作用するため、負の摩擦力と呼ぶ。

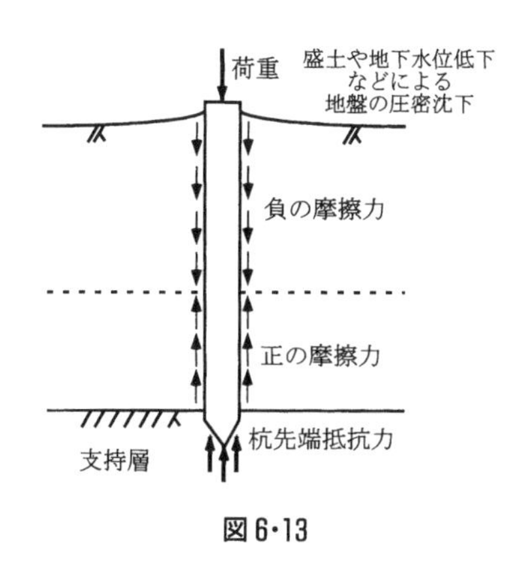

図6・13

（2）　粘性土層の圧密沈下にともなう負の摩擦力が懸念される場合、構造物の荷重と負の摩擦力が同方向に作用すると仮定し総荷重を評価し、正の摩擦力を保持する層の周面摩擦抵抗力と先端抵抗力の和をとることにより、適切な安全率とともに極限支持力を評価する。

6 応用問題

応用問題 1　帯状等分布荷重の荷重分散

（1）図 6･14 に示すように半無限弾性体(z, x, y)座標の表面の y 軸方向に、y 軸$(x=0)$を中心として幅 $B=4$ m に $p=10$ kN/m^2 の帯状等分布荷重が作用するときの、半無限弾性体内の点$(z, x, y)=(2, 2, 0)$における鉛直応力 σ_z を求めよ。ただし、帯状等分布荷重により発生する鉛直応力は、線状荷重により発生する応力の式(6.2)を、点 A の $x=-B/2$ から点 B の $x=B/2$ まで積分することにより、以下のように得られる。

$$\sigma_z=\frac{P}{\pi}(\theta_0+\sin\theta_0\cos\theta_1)、\ \theta_0=\theta_A-\theta_B、\ \theta_1=\theta_A+\theta_B$$

ただし、θ_0、θ_1、θ_A、θ_B の単位はラジアンとする。

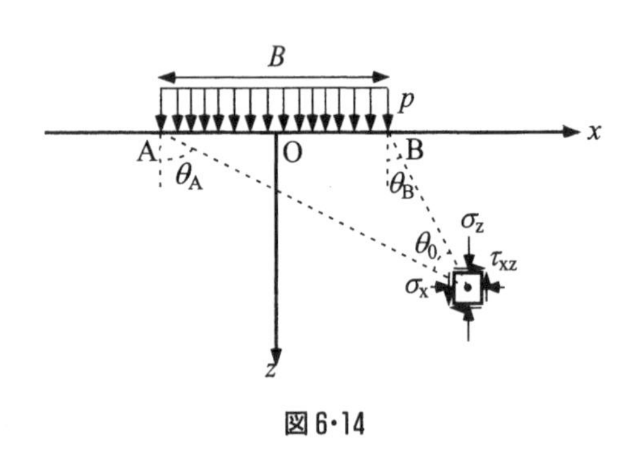

図 6･14

（2）地盤内の増加鉛直応力と分布幅を簡易に推定する方法を考える。いま、地表面に作用する幅 B の帯状等分布応力 p が、地表面から深さ D において幅 B' の帯状等分布応力 p' に分散されるが、分布応力の合力は一定のまま保持されると仮定する。ここで、深さ方向に対して水平方向に 2：1 の割合で分布幅が広がるものとする。この方法により、地表面に幅 $B=4$ m に $p=10$ kN/m^2 の帯状等分布荷重が作用するとき、深さ $D=2$ m における増加鉛直応力とその分布幅を推定せよ。また、上記の問題(1)と同様に、半無限弾性体上に作用する帯状等分布荷重を仮定して、同条件下における深さ $D=2$ m における鉛直応力の分布図を作成し、簡易推定法により得られた増加鉛直応力と分布幅を合わせて図示することにより、両者の分布図を比較せよ。

応用問題 2　半無限弾性体表面に作用する盛土(台形)分布荷重

（1）　図 6•15 に示すような、y 軸($x=0$)において $p=0$ kN/m^2 で、$x=B=2$ m の線上において $p=10$ kN/m^2 となる帯状三角分布荷重が作用するとき、半無限弾性体内の点 $(z, x, y)=(2, 2, 0)$ における鉛直応力 σ_z を求めよ。ただし、帯状三角分布荷重により発生する鉛直応力は、点 A($x=0, p=0$) から点 B($x=B, p$) まで漸増する線状荷重を積分することにより、以下のように得られる。

$$\sigma_z=\frac{p}{\pi}\left(\frac{x}{B}\theta_0-\frac{1}{2}\sin 2\theta_B\right)、\ \theta_0=\theta_A-\theta_B$$

ただし、θ_0、θ_A、θ_B の単位はラジアンとする。

（2）　上記(1)の帯状三角分布荷重に関する解法をもとに、図 6•16 を参考に、次頁のオスターバーグの図(図 6•17)を用いた盛土(台形)分布荷重による地盤内の鉛直応力 σ_z の算定方法について説明せよ。またこの図を用い、図 6•18 に示す盛土分布荷重により地盤内の土要素 X、Y、Z に発生する鉛直応力を求めよ。

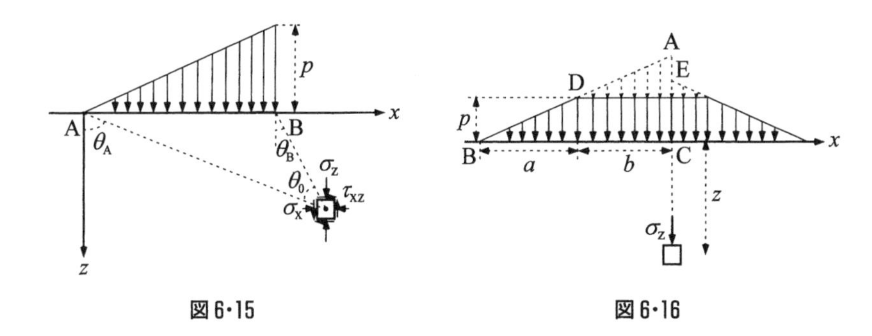

図 6•15　　図 6•16

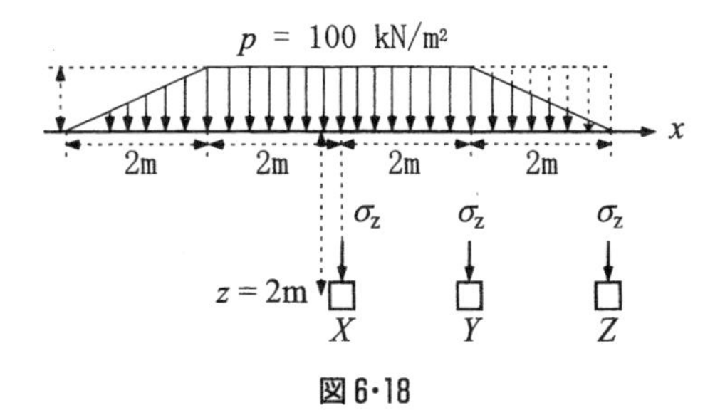

図 6•18

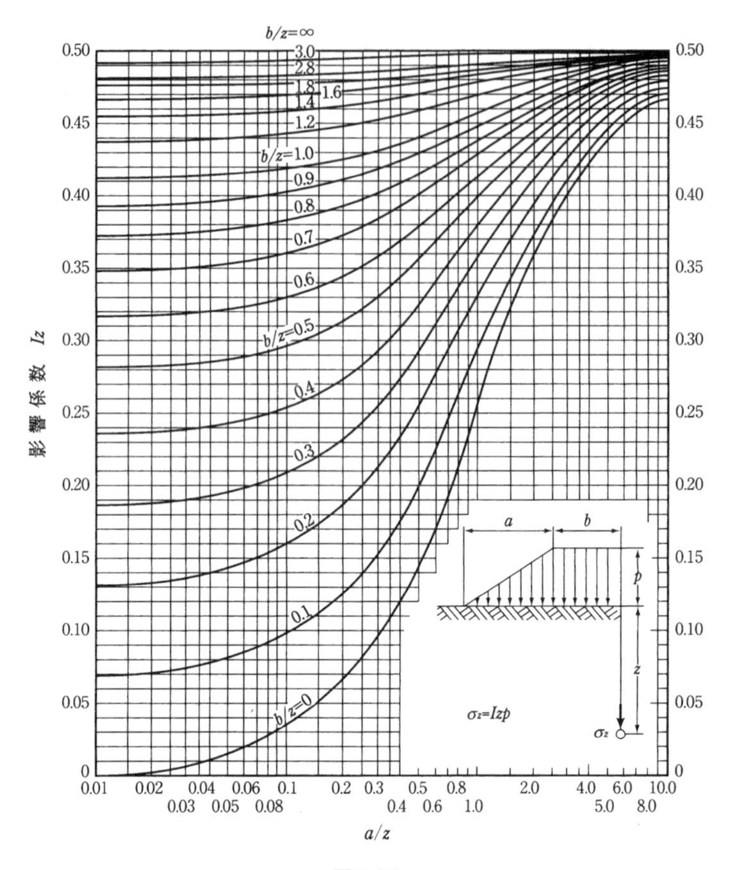

図 6・17

応用問題 3　半無限弾性体表面に作用する長方形等分布荷重

（1）　半無限弾性体表面に長方形等分布荷重が作用するときの、地盤内の応力の算定に利用されるニューマーク（Newmark）の図（図 6・19）の利用法について説明せよ。

（2）　図 6・20 に示すように、半無限弾性体表面に長方形等分布荷重 $p=10$ kN/m^2 が 4 m×2 m の範囲（長方形 ABCD）に作用するとき、頂点 A の直下の深さ 2 m における地盤内の鉛直応力 σ_z を算定せよ。

（3）　また同様に、点 E、F、G の直下の深さ 2 m における地盤内の鉛直応力 σ_z を算定せよ。

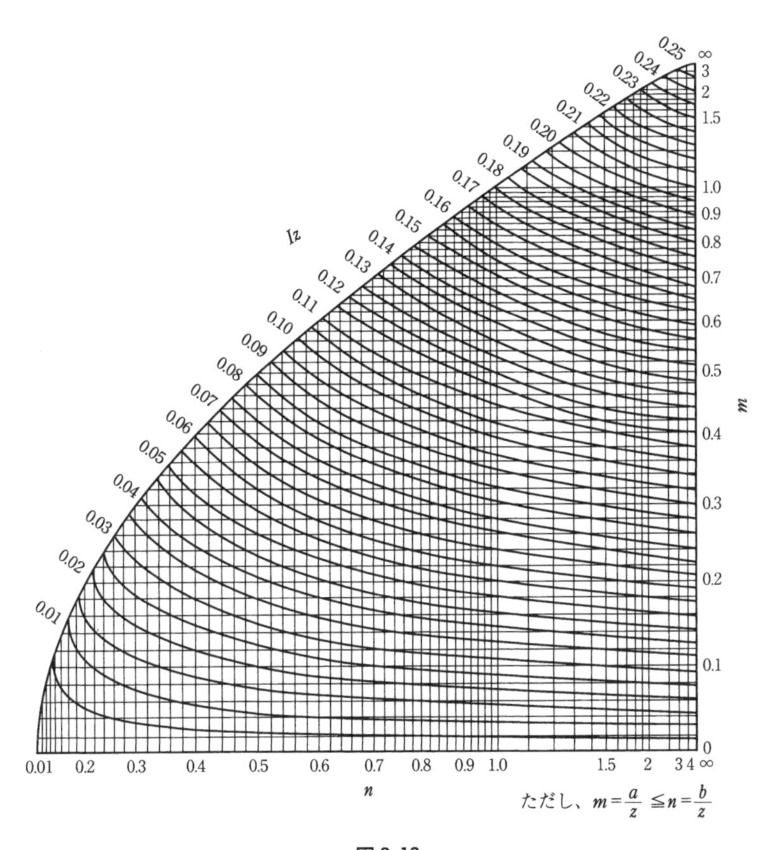

I_z
0.01
0.02
0.03
0.04
0.05
0.06
0.07
0.08
0.09
0.10
0.11
0.12
0.13
0.14
0.15
0.16
0.17
0.18
0.19
0.20
0.21
0.22
0.23
0.24
0.25
m
n
ただし、$m=\frac{a}{z}\leqq n=\frac{b}{z}$

図 6・19

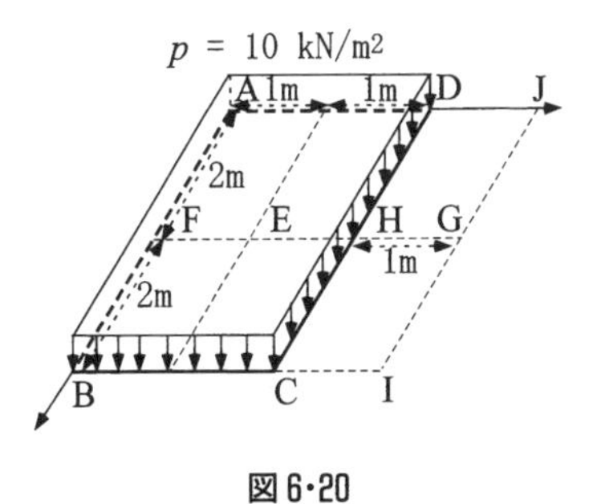

p = 10 kN/m2
A
1m
1m
D
J
2m
F
E
H
G
1m
2m
B
C
I

図 6・20

応用問題4　杭の水平支持力

杭の水平支持力は、地盤を弾性床、杭をはりと仮定して求められる。杭に作用する応力 $p(z)$ を水平地盤反力係数 k_h と杭の水平変位量 $y(z)$ により、$p(z)=k_h \times y(z)$ と仮定する。ここで、杭に発生する曲げモーメント M_z は杭の直径を B として、$\dfrac{d^2M_z}{dz^2}=p(z)B$ と表される。さらに、M_z と y の間には $EI\dfrac{d^2y}{dz^2}=-M_z$ の関係があるから、$\dfrac{EI}{B}\dfrac{d^4y}{dz^4}=-k_h \times y$、が成り立つ。この4階常微分方程式を解くと、

（1）　杭頭が自由端のとき、杭頭の曲げモーメント $M_o=0$、杭頭の水平変位

$$y_o=\frac{2H\beta}{k_hB}$$

（2）　杭頭が固定端のとき、杭頭の曲げモーメント $M_o=\dfrac{H}{2\beta}$、杭頭の水平変位 $y_o=\dfrac{H\beta}{k_hB}$ と求められる。ここで、$\beta=\sqrt[4]{\dfrac{k_hB}{4EI}}$

これを利用して、図6･21に示す杭頭が上部構造物により回転拘束されている杭（直径0.4 m×長さ10 m）について、200 kNの水平荷重が杭頭に作用するとき、杭頭に発生する水平変位量と曲げモーメントを求めよ。ただし、水平地盤反力係数 $k_h=2.5\times10^4$ kN/m³、$EI=3.0\times10^3$ kN･m² とする。

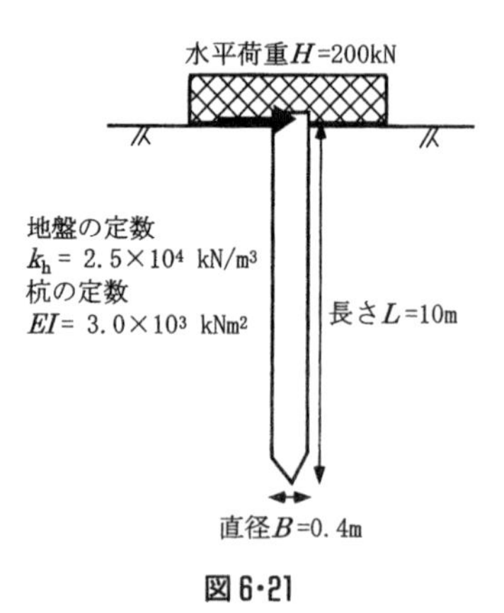

図6･21

6 記述問題

記述問題 1

砂質土地盤の極限支持力を求めるのに、対数らせんのすべり面がよく仮定されるが、その根拠を説明せよ。また、粘性土の極限支持力を求めるのに、円弧のすべり面がよく仮定されるが、その理由を説明せよ。

記述問題 2

設計規準においては、浅い基礎の支持力を評価するのに、テルツァーギやマイヤーホッフなどの支持力公式を修正し、安全率を導入することにより、短期・長期許容支持力公式を定めている。さまざまな設計規準に用いられる浅い基礎の支持力公式をまとめよ。また、通常安全率を3程度と大きな値をとるが、その理由を述べよ。

記述問題 3

設計規準において、杭基礎の支持力は先端抵抗力と周面摩擦抵抗力に分割して評価が行われる。しかし、先端抵抗力の評価は理論的に未だ確立されていないこともあり、標準貫入試験から得られる N 値により適切な安全率を導入することにより評価が行われている。このような背景をふまえ、さまざまな設計規準に用いられる杭基礎の支持力公式をまとめよ。

記述問題 4

杭基礎は、一般に複数の杭により構造物を支持する。しかし、杭が近接して打設されると群杭として扱われ、その支持力は本数の合計より低くなることが知られている。これは、一般に群杭効果と呼ばれるが、さまざまな設計規準に用いられる群杭に関する支持力公式をまとめよ。

第7章 斜面の安定

堤防・道路盛土などの土構造物の斜面や自然斜面は平常時には比較的安定しているが、地震や降雨・風化により外力が増えたり、土のせん断応力が低下すると、地すべりや斜面崩壊が発生する。この章ではこれらの災害を防ぐために斜面の安定性を検討する方法について学ぶ。

7.1 基本的な考え方

（1） 斜面の安定はすべりに対する安全率 F_S で判断する。

$$F_S = \frac{\text{すべりに抵抗する土の強度}}{\text{すべりを生じさせようとする力}} \tag{7.1}$$

$F_S>1$ だと理論的には安定するが、不確定な要因を考えて設計では1.2程度以上の安全率が必要と考える場合が多い。

（2） 斜面崩壊の形態と仮定するすべり面

a） 自然斜面で表層に風化層がある場合など：直線状のすべり面を仮定

b） 軟弱地盤上の盛土など：円弧状のすべり面を仮定

7.2 直線状のすべりに対する安定計算

風化層がある斜面では風化層下端ですべり易いので、このようなすべりそうな面をまず仮定し、それに対する安全率を求める。簡単化のために、図7･1に示すような半無限斜面で、すべる土塊が斜面の表面に平行な層を仮定すると、すべりに対する安全率は以下のようになる。

$$F_S = \frac{\tau_f}{\tau} = \frac{c' + \sigma_v' \cos i \tan \phi'}{\sigma_v \sin i} \tag{7.2}$$

ただし、すべり面が i だけ傾いているため、$\sigma_v = (\gamma_{t1} \cdot H_1 + \gamma_{t2} \cdot H_2)\cos i$、

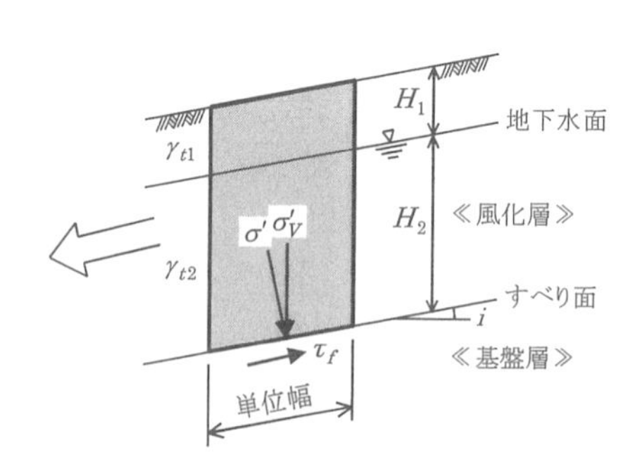

図7･1 直線斜面内の微小要素における応力の釣合い

$\sigma'_v = \sigma_v - \gamma_w \cdot H_2 \cdot \cos i$ となる。

粘着力が無く、地下水位がすべり面より深い場合は式(7.2)は

$$F_S = \frac{\tan \phi'}{\tan i} \qquad (7.3)$$

となる。また、地下水面が地表面と同じになりすべり土塊の中を地下水が浸透している場合は、

$$F_S = \frac{\gamma'}{\gamma_{sat}} \cdot \frac{\tan \phi'}{\tan i} \qquad (7.4)$$

となる。

7.3 円弧状のすべりに対する安定計算

(1) 安定計算の手順

軟弱地盤上の盛土などでは円弧状のすべりが発生し易いが、すべり面が実際どの位置に発生するか分からない。そこで、すべり面を複数仮定してそれぞれのすべり面に対する安全率 F_S を算出し、その中で最小の安全率 F_{Smin} をこの盛土の安全率とみなす。

(2) すべり面の設定の方法

すべり面の仮定に当たっては、円弧の中心位置と半径を数ケース変える。一般に F_{Smin} となる円弧の中心はのり面中央の上部あたりになることが多い。

(3) 個々のすべり面に対する安全率の算出

複雑な地層構成や地下水位に対応させるため、図 7･2 に示すように、一般にすべり面内の土塊を数個のスライスに分割して、それぞれのスライスにおけるすべ

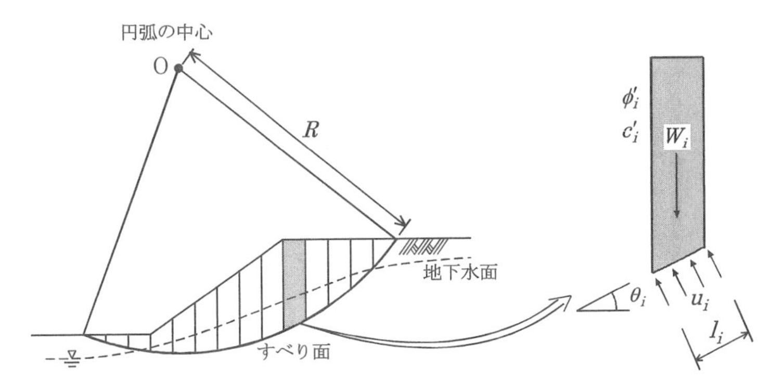

図 7･2 分割法によるスライス片における応力の釣合い

りに抵抗する土の強度とすべりを生じさせる力を求める。そしてこれを全スライスで加え合わせてすべりに対する安全率を求める。この場合、スライスの側面に加わっている応力を全て考慮すると不静定問題となるため、簡単化する。その方法の代表的なものとして、フェレニウス(Fellenius)法(スウェーデン法)とビショップ(Bishop)法がある。最も よく用いられるのはフェレニウス法で、以下の式で安全率を算出する。

$$F_S=\frac{\sum R\{c_i'l_i+(W_i\cos\theta_i-u_il_i)\tan\phi_i'\}}{\sum R(W_i\sin\theta_i)}=\frac{\sum\{c_i'l_i+(W_i\cos\theta_i-u_il_i)\tan\phi_i'\}}{\sum(W_i\sin\theta_i)} \quad (7.5)$$

7.4 テイラー(Taylor)の安定係数から簡易に安全率を求める方法

均一な地盤に対しては、図7·3に示すテイラーの図を用いて、簡易に安全率を算出することができる。ここで、n_d は深さ係数、H_{1C} はのり面が安定している限界高さである。

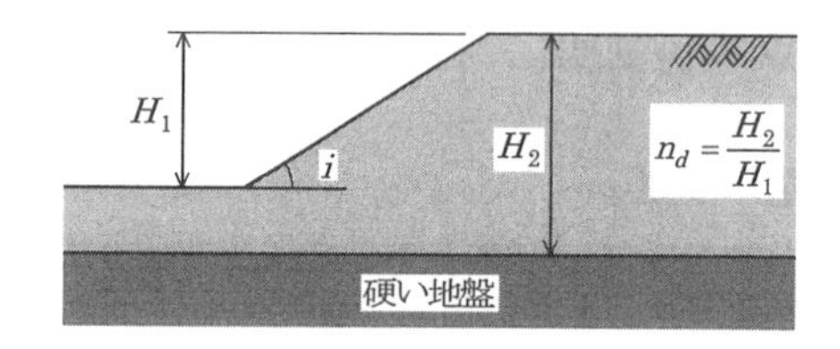

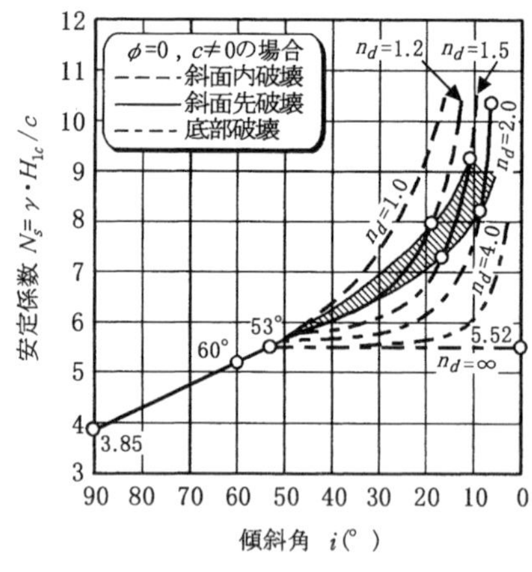

a) $\phi=0$ の場合の、安定係数 N_S と傾斜角 i および深さ係数 n_d の関係

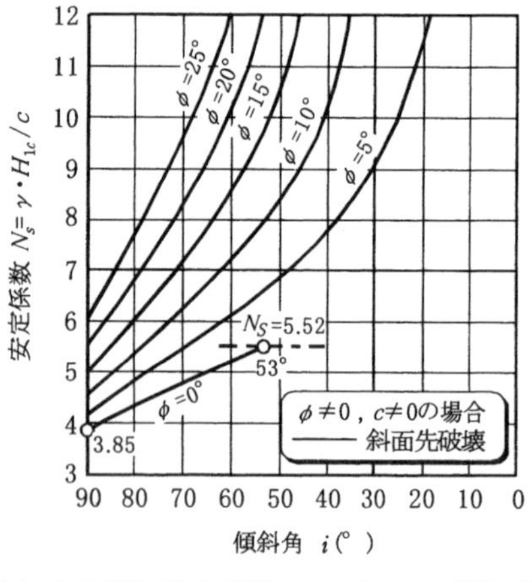

b) 安定係数 N_S と傾斜角 i およびせん断抵抗角 ϕ の関係

図7·3 テイラーの安定図表

注）テイラーの安定図表の説明は、星埜和・他：テルツァギ・ペック土質力学基礎編、丸善出版社、1969. などに述べられている。

7 基本問題

基本問題 1　地下水が深く浸透流がない砂質土の直線斜面におけるすべりに対する安全率の算出

表層に深さ 3 m の風化層があり、その風化層の強度定数が $\phi'=35°$、$c'=0$ kN/m^2 で、地下水位が風化層よりはるかに深い直線斜面がある。斜面勾配と風化層下部は平行で傾斜角度が 29° である。この斜面は安定しているか、計算式を含めて答えよ。

解答　式(7.3)に $\phi'=35°$、$i=29°$ を代入すると $F_S=\dfrac{\tan 35\,[°]}{\tan 29\,[°]}=1.26$ となり、安全率 1.0 より大きいので安定しているといえる。

基本問題 2　地下水の上昇による浸透流がある場合の砂質土の直線斜面におけるすべりに対する安全率の算出

上記の直線斜面の箇所に大雨が降り、地下水位が地表面まで上がり風化層も飽和した場合のすべりに対する安全率を求めよ。また、この場合にこの斜面はすべるかどうか述べよ。ただし、飽和した風化層の単位体積重量 $\gamma_{sat}=18$ kN/m^3 とする。

解答　式(7.4)に $\gamma_{sat}=18$ kN/m^3、$\gamma'=18\,[\mathrm{kN/m^3}]-9.81\,[\mathrm{kN/m^3}]=8.19\,[\mathrm{kN/m^3}]$ を代入すると $F_S=\dfrac{8.19\,[\mathrm{kN/m^3}]}{18\,[\mathrm{kN/m^3}]}\cdot\dfrac{\tan 35\,[°]}{\tan 29\,[°]}=0.575$ となり、安全率が 1.0 より小さいのですべりが生じる。

基本問題 3　浸透流がない粘性土の直線斜面におけるすべりに対する安全率の算出

硬い岩盤上に風化層が一様に存在する直線斜面がある。斜面勾配と風化層下部は平行で傾斜角度が 29° である。風化層の深さは 5 m で、地下水位は風化層下面より深い。風化層の湿潤単位体積重量 $\gamma_t=17$ kN/m^3、せん断抵抗角 $\phi'=20°$、粘着力 $c'=12$ kN/m^2 である時のすべりに対する安全率を求めよ。

解答　地下水位がすべり面より深いので $\sigma_v=\sigma'_v$ となる。式(7.2)に $\gamma_t=17$ kN/m^3、$\phi'=20°$、$c'=12$ kN/m^2、$i=29°$ を代入すると

$$F_S=\frac{12\,[\mathrm{kN/m^2}]+17\,[\mathrm{kN/m^3}]\times 5\,[\mathrm{m}]\times\cos^2 29\,[°]\times\tan 20\,[°]}{17\,[\mathrm{kN/m^3}]\times 5\,[\mathrm{m}]\times\cos 29\,[°]\times\sin 29\,[°]}=0.990$$

となる。

基本問題 4　砂質土の直線斜面で浸透流がない場合に可能な傾斜角の算出

地下水のない砂質土の直線斜面において、すべりに対する所要安全率を 1.2 としたときの最大傾斜角を求めよ。ただし、せん断抵抗角 $\phi'=30°$、単位体積重量を 15 kN/m³ とする。

解答　式(7.3)に $\phi'=30°$、$F_S=1.2$ を代入すると最大傾斜角は

$$i=\tan^{-1}\left(\frac{\tan\phi'}{F_S}\right)=\tan^{-1}\left(\frac{\tan 30[°]}{1.2}\right)=25.7[°]$$ となる。

基本問題 5　砂質土の直線斜面で地下水面が斜面に平行で浸透流がある場合に可能な傾斜角の算出

地下水位が地表面にあり浸透流のある砂質土の直線斜面がある。すべりに対する所要安全率を 1.2 としたときの最大傾斜角を求めよ。ただし、せん断抵抗角 $\phi'=30°$、飽和単位体積重量 $\gamma_{sat}=18\,\mathrm{kN/m^3}$ とする。

解答　式(7.4)に $\phi'=30°$、$\gamma_{sat}=18\,\mathrm{kN/m^3}$、$\gamma'=18\,[\mathrm{kN/m^3}]-9.81\,[\mathrm{kN/m^3}]=8.19\,[\mathrm{kN/m^3}]$、$F_S=1.2$ を代入すると最大傾斜角は

$$i=\tan^{-1}\left(\frac{\gamma'}{\gamma_{sat}}\cdot\frac{\tan\phi'}{F_S}\right)=\tan^{-1}\left(\frac{8.19\,[\mathrm{kN/m^3}]}{18\,[\mathrm{kN/m^3}]}\cdot\frac{\tan 30\,[°]}{1.2}\right)=12.3\,[°]$$

となる。

基本問題 6　円弧すべり面法によるすべりに対する安全率の算定

粘性土地盤上に図 7・4 のようにのり面勾配が 25° で高さが 5m の盛土をしたい。この場合、0 点を中心として図に示す円弧を通るすべり面を考えたときのすべりに対する安全率をフェレニウス法により求めよ。なお、すべり面の土塊は図 7・5 に示すように分割するものとする。ただし、強度定数は粘性土地盤が c'=10kN/m²、ϕ'=10°、盛土材が c'=0kN/m²、ϕ'=35° である。単位体積重量は粘性土地盤で γ_t=16kN/m³、盛土材で γ_t=18kN/m³ である。また、地下水位はすべり面より下にあり、間隙水圧を考慮しなくてよいものとする。

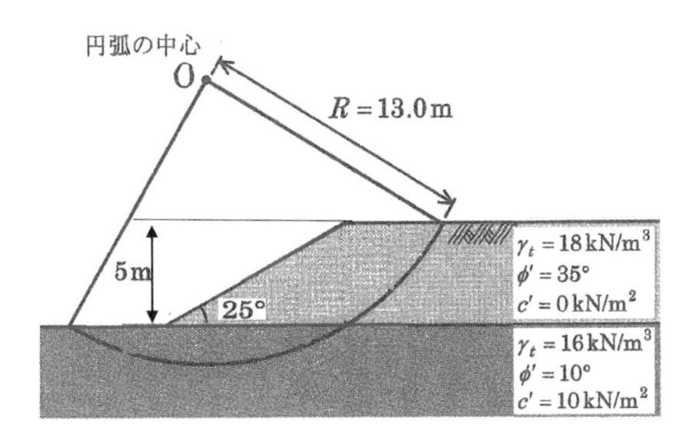

図 7・4

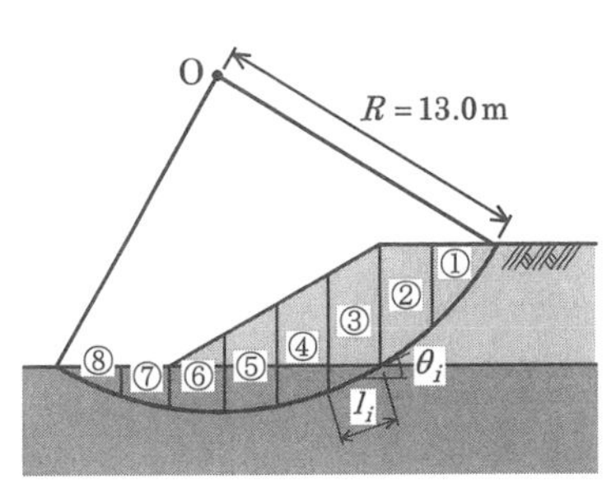

No.	θ_i (°)	A_i (m²)	
①	55.2	3.75	
②	40.2	8.07	
③	27.4	11.7 / 2.11	上段：盛土 下段：粘性土
④	14.6	8.38 / 4.72	
⑤	2.60	5.03 / 5.77	
⑥	-9.32	1.68 / 5.47	
⑦	-20.4	2.8	
⑧	-28.8	1.11	

図 7・5

解答 スライスごとに式(7.5)の各項目を計算すると表 7・1 のようになる。

表 7・1

No.	A_i (m²)	W_i (kN/m)		θ_i (°)	$\sin\theta_i$	$\cos\theta_i$	$W_i\sin\theta_i$ (kN/m)	$W_i\cos\theta_i$ (kN/m)	$W_i\cos\theta_i\tan\phi'_i$ (kN/m)	l_i (m)	$c'_i l_i$ (kN/m)
①	3.75		67.5	55.2	0.821	0.571	55.4	38.5	27.0	3.83	0
②	8.07		145	40.4	0.648	0.762	94.0	110	77.0	2.88	0
③	11.7 / 2.11	211 / 33.8	245	27.4	0.460	0.888	113	218	38.4	3.04	30.4
④	8.38 / 4.72	151 / 75.5	227	14.6	0.252	0.968	57.2	220	38.8	2.77	27.7
⑤	5.03 / 5.77	90.5 / 92.3	183	2.60	0.045	0.999	8.24	183	32.3	2.68	26.8
⑥	1.68 / 5.47	30.2 / 87.5	118	−9.32	−0.162	0.987	−19.1	116	20.5	2.72	27.2
⑦	2.80		448	−20.4	−0.349	0.937	−15.6	42.0	7.41	2.05	20.5
⑧	1.11		17.8	−28.8	−0.482	0.876	−8.58	15.6	2.75	2.21	22.1
Σ							283		244		155

したがって、すべりに対する安全率は $F_S=\dfrac{244\,[\mathrm{kN/m}]+155\,[\mathrm{kN/m}]}{283\,[\mathrm{kN/m}]}=1.40$ となる。一般的に設計では所要安全率を 1.2 程度とするので、すべりに対して安定しているといえる。ただし、ここでは簡便化のために1つの円弧に対する計算しかしていないため、円弧の中心をいくつか変えて最小の安全率を求め、所要安全率と比較する必要がある。

基本問題 7　粘性土地盤における安定係数を用いた斜面安定性の検討

図 7･6 に示すような盛土斜面における、斜面の破壊の種類と安定性をテイラーの図を用いて求めよ。ただし、斜面の傾斜角 $i=25°$、粘着力 $c=25\,\mathrm{kN/m^2}$、せん断抵抗角 $\phi=0°$、単位体積重量は $15\,\mathrm{kN/m^3}$ とする。また、地下水位はすべり面より深いものとする。

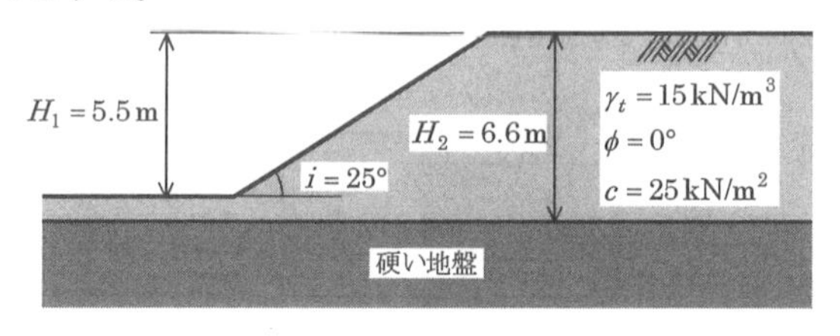

図 7･6

解答　$\phi=0°$ の粘性土なので、図 7･3(a)を用いる。

深さ係数 $n_d=6.6\,[\mathrm{m}]/5.5\,[\mathrm{m}]=1.2$ となり、$i=25°$ なので図より「斜面先破壊」で安定係数 $N_S=7.0$ となる。したがって、限界高さ $H_{1c}=\dfrac{N_S\cdot c}{\gamma_t}=\dfrac{7.0\times25\,[\mathrm{kN/m^2}]}{15\,[\mathrm{kN/m^3}]}=11.7\,[\mathrm{m}]$となり、盛土高の約2倍程度大きいため安定しているといえる。

基本問題 8　粘性土地盤における盛土可能高さの検討

硬い地盤上に粘性土を用いてのり面の勾配が 60° の盛土をしたい。盛土が可能な高さをテイラーの図を用いて求めよ。また、所要安全率を 1.2 とした場合の設計高さを求めよ。ただし、盛土の粘着力 $c=20\,\mathrm{kN/m^2}$、せん断抵抗角 $\phi=0°$、単位体積重量 $\gamma_t=15\,\mathrm{kN/m^3}$、所要安全率は 1.2 とする。また、地下水位は硬い地盤面より深いものとする。

解答 図 7・3 より $i=60°$、$\phi=0°$ のときの安定係数 $N_S=5.2$ である。限界高さ $H_{1c}=\dfrac{N_S \cdot c}{\gamma_t}=\dfrac{5.2\times20\,[\mathrm{kN/m^2}]}{15\,[\mathrm{kN/m^3}]}=6.93\,[\mathrm{m}]$ となる。また所要安全率を考慮すると盛土可能な高さは 6.93 [m]/1.2=5.78 [m] となる。

基本問題 9　粘性土地盤における垂直斜面の掘削可能深さの算出

地表面から 10 m の深さまで粘着力 $c=30\,\mathrm{kN/m^2}$、せん断抵抗角 $\phi=0°$ からなる水平な粘土地盤に、地下室を有する建物を建設するために土留め壁を用いずに 6.5 m ほど垂直に掘削したい。掘削可能かどうか述べよ。また、もし可能ではない場合にはどのようにすれば 6.5 m まで掘削できるか述べよ。なお、単位体積重量 $\gamma_t=16\,\mathrm{kN/m^3}$ で、地下水位は地表面下 7 m の位置にあるものとする。

解答 図 7・3 より $i=90°$、$\phi=0°$ のときの安定係数 $N_S=3.85$ である。限界高さ $H_{1c}=\dfrac{N_S \cdot c}{\gamma_t}=\dfrac{3.85\times30\,[\mathrm{kN/m^2}]}{16\,[\mathrm{kN/m^3}]}=7.22\,[\mathrm{m}]$ となるので、理論上掘削可能である。しかし、実際は土の強度などの誤差などで安全率を見込まなくてはならないので、この程度の差であると掘削は危険と判断した方がよい。これに対する対応策としてはのり勾配をつけて掘削したり、土留め壁を用いて掘削するとよい。なお、鉛直に掘削する場合の掘削限界深さは式(5.15)からも計算できる。この式によると $H_{1c}=\dfrac{4\times30\,[\mathrm{kN/m^2}]}{16\,[\mathrm{kN/m^3}]}=7.5\,[\mathrm{m}]$ となる。

基本問題 10　粘性土地盤における掘削可能な斜面勾配の算出

上記の粘性土地盤において、土留め壁を用いずに 60° の角度で掘削する場合、斜面崩壊を起こす限界の深さをテイラーの図を用いて求めよ。また、安全率を 1.5 とした場合の許容掘削深さを求めよ。なお、地下水位は掘削底面より深いものとする。

解答 図 7・3 より $i=60°$、$\phi=0°$ のときの安定係数 $N_S=5.2$ である。

限界高さ $H_{1c}=\dfrac{N_S \cdot c}{\gamma_t}=\dfrac{5.2\times30\,[\mathrm{kN/m^2}]}{16\,[\mathrm{kN/m^3}]}=9.75\,[\mathrm{m}]$ となる。

安全率を考慮した許容掘削深さは 9.75 [kN/m]/1.5=6.50 [m] となる。

7 応用問題

応用問題 1　砂質土の直線斜面の安定性に与える地下水位の影響の検討

18°の一定勾配を持つ斜面がある。地表面から 4 m の深さの層が一様に風化して $\phi'=30°$、$c'=0$ の砂質土になった場合、以下の問いに答えよ。ただし、風化した層の地下水位上下それぞれの単位体積重量は 17 kN/m³、19 kN/m³ とする。また、所要安全率は 1.2 とする。

（1）　地下水位が 4 m より深い時のすべりに対する安全率を求め、安定性を述べよ。

（2）　降雨時に地下水が風化層中を流れ、地下水位が地表面から 2 m の深さに一様に上がってきた時のすべりに対する安全率を求め、安定性を述べよ。

（3）　豪雨時に地下水位が地表面まで上がってきた時のすべりに対する安全率を求め、安定性について述べよ。

応用問題 2　粘着力とせん断抵抗角を持つ斜面の安定

地下水位が 5 m の深さにある粘性土地盤からなる直線斜面において、所要安全率を 1.2 としたときの安定性を検討せよ。ただし、斜面勾配 $i=25°$ ですべりが懸念される粘性土層は斜面に平行に堆積しており、その深さ $H=3$ m である。また、粘着力 $c'=15$ kN/m²、せん断抵抗角 $\phi'=15°$、間隙比 $e=1.20$、含水比 $w=35.0$%、土粒子の密度 $\rho_s=2.65$ Mg/m³とする。

応用問題 3　粘着力とせん断抵抗角を持つ斜面で地下水が上昇した場合の安定性の変化

前問の斜面に豪雨が降り地表面まで地下水位が上昇し、粘性土内を地下水は浸透している場合、理論上この斜面は安定（安全率が 1.0 の状態）であり続けるかどうか述べよ。ただしこの場合、粘土層は完全飽和しているものとする。

応用問題 4　地下水位が変化した場合の円弧すべり面法による安定性の検討

図 7･4 に示した盛土で地下水位が図 7･7 のように上昇した場合、図 7･5 と同じ円弧に対する安全率をフェレニウス法により求めよ。ただし、飽和単位体積重量は粘性土地盤で γ_{sat}=19kN/m³、盛土材で γ_{sat}=20kN/m³ である。

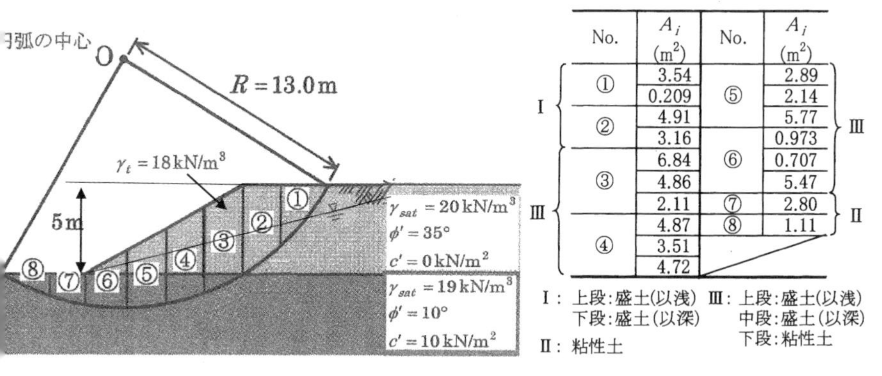

区分	No.	A_i (m²)	No.	A_i (m²)	区分
I	①	3.54	⑤	2.89	III
I	①	0.209	⑤	2.14	III
I	②	4.91	⑤	5.77	III
I	②	3.16	⑥	0.973	III
III	③	6.84	⑥	0.707	III
III	③	4.86	⑥	5.47	III
III	③	2.11	⑦	2.80	II
III	④	4.87	⑧	1.11	II
III	④	3.51			
III	④	4.72			

I：上段：盛土(以浅)　下段：盛土(以深)
II：粘性土
III：上段：盛土(以浅)　中段：盛土(以深)　下段：粘性土

図 7・7

応用問題 5　盛土上に上載荷重が載る場合の安全率の変化

図 7･4 に示した盛土表面上に構造物が図 7･8 のように建設された場合、図 7･5 と同じ円弧に対する安全率をフェレニウス法により求めよ。ただし、構造物の荷重は 10kN/m² と均一である。また、地下水位はすべり面より下にあり、間隙水圧を考慮しなくてよいものとする。

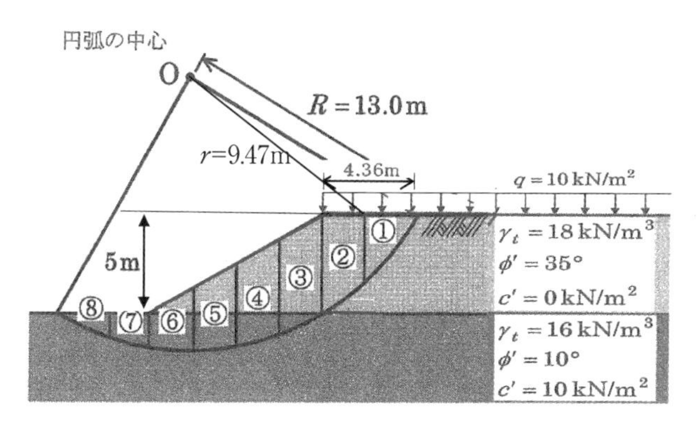

図 7・8

応用問題 6　地震が発生した場合の斜面の安定性の変化

図 7･4 に示した盛土に水平震度 k_h が 0.15 の地震動が加わると、図 7･5 と同様の

円弧に対する安全率はいくらになるか。円弧すべり面法により求めよ。また、地震時の所要安全率1.0とした場合の安定性を述べよ。ただし、地下水位はすべり面より下にあり、間隙水圧は考慮しないこととする。

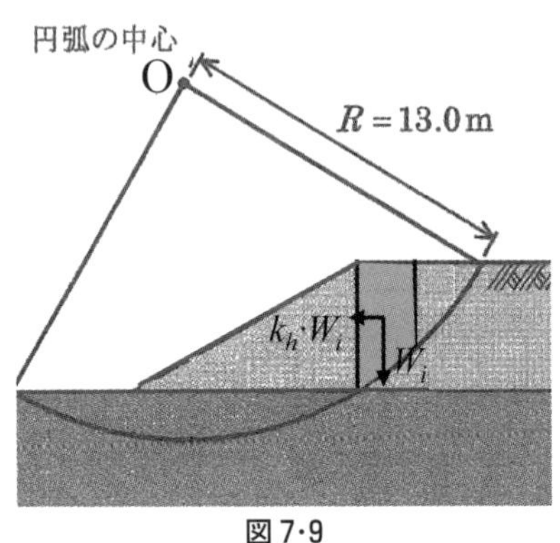

図7·9

応用問題7　すべり面が決まっている場合の安定性の検討

図7·10に示す岩盤上の盛土が直線状にすべると予測される場合、すべりに対する安全率を求めよ。ただし、盛土の粘着力 $c'=5\,\mathrm{kN/m^2}$、せん断抵抗角 $\phi'=13°$、単位体積重量 $\gamma_t=18.5\,\mathrm{kN/m^3}$ とする。

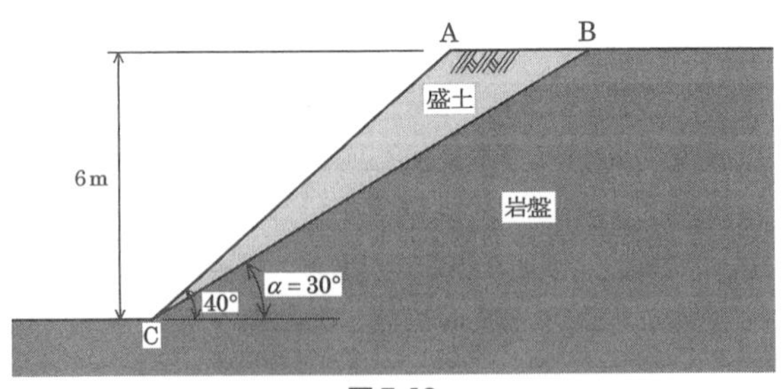

図7·10

応用問題8　粘着力とせん断抵抗角がある単純斜面が安定する高さの算出

地盤は均一で粘着力 $c=15\,\mathrm{kN/m^2}$、内部摩擦角 $\phi=20°$、単位体積重量 $\gamma_t=16\,\mathrm{kN/m^3}$、斜面の角度が60°である場合、安定する斜面の限界高さをテイラーの図を用いて求めよ。ただし、地下水位は斜面下よりかなり深いものとする。

応用問題 9　粘着力とせん断抵抗角がある地盤の掘削可能深さの算出

粘着力 $c=10\,\mathrm{kN/m^2}$、内部摩擦角 $\phi=15°$、単位体積重量 $\gamma_t=15\,\mathrm{kN/m^3}$、からなる均質な水平地盤において土留め壁を用いずに 70° の角度で掘削したい。テイラーの図を用いて掘削可能な深さを求めよ。ただし、地下水は掘削面よりかなり深いものとする。

7 記述問題

記述問題 1

斜面崩壊の形状には通常直線状のものと、円弧状のものがある。それぞれどのような地盤条件のときに発生するか述べよ。

記述問題 2

単一斜面で土が一様である場合、斜面に平行で深さ H のすべり面に関する安全率は以下の式で表されることを証明せよ。

$$F_S = \frac{c_u}{H \cdot \gamma_t \cdot \cos\theta \cdot \sin\theta}$$

記述問題 3

フィルダムで急速に水位が低下した場合にダム本体や周囲の斜面に対して与える影響について述べよ。

第8章 調査・構造物の設計・施工・維持管理を行うために必要な知識

構造物を建設するにあたって調査・設計・施工・維持管理を行うには、第7書までの土質力学に加えて様々な知識が必要である。それらのうち特に重要な、地形・地質、基礎の選定方法、杭基礎の施工方法、地盤改良方法を学ぶ。

8.1 地形・地質

（1）地形の区分

①山地・丘陵

②台地・段丘

③低地：扇状地、自然堤防、砂丘、氾濫低地、谷底低地、三角州・海岸平野、後背湿地、旧河道、人工地形（埋立地・干拓地・盛土地・切土地）

（2）地質年代

地球誕生からの概略の地質時代（地盤工学で特に関係する地質時代名と年代だけを記入し、ほかは省略してある）

代	紀	世	年代
新生代	第四紀	完新世	1.17万年前
		更新世	258万年前
	新第三紀		2303万年前
	古第三紀		6600万年前
中生代			
古生代			
原生代			

8.2 構造物の基礎の選定方法

（1）構造物の荷重が軽い場合

①地盤が軟弱でなく、荷重が許容支持力以下で沈下量も許容値以下の場合
浅い基礎を用いる。

②地盤が軟弱で、荷重が許容支持力以上とか沈下量が許容値以上の場合
地盤改良を行うことにより①を達成するか、杭基礎にする。

（2）構造物の荷重が重い場合

a）杭基礎で支持する。

b）杭基礎で支持できない場合はケーソン基礎にしたり、杭基礎と地盤改良を併用する。

8.3　杭の施工方法の種類

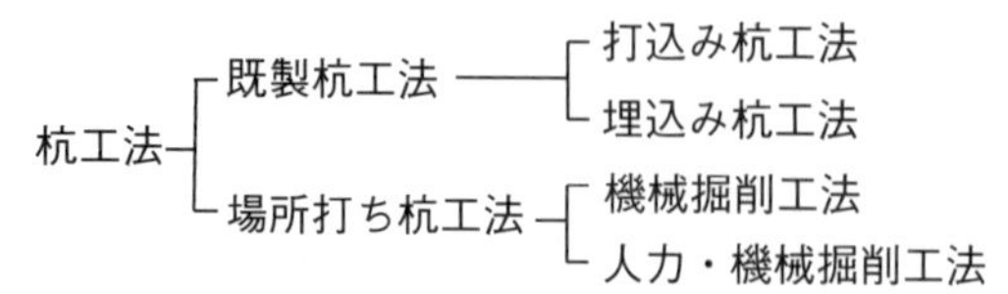

8.4　軟弱地盤対策工法

対策の手法と主要な原理		工法の一般的名称
1．構造物の形式の変更		押さえ盛土工法
		軽量盛土工法（EPS ブロック工法、FCB、HGS）
		補強土工法
2．除去・置換		置換工法
3．軟弱地盤の特性の改善	圧密・排水	載荷盛土工法（プレローディング工法、サーチャージ工法）
		真空圧密工法
		地下水位低下工法
		バーチカルドレーン工法（サンドドレーン工法、プラスチックボードドレーン工法、人工材料によるドレーン工法）
		石灰パイル工法（生石灰パイル工法、特殊石灰パイル工法）
		グラベルドレーン工法
		表層排水工法（トレンチ排水工法、乾燥工法）
		排水機能付き鋼材工法
	締固め	サンドコンパクションパイル工法
		ロッドコンパクション工法、バイブロフローテーション工法
		静的締固め工法（静的締固め砂杭工法、静的圧入締固め工法）
		バイブロタンパー工法
		重錘落下締固め工法
	固結／熱処理	表層中層混合処理工法
		深層混合処理工法（機械攪拌式工法、噴射攪拌式工法）
		高圧噴射攪拌工法
		薬液注入工法
		凍結工法
		事前混合処理工法、管中混合固化処理工法、SGM 工法
4．補強		表層排水工法（サンドマット内の排水工法）
		シート・敷網工法（シート、ネット等）
		サンドコンパクトションパイル工法
		深層混合処理工法

（(公社)地盤工学会：地盤改良の調査・設計と施工（2000）による）

基本問題

基本問題1　地形

次の中から正しいものを選べ。

① 1つの河川に沿った堆積地は、上流側から自然堤防地帯、扇状地帯、三角州地帯の順となっている。

② 自然堤防地帯では河川の両岸に砂質土からなる自然堤防が形成され、その外側に軟弱な粘土からなる後背湿地が形成されている。

③ 扇状地は河口にできる扇状の土地で、表層に粘性土が堆積している。

④ 河川の河口には必ず三角州地帯が形成されている。

⑤ 沖積低地はどこでも地震時に液状化が発生する可能性がある。

解答　②

基本問題2　地質

次の文章中の（　　）をうめよ。

① 地質時代の内258万年前より新しい時代を（　Ⓐ　）紀と呼ぶ。そのうち、（　Ⓑ　）年前より古い時代を更新世と呼ぶ。

② 日本列島は（　Ⓐ　）プレートと（　Ⓑ　）プレートの東縁にあり、日本海溝で（　Ⓒ　）プレートに、また、南海トラフで（　Ⓓ　）プレートに接している。

③ プレートが沈みこんでいくところでは（　Ⓐ　）が発生し、また、（　Ⓑ　）が形成される。

④ 更新世では氷期と間氷期は約（　　　）の周期で繰り返されてきている。

⑤ 氷期に形成された谷に間氷期に海水が急速に進入して形成された入海を（　Ⓐ　）と呼ぶ。また、その谷に土砂が堆積し、現在は陸地になって地下の谷が見えなくなっているものを（　Ⓑ　）と呼ぶ。

⑥ 氷期に海水面が下がって陸地が増えていくことを海（　Ⓐ　）と呼び、間氷期に海水面が上がって海が拡がっていくことを海（　Ⓑ　）と呼ぶ。

⑦ 東京の下町では一般に表層に数mの（　Ⓐ　）層が堆積し、その下部に20~40m程度の（　Ⓑ　）層が堆積している。

（22再試）

解答　①　Ⓐ第四　Ⓑ1.17万

② Ⓐユーラシア　Ⓑ北米　Ⓒ太平洋　Ⓓフィリピン海
③ Ⓐ地震　Ⓑ火山帯
④ 10万年（数万年でも可）
⑤ Ⓐおぼれ谷　Ⓑ埋没谷
⑥ Ⓐ退　Ⓑ進
⑦ Ⓐ沖積砂（砂だけでも可）
Ⓑ沖積粘土(粘土だけでも可)

基本問題3　構造物の基礎の選定方法

次の中から正しいものを選べ。

① 支持層が深い場合、例え構造物の荷重が小さくても直接基礎は適用できない。

② 直接基礎は一般に地盤が良好なところに適用されるので、設計にあたっては支持力だけ考慮すれば良い。

③ 基礎の選定にあたっては、荷重規模、支持層の深さ、中間層の状態を考慮して選定する必要がある。

④ 杭基礎は硬い地盤で支えるのを基本とするため、必ず杭先端で支持する必要がある。

⑤ ケーソン基礎と杭基礎を比べると一般に杭基礎の方が大きな荷重を支持できる。

解答　③

基本問題4　杭の施工方法の種類

次の中から正しいものを選べ。

① 群杭効果は杭の間隔に関係してくる。

② 打込み杭は工場で作製した杭を打ち込めるので工費が安くなる。そのため我が国においては工場の多い都市部において最近最もよく用いられるようになってきている。

③ 場所打ち杭とは、杭を予め工場で作製して運搬するのが大変なため、杭の施工位置の近傍において鉄筋コンクリート杭を作製し、それを地盤内に打ち込む工法である。

④ 杭基礎を施工法で分類すると、打込み杭工法、締固め砂杭工法、埋込み杭工法、場所打ち杭工法に分類される。

⑤　埋込み杭は振動騒音公害を低減する目的で開発された。

解答　①、⑤

基本問題５　軟弱粘性地盤の改良

次の中から正しいものを選べ。

①　プレローディング工法は地盤に盛土をして圧密させ、その上に構造物を建設する工法である。

②　サンドドレーン工法では、地盤内に打設した砂杭からポンプで水を汲み出して圧密を生じやすくさせる。

③　抑え盛土工法では、盛土ののり尻（盛土の端部）に鋼矢板を打設し、盛土の水平方向への動きを抑えて、盛土が沈下し難いようにする。

④　置換え工法では軟弱な粘性土地盤を取り除き、地下室を建設することに置き換える工法である。

⑤　サンドドレーン工法はプレローディング工法と併用すると効果的となる。

解答　⑤

基本問題６　緩い砂質土地盤の改良

次の中から正しいものを選べ。

①　深層混合処理工法では地盤に礫を混合し透水性を良くして液状化させ難くする。

②　サンドコンパクションパイル工法では敷地一面に砂を敷き詰めて、コンパクターでたたいて締め固める。

③　サンドコンパクションパイル工法では、パイルの間隔を変えることにより地盤の締固め度が調整できる。

④　液状化対策は地盤を液状化させないようにしなければならず，液状化しても問題がないような構造物を造ることは不可能である。

⑤　地下水位低下工法は地盤を大きく締め固めるわけではないので、液状化対策とならない。

解答　③

8 応用問題

応用問題１　地形

次の中から正しいものを選べ。

① 断層には縦ずれ断層と横ずれ断層があり，鉛直方向と水平二方向の応力のバランスによってどれが発生するかが決まる。

② 谷底低地とは山の中に大きく深くできた谷を指す。

③ カルスト地形とは山地の急峻な渓谷を指している。

④ 干拓地は一般に周囲の海水面より標高が高い。

⑤ 砂丘地帯でも砂丘間低地では地震時に液状化し易いが、頂部では液状化し難い。

応用問題２　地質

次の中から正しいものを選べ。

① 氷期や間氷期でも山に氷河ができるかどうかの違いだけであり、海水面は変動しない。

② おぼれ谷とは山の中に大きく深くできた谷を指す。

③ 石灰岩地帯では地下に大きな空洞があいていることもあるので注意が必要である。

④ 成層火山の麓からはよく湧水がある。

⑤ 道路を建設するため斜面を切土する場合には、流れ盤よりは受け盤に注意が必要である。

応用問題３　構造物の基礎の選定方法

図8·1のような谷間を横断して高速道路を建設したい。適する形式を選定し、その設計にあたって地盤・基礎面から検討すべき項目と必要な地盤調査項目を述べよ。

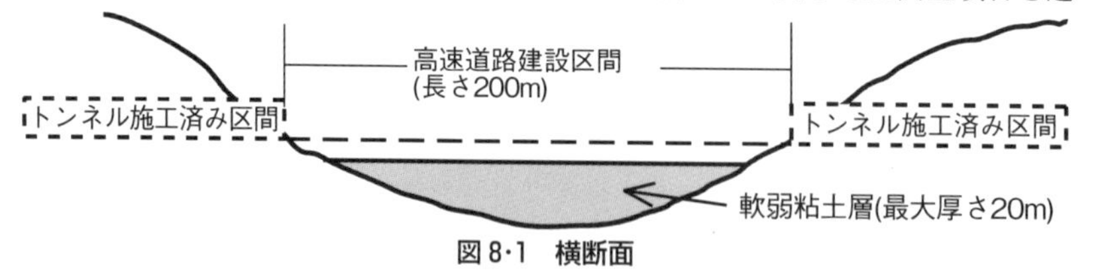

図 8·1　横断面

応用問題４　杭基礎の施工

次の（　）の中に適する用語を記入せよ。

杭基礎は支持機構から分類すると（　①　）、（　②　）に分けられる。地表から

30m 程度まで軟弱粘土層が堆積し、その下部に締まった砂層が存在する地盤では、橋脚を建設する場合にこれらの内（　③　）が用いられる。ただし、地表に盛土して地盤沈下が発生する場合には（　④　）に注意する必要がある。杭を材料により分類すると（　⑤　）、（　⑥　）、（　⑦　）に分けられる。こられの杭には、工場で製作する（　⑧　）と、現場で杭を直接製作する（　⑨　）がある。前者で作製した杭を現場まで運搬し施工する場合、都市内で振動・騒音の問題により（　⑩　）で施工し難い場合には、（　⑪　）で施工される。

応用問題 5　液状化対策

海岸の埋立地に 3 階建の鉄筋コンクリートのアパート群を建設したい。周囲にはまだ他の構造物は建設されていない。地盤調査を行ったところ、GL-2m ～ GL-8m の深さにある砂層が液状化する可能性があると判断された。液状化に対して、どのような対策をとっておくとよいか、いくつか考えられる方法を述べよ。

応用問題 6　地盤改良の設計

サンドコンパクションパイル工法は、地盤に砂杭を圧入して地盤の密度を増加させる工法である。砂杭（パイル）の打設間隔が狭いほど杭間の地盤は密になる。ある地盤の N 値が 10 で液状化すると判定されたため、対策として目標 N 値（改良後パイル中間 N 値）を 24 に改良したい。図 8·2 を用いて改良率 a_s を求め、式（8・1）より砂杭の打設間隔 D を求めよ。ただし、砂杭の直径 d は 0.70m とせよ。

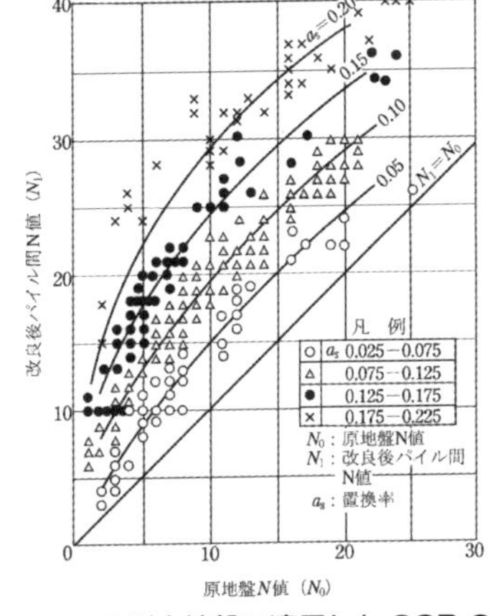

図 8·2　砂質土地盤に適用した SCP の設計図表

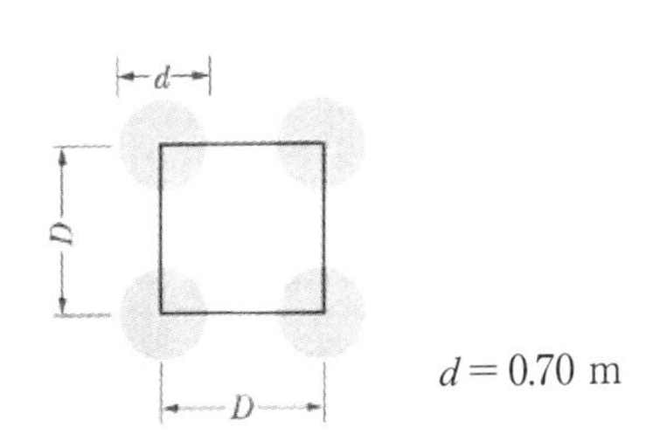

正方形配置の場合改良率a_sは次式となる。

$$a_s = \frac{A_S}{A} = \frac{\pi d^2/4}{D^2} \qquad \text{式（8・1）}$$

図 8·3　サンドコンパクションパイル工法のパイル配置

8 記述問題

記述問題 1

右図は東京湾岸のある埋立地における柱状図を示している。それぞれの層が形成されたおおまかな年代、形成された時の環境（海の中にあったとか海岸付近にあったとか）、工学的に留意する事項を述べよ。

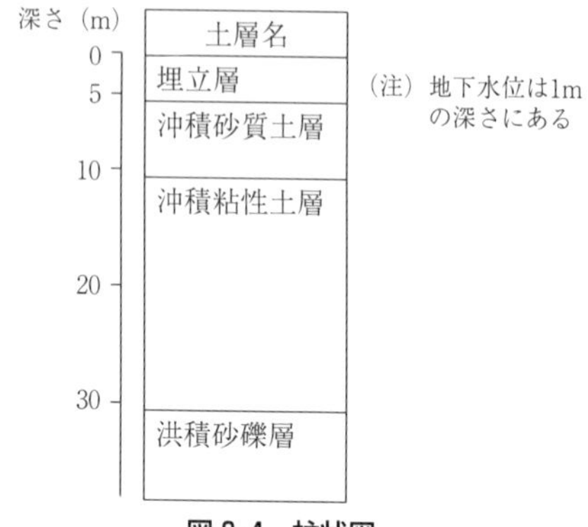

図 8･4　柱状図

記述問題 2

直接基礎、杭基礎、ケーソン基礎の使い分けに関して、地盤条件および上部構造物の荷重の大きさの２つの面から述べよ。

記述問題 3

場所打ち杭工法と打込み杭工法のそれぞれの施工方法を簡単に述べ、両工法を比較してそれぞれの工法の長所、短所を述べよ。

記述問題 4

緩い砂地盤の液状化を防ぐ工法として、その原理を３つ挙げ、それぞれの代表的な工法名を１つ挙げよ。一方、軟弱粘土地盤において圧密促進をさせ、その後に構造物を建設しても圧密沈下が起きないようにする代表的な工法名を１つ挙げよ。

第9章 総合問題

総合問題1　軟弱粘性土地盤の盛土の圧密に関する問題

図9･1(a)～(c)に示す手順で、軟弱地盤上に高さ3mの造成盛土を一面に敷き、その上に杭基礎で5階建ての建物を建てたい。調査から設計までの過程の次の問に答えよ。

(1)　地層構成をまず調べるため、ボーリングと標準貫入試験を行ったところ、図9･1(d)の結果が得られた。軟弱層とみなされる層の深度を述べよ。また、この地盤に所定の高さの盛土をするに当たって、土質力学上特に検討すべき事項を述べよ。

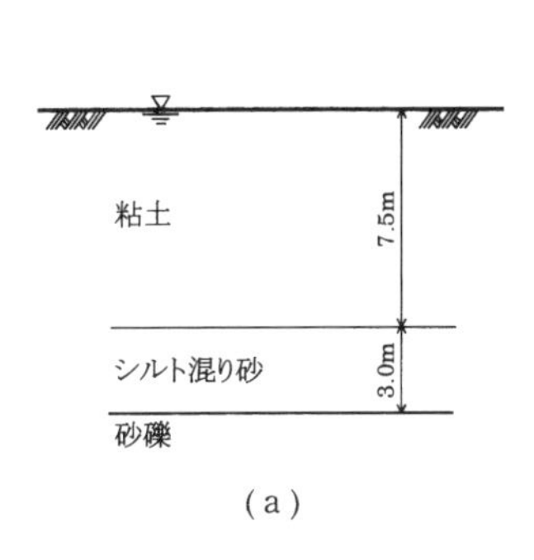

(a)

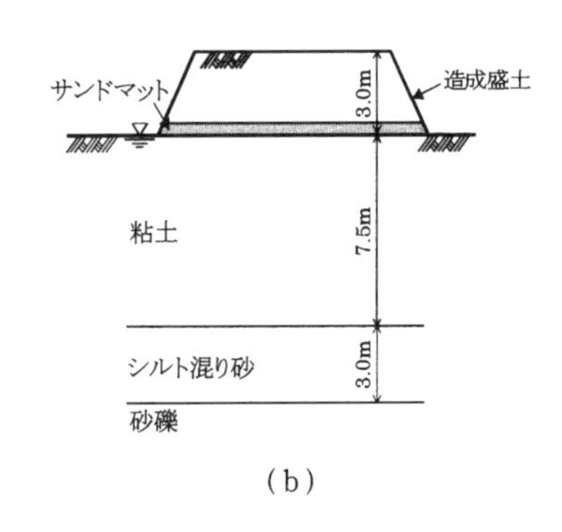

(b)

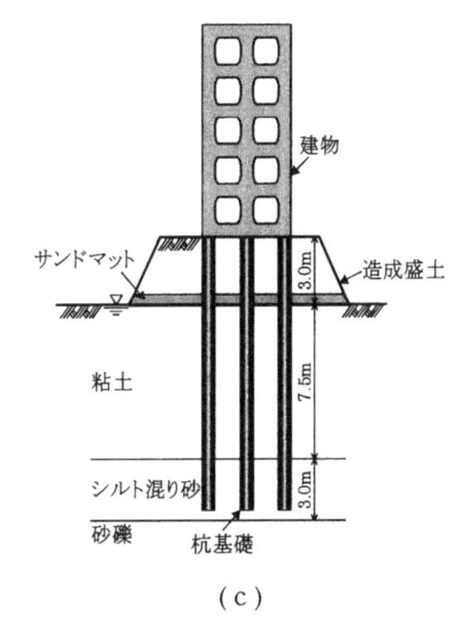

(c)

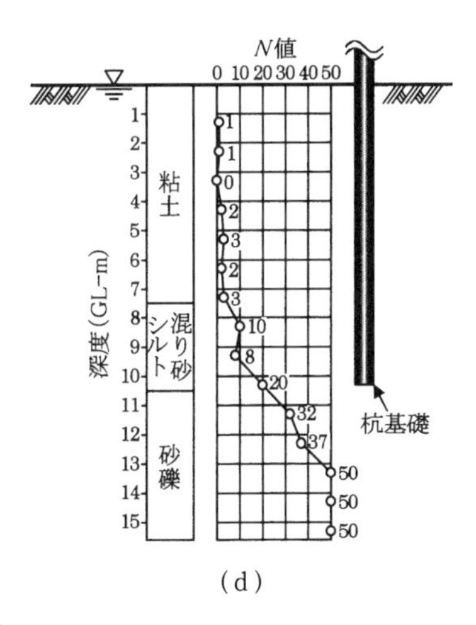

(d)

図9･1

解答 砂質土地盤ではN値が10〜15以下、粘性土地盤ではN値が4〜5以下の場合を軟弱地盤と見なす場合が多い。また、構造物の支持層となりうる地盤のN値としては砂質土地盤でN値20程度以上、粘性土地盤で15〜20程度以上とする場合が多い。これらのことから鑑みて、地表面からGL−9.8 mまでは軟弱地盤と見なすことができよう。

軟弱地盤上に盛土をする場合に考慮しなくてはならないのは主に以下の4点である。

①盛土の荷重による軟弱地盤の圧密沈下

②圧密沈下に伴う地盤の側方への変形(側方流動)

③盛土荷重による支持力破壊(円弧状のすべり破壊)

④杭基礎では地盤の沈下によるネガティブフリクション

（2）この地盤の4〜5 mの深さから乱れの少ない試料を採取したい。適切なサンプラーを述べよ。

解答 深いところにある試料を採取するため、ボーリング孔を利用したチューブサンプリング法によるのがよい。その中でもシンウォールチューブサンプラーがこのような軟弱粘土の不撹乱試料採取に適している。

（3）盛土施工前に地表面下3〜4 mの深さから採取した乱れの少ない試料に対して、物理試験として粒度試験、含水比試験、土粒子の密度試験、液性・塑性限界試験を行った。その結果、自然含水比w_n=73.1%、土粒子の密度ρ_s=2.732Mg/m^3、塑性限界w_p=25.8%を得た。粒度試験と液性限界試験では図9・2、9・3に示す結果を得た。液性限界および塑性指数はいくらか。また、土質分類では何に属するか。なお、この粘性土には腐植物は含まれていなかった。

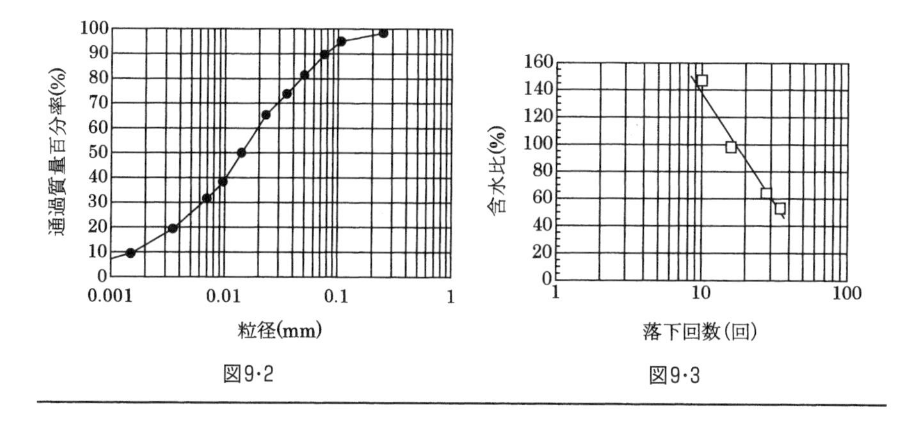

図9・2　　　図9・3

解答　図 9・3 より、液性限界 $w_L = 70.4\%$
塑性指数 $I_P = w_L - w_P = 70.4 - 25.8 = 44.6$
土質分類は「地盤材料の工学的分類方法(JGS 0051-2000)」に準ずると以下のようになる。

大分類	土質材料区分	細粒土 F_m	図 9・2 より $F_C = 90\% \geqq 50\%$
	土質区分	粘性土〔Cs〕	腐食物が含まれていないので
中分類	観察・塑性図上の分類	粘土 {C}	塑性図より
小分類	観察・液性限界等に基づく分類	粘土(高液性限界)(CH)	$w_L = 70.1\% \geqq 50\%$ より

（4）　(3)の残りの試料で力学試験として圧密試験と一軸圧縮試験を行った。圧密試験では各荷重段階の最終間隙比は図 9・4 のようになった。圧密降伏応力および正規圧密状態での圧縮指数 C_c はいくらか。一方、一軸圧縮試験では図 9・5 の「原地盤」と示した結果が得られた。一軸圧縮強さ q_u および粘着力 c はいくらか。また、一軸圧縮試験の供試体を直径 50.0mm、高さ 100.0mm に整形した質量を測ったところ 288.1g であった。サンプリングからこの間に含水比の変化はないものとして単位体積重量 γ_{sat} を求めよ。

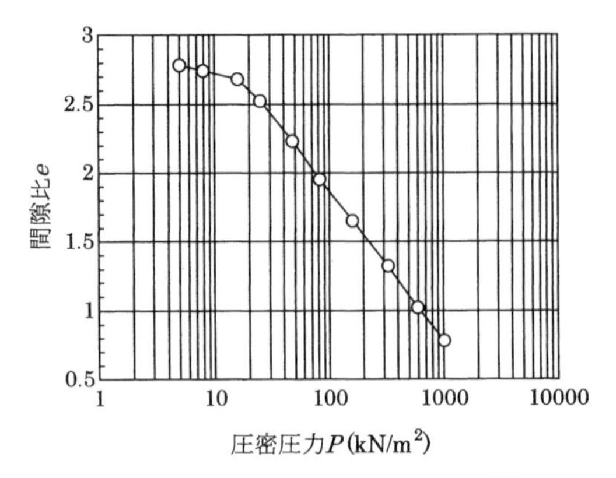

圧密圧力 p (kN/m²)	間隙比 e
5	2.78
8	2.74
16	2.68
25	2.52
48	2.23
82	1.95
160	1.65
330	1.32
600	1.02
1020	0.78

図9・4

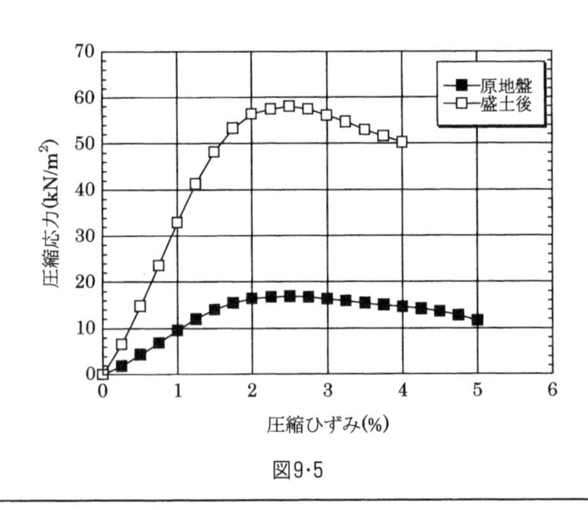

図9・5

解答　図9・4より圧密降伏応力 p_c=16 kN/m² となる。圧縮係数はグラフ直線部分の傾きから、$C_C=\dfrac{e_0-e}{\log_{10}(p/p_0)}=\dfrac{2.52-0.78}{\log_{10}(1020\,[\mathrm{kN/m^2}]/25\,[\mathrm{kN/m^2}])}=1.08$

一軸圧縮強さは図9・5のピーク値なので、q_u=17 kN/m²、粘着力 c=8.5 kN/m² となる。地下水位下で飽和しているので飽和密度は ρ_{sat}=1.47 Mg/m³、飽和単位体積重量 γ_{sat}=14.4 kN/m³

(5) 盛土材として使えそうな土を付近で捜したところ、図9･6に示す2種類の土があった。どちらの土が盛土材として適しているか。

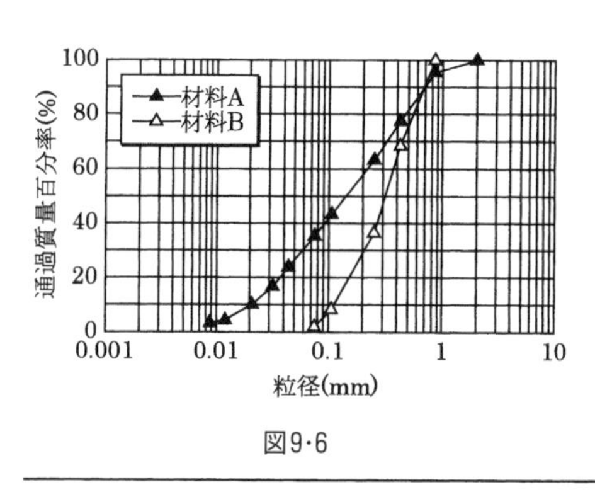

図9･6

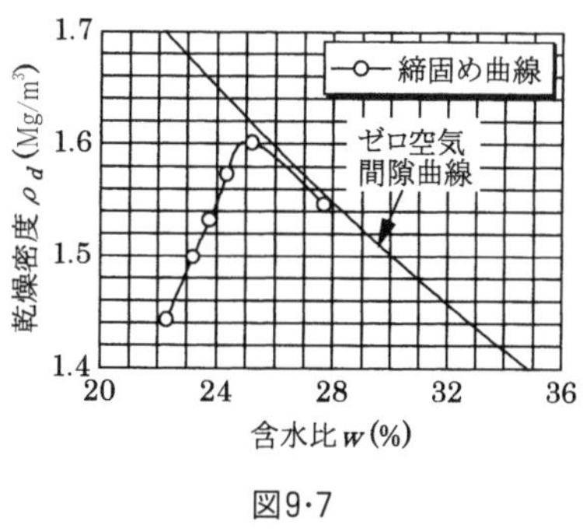

図9･7

解答 材料Aは細粒分(0.075 mm以下)を35%程度含み、粒度分布のよいシルト質砂である。材料Bは細粒分を含まず、均等な(粒度分布の悪い)細砂である。盛土材としてはよく締め固まる必要があるため、粒度分布のよい材料Aが適している。

(6) (5)で適切と判断した盛土材に対し、締固め試験を行ったところ、図9･7の結果が得られた。最大乾燥密度 $\rho_{d\max}$ および最適含水比 w_{opt} を求めよ。

解答 図9･7より $\rho_{d\max}=1.60\text{Mg/m}^3$、$w_{opt}=25.1\%$

(7) 盛土の施工にあたっては(6)で得られた最適含水比に現場で調整し、最大乾燥密度の95%で締め固めたい。この場合に施工後に含水比が変化しないとして、飽和度 S_r および湿潤密度 ρ_t、湿潤単位体積重量 γ_t を求めよ。なお、盛土材の土粒子の密度 $\rho_s=2.751\text{Mg/m}^3$、であった。

解答 最大乾燥密度の95%の密度 $\rho_d=1.60[\text{Mg/m}^3]\times 0.95=1.52[\text{Mg/m}^3]$

第9章 総合問題

飽和度 $S_r=\dfrac{w}{\dfrac{\rho_w}{\rho_d}-\dfrac{\rho_w}{\rho_s}}=\dfrac{25.1\,[\%]}{\dfrac{1.0\,[\mathrm{Mg/m^3}]}{1.52\,[\mathrm{Mg/m^3}]}-\dfrac{1.0\,[\mathrm{Mg/m^3}]}{2.751\,[\mathrm{Mg/m^3}]}}=85.3\,[\%]$

湿潤密度 $\rho_t=\rho_d\left(1+\dfrac{w}{100}\right)=1.52\,[\mathrm{Mg/m^3}]\times\left(1+\dfrac{25.1\,[\%]}{100}\right)=1.90\,[\mathrm{Mg/m^3}]$

湿潤単位体積重量 $\gamma_t=\rho_t\cdot g=1.9\,[\mathrm{Mg/m^3}]\times 9.81\,[\mathrm{m/s^2}]=18.6\,[\mathrm{kN/m^3}]$

---

(8) 地表面にサンドマットを敷いて盛土を(7)のような条件下で、地表面から3mの高さまで施工した(盛土の沈下に伴い盛土高さが下がるが、そのつど盛土を付け足して、常に3mの高さにした)。盛土荷重によって生じる粘土層の圧密による最終沈下量を求めよ。なお、盛土は広い範囲で施工されたと考え、一次元の圧密沈下のみを考えるものとする。また盛土による荷重増分においては、盛土自体の施工時における原地盤への「めりこみ」は考慮しないこととする。

解答 図9･1より粘土層は両面排水条件下にある。ここでは粘土層中央部(H_d =3.75 m)における荷重増分を考える。盛土施工前の有効土被り圧は p_0=(14.4 [kN/m³]−9.81 [kN/m³])×3.75 [m]=17.2 [kN/m³] となり、図9･4よりこのときの間隙比 e_0=2.64 である。

盛土による荷重増分 Δp=18.6 [kN/m³]×3 [m]=55.8 [kN/m²] なので、圧密沈下量は以下のようになる。

$$S=\frac{C_c\cdot H}{1+e_0}\log_{10}\left(\frac{P_0+\Delta p}{P_0}\right)$$

$$=\frac{1.08\times 7.5\,[\mathrm{m}]}{1+2.64}\log_{10}\left(\frac{17.2\,[\mathrm{kN/m^2}]+55.8\,[\mathrm{kN/m^2}]}{17.2\,[\mathrm{kN/m^2}]}\right)=1.40\,[\mathrm{m}]$$

---

(9) 盛土による沈下量が最終沈下量の90%となった時に建物を建設したい。このために要する日数を求めよ。ただし、圧密係数 $c_v=3.75\times 10^{-7}\,\mathrm{m^2/s}$ とする。

解答 両面排水条件なので、圧密度90%における時間係数 T_v=0.848

ゆえに $t=\dfrac{T_v \times H_d^2}{c_v}=\dfrac{0.848\times 3.75^2\,[\mathrm{m}^2]}{3.75\times 10^{-7}\,[\mathrm{m}^2/\mathrm{s}]}=3.18\times 10^7\,[\mathrm{s}]=368\,[\mathrm{day}]$

---

(10)　(9)のように盛土した後しばらくたって再びボーリングをし、不撹乱試料を採取した。そして盛土施工前の地表面以深 3〜4 m の深さから採取した不撹乱試料で一軸圧縮試験を行ったところ、図 9•5 に「盛土後」と示した結果が得られた。盛土による強度増加はいくらか。

解答　図 9•5 より盛土後の一軸圧縮強さ $q_{u2}=58\ \mathrm{kN/m^2}$、粘着力 $c_2=29\ \mathrm{kN/m^2}$、(4)より盛土前の粘着力 $c=8.5\ \mathrm{kN/m^2}$、(8)より盛土による荷重増分 $\Delta p=55.8\ \mathrm{kN/m^2}$ なので、強度増加率は以下のようになる。

$$\frac{c_2-c}{\Delta p}=\frac{29\,[\mathrm{kN/m^2}]-8.5\,[\mathrm{kN/m^2}]}{55.8\,[\mathrm{kN/m^2}]}=0.367$$

---

(11) 盛土後に直径 400mm のコンクリートの閉端杭を深度 10.3m の N 値が 20 の層まで打設した。地盤から決まる杭 1 本当たりの極限支持力および常時荷重での使用限界状態に対する設計用限界値 R_d を求めよ。ただし、杭は自重の軽い既製 RC 杭を用い、打込み方式で施工するものとする。また、盛土層の周面摩擦抵抗力およびネガティブフリクションによる影響は考慮しないこととする。

解答　杭の極限支持力式はいくつか提案されているが、ここでは建築基礎構造設計指針(2019)に準拠する。

杭の先端支持力 $R_P=A_P\times 300\,\bar{N}$、極限周面摩擦力 $R_f=\Psi\sum(H_i\times\tau_i)$

図 9•8 より杭先端から下に $1D$、上に $4D$ 間の平均 N 値は以下のようになる。

$$\bar{N}=\frac{\begin{pmatrix}20\times(10.7\,[\mathrm{m}]-9.8\,[\mathrm{m}])+8\times(9.8\,[\mathrm{m}]-8.8\,[\mathrm{m}])\\+10\times(8.8\,[\mathrm{m}]-8.7\,[\mathrm{m}])\end{pmatrix}}{10.7\,[\mathrm{m}]-8.7\,[\mathrm{m}]}=13.5$$

砂質土の周面摩擦力 $\tau=2.0\,N=2.0\times 9=18\,[\mathrm{kN/m^2}]$、

粘性土の周面摩擦力 $\tau=0.8C_\mathrm{u}=23.2\,[\mathrm{kN/m^2}]$　ゆえに杭の極限支持力

$$R_u=\frac{\pi}{4}\times 0.4^2\,[\mathrm{m}^2]\times(300\times 13.5)\,[\mathrm{kN/m^2}]$$

第9章 総合問題

$+0.4\pi$ [m]×(18 [kN/m²]×2.8 [m]+23.2[kN/m²]×7.5 [m])

$=789$ [kN/本]

常時荷重での使用限界状態に対する設計用限界値 R_d は、耐力係数 Φ_R=1/3 として

R_d = 263kN/ 本

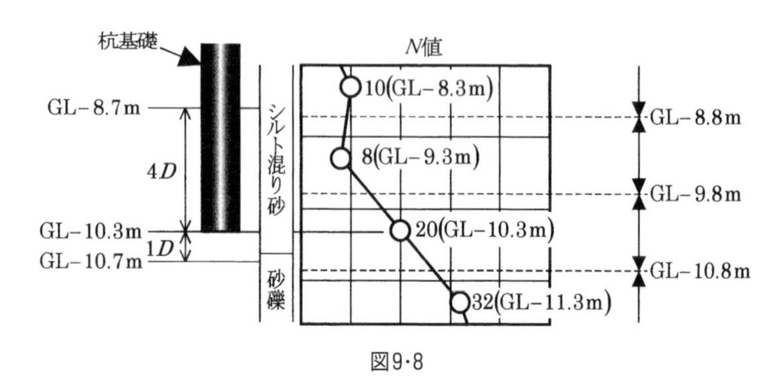

図9·8

---

(12) 建物の底面は 10m × 20m である。建物の 1 階当たりの荷重が 10kN/m² である場合、常時荷重での使用限界状態に対して杭の本数は何本必要であるか。なお、群杭の効果は考えないものとする。

解答 建物の荷重は

10 [kN/m²]×10 [m]×20 [m]×5 [階]=10000 [kN]

杭本数は $\dfrac{10000\,[\mathrm{kN}]}{263\,[\mathrm{kN/本}]} = 38.0$ [本] となり、38 本以上必要なことになる。

---

(13) 将来、周辺で地下掘削が行われ、この場所の地下水が 2 m 程度低下した場合、どのようなことを心配しなければならないか述べよ。

解答 地下水位が下がると軟弱粘土層の圧密沈下がさらに生じる。このため杭にネガティブフリクションが働くことを留意しなければならない。また盛土表面が沈下することにより、杭の抜出しが生じる。このときに地震力が加わると杭頭が破壊しやすいので土などで埋め戻す必要がある。

総合問題2　砂質土地盤に直接基礎を設置する場合の問題

台地上の密な地盤にフーチングによる直接基礎で橋脚の基礎を建設する場合、以下の問いに答えよ。なお、フーチングは根入れが2 mの正方形であり、図9･9に示すようにフーチング底面に加わる鉛直荷重は2000 kNとする。

（1）建設に先立ち、地盤工学上検討しなければならない事柄を述べよ。また、それを検討するために必要な地盤調査、試験項目を述べよ。

解答　直接基礎に対する地盤の支持力を検討する必要がある。また密な地盤なので圧密沈下は問題にならないが、即時沈下を検討する必要がある。これらのために、ボーリングおよび標準貫入試験を行って地層構成を把握し、乱れの少ない試料も採取して三軸圧縮試験などで地盤定数を求めるとよい。この他に平板載荷試験で地盤支持力を測定するとよい。

（2）ボーリングおよび標準貫入試験を深さ10 mまで行ったところ、図9･9に示すように、10 mまでほぼ均一な砂層で、N値は平均して45程度であった。また、地下水は9 mの深さにあった。3 mの深さから不撹乱試

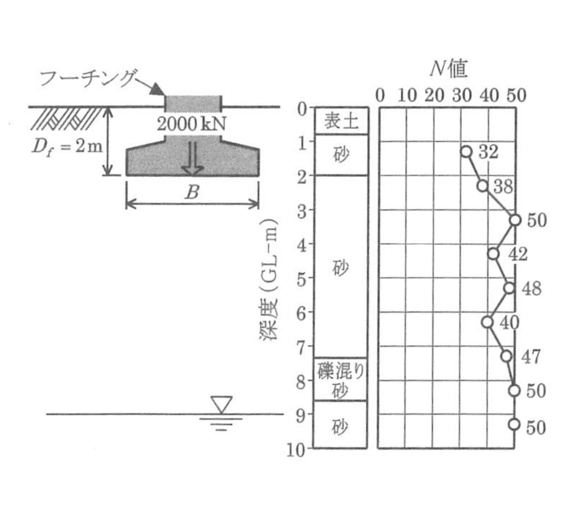

図9･9

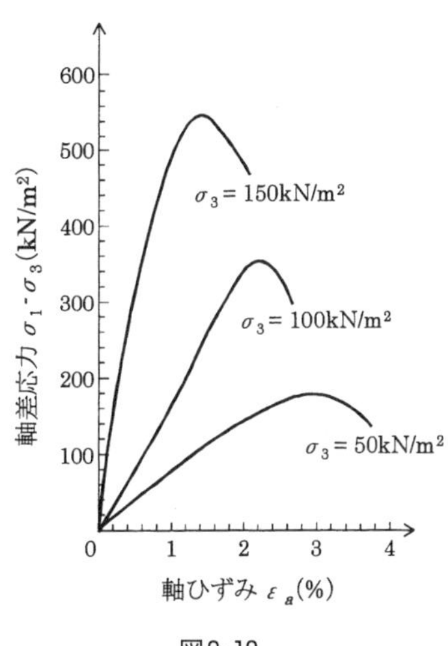

図9･10

料を採取して排水状態で三軸圧縮試験を行ったところ、図9・10に示す応力～ひずみ関係が得られた。せん断強度定数 $c'(\fallingdotseq c_d)$、$\phi'(\fallingdotseq \phi_d)$ を求めよ。

また、供試体を直径50.0mm、高さ100.0mmに整形した時に質量を測定したところ、343gであった。供試体の整形時の含水比は原位置のときから変化していないと考えられるとき、原位置での土の単位体積重量を求めよ。

解答 グラフよりピーク強度を読みとり整理すると以下のようになる。

σ_3 (kN/m²)	$\sigma_1-\sigma_3$ (kN/m²)	ε_a (%)	σ_1 (kN/m²)	p' (kN/m²)	q (kN/m²)
50	183	1.42	233	141.5	91.5
100	355	2.20	455	277.5	177.5
150	550	2.95	700	425.0	275.0

モール円および p'-q 関係のグラフを描くと以下のようになり、$c'=0$ kN/m²、$\phi'=40°$ となる。

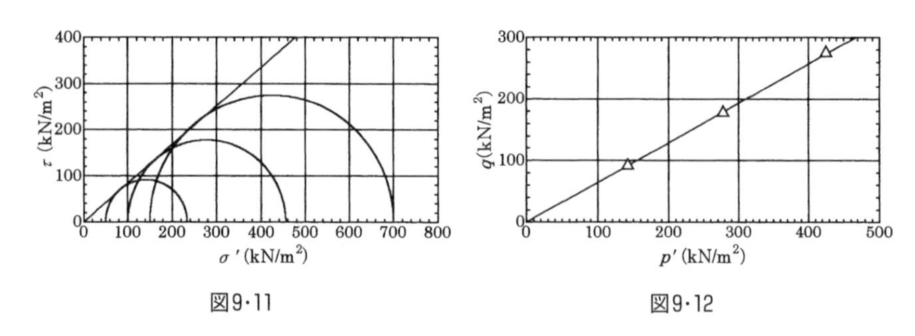

図9・11　　図9・12

湿潤密度 $\rho_t=1.75\text{Mg/m}^3$、湿潤単位体積重量 $\gamma_t=17.2\ \text{kN/m}^3$

（3） N 値から ϕ を推定する経験式はこれまでにいくつか提案されている。このうち大崎の式と道路橋示方書（1996）の式を示すと以下のようになる。こ

の式に（2）で調査した平均的なN値を代入してϕを求め、三軸圧縮試験から得られたϕ'と比較せよ。

大崎の式……………$\phi=\sqrt{20N}+15$

道路橋示方書 (1996) の式…$\phi=\sqrt{15N}+15$(ただし、$N>5, \phi\leqq 45°$)

解答 大崎の式では$\phi = 45°$、道路橋示方書（1996）の式では$\phi = 41°$となり、三軸圧縮試験から得られたϕ'と近い値となる。

（4） テルツァーギの式を用いて、橋脚を支えるに必要なフーチング幅を求めよ。ただし、形状係数は$\alpha=1.3$、$\beta=0.4$とし、所要安全率は3とせよ。

解答 地盤が密なので全般せん断破壊(基礎底面が粗な場合)を考える。

極限支持力$q_u=\alpha\cdot c'\cdot N_c+\beta\cdot\gamma_1\cdot B\cdot N_r+\gamma_2\cdot D_f\cdot N_q$において、$c'=0$ kN/m²、$\phi'=40°$なので、支持力係数$N_c=75.3$、$N_r=109$、$N_q=64.2$となり、$q_u=0.4\times 17.2$ [kN/m³]$\times B$ [m]$\times 109+17.2$ [kN/m³]$\times 2$ [m]$\times 64.2=750B+2208$ [kN/m²] また、許容支持力$q_a=\dfrac{750B+2208}{3}$ kN/m²となり、荷重$\dfrac{2000}{B^2}$ kN/m²を支えるためにフーチング幅Bは1.37 mより大きくなくてはならない。

（5） 図9･10に示した応力～ひずみ関係のうち側圧が中間の100 kN/m²のデータを用いて、ピーク強度の半分の軸応力までの割線をとりヤング率E_{50}を求めよ。

解答 図9･10より$(\sigma_1-\sigma_3)/2=178$ kN/m²のとき、$\varepsilon_{50}=1.10\%$

ゆえに$E_{50}=178$ [kN/m²]/0.011=16200 [kN/m²]=16.2 [MN/m²]

（6） 基礎を設置した時には弾性沈下が生じるが、その沈下量を2 cm以下に止めたい。そのために必要な基礎幅を求めよ。ただし、沈下量の計算には弾性論から導き出される次式を用いよ。

$$S=\frac{1-\nu^2}{E}B\cdot q\cdot I_s$$

ここで、S は弾性沈下量、ν はポアソン比(この地盤では 0.35 を仮定せよ)、E は地盤のヤング係数(ここでは(5)で求めた E_{50} を用いよ)、B はフーチング幅、q は荷重強度(基礎底から地盤に加わる応力)、I_s は影響係数で剛な正方形基礎では 0.88 である。

解答 $0.02\,[\mathrm{m}] \geqq \frac{1-0.35^2}{16200\,[\mathrm{kN/m^2}]}B\,[\mathrm{m}]\times\frac{2000}{B^2\,[\mathrm{m^2}]}\times 0.88$

これを解くと $B \geqq 4.77$ m

（7） (4)と(6)で求めた基礎幅を比較し、設計で用いる基礎幅を決定せよ。

解答 地盤の支持力より算出した基礎幅 $B \geqq 1.37$ m、即時沈下量から算出した基礎幅 $B \geqq 4.77$ m、つまり基礎幅は 4.77 m 以上にして設計する必要がある。

総合問題3　砂地盤を掘削し、埋設管を埋め戻す場合の問題

三角州に位置するある地点で、表層の緩い砂地盤を掘削して管を埋設したい。以下の問いに答えよ。

（1）　東京の低地など、我が国の海岸付近に分布する三角州には一般に緩い沖積砂質土層が表層に堆積し、その下部に軟弱な沖積粘性土が堆積している箇所が多い。これらの沖積砂層や沖積粘性土層が堆積した環境は、海成か、河成か、湖成か、海浜成か述べよ。また、なぜ表層には砂質土層があり、その下部には粘性土層があるのか、過去2万年間の海水面の変動との関係で述べよ。

解答　このような低地では、2万年前の最後の氷河期には河床となっており、陸成の砂礫が堆積していた。その後、海水面の上昇に伴い海浜成の砂がまず堆積した。そして、海水面の上昇速度が堆積速度を上回り、海底となって海成粘土が堆積した。6000年前位には海水面は現在と同じ水準に戻り、その後その海水面上昇が止まることにより堆積作用が進み、再び海岸や川岸となって、砂質土が緩く堆積してきた。したがって、表層の沖積砂質土層は海浜成や河成で、その下部の沖積粘土層は海成であることが多い。

（2）　図9･13のように埋設したい管は直径1.4 mの下水道管であり、深さ3.5 mの位置に埋設したい。この場所は市街地であり、なるべく掘削幅を小さくしたい。地盤を掘削する幅はいくら位が適当か。

解答　管敷設後に掘削部を埋め戻す場合、埋戻し土を締め固める必要がある。このため作業用に管の両側に最低で0.3m程度のスペースが必要である。したがって、掘削幅は2m程度が適当である。

（3）　掘削するに当たって注意しなければならない項目と、そのために必要な地盤調査、試験項目を述べよ。

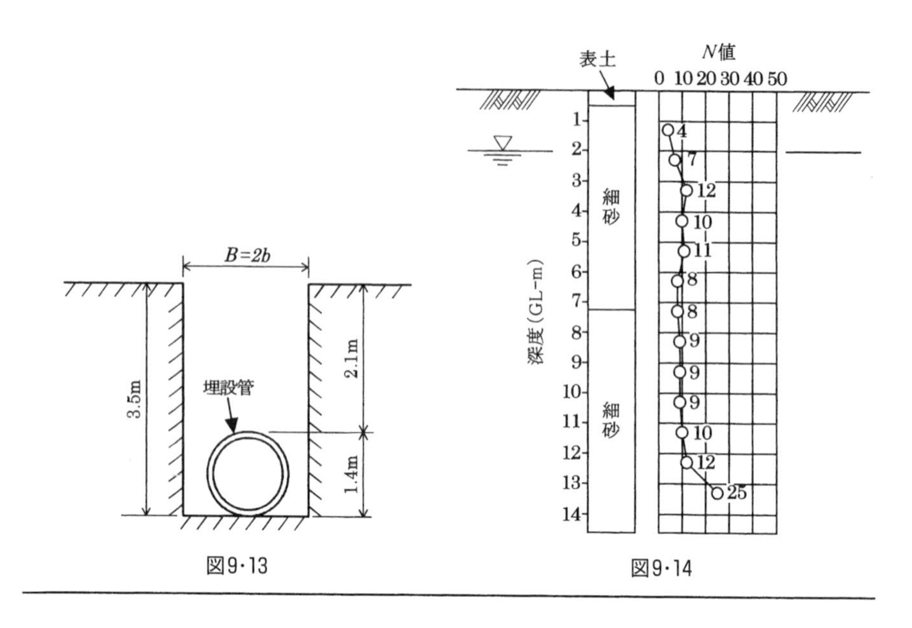

図9・13　　図9・14

解答　地層構成および地下水の把握のため、ボーリング調査および標準貫入試験が必要である。またボイリングなどの検討のために、室内透水試験や現場透水試験が必要である。さらに掘削時における土留め壁安定性の検討のために三軸圧縮試験が必要である。

（4）（3）での検討結果、まずボーリングと標準貫入試験を掘削前に行った。その結果、上記の図 9・14 に示すように、10 m の深さまで細砂層が堆積し、その間の N 値は 7～10 であった。地下水位は GL −2 m の深さにあった。そこでまず 1.5 m の深さまで掘削し、その底で不撹乱試料採取と水置換法による密度測定を行った。水置換法による密度測定では、20 cm 立方程度の穴を掘り、そこにビニールを敷いて水を入れたところ、体積は 7.68×10^{-3}m^{3}と測定された。また、掘った砂の質量は13.6kgであり、含水比は 6.5 %、土粒子密度は2.680Mg/m^{3}であった。この砂の間隙比、湿潤単位体積重量、乾燥単位体積重量、飽和単位体積重量を求めよ。

つぎに、最小・最大密度試験を行ったところ、最大間隙比は 0.845、最小間隙比は 0.411 となった。原地盤における相対密度はいくらか。また、この相対密度から判断するとこの砂質土地盤は緩いか密か。

解答 $V=7.68\times10^{-3}[m^3]$、$m=13600g$、$w=6.5\%$、$\rho_s=2.680Mg/m^3$なので

湿潤密度 $\rho_t=\dfrac{m}{V}=\dfrac{13600\,[g]}{7.68\times10^{-3}[m^3]}=1.77\,[Mg/m^3]$

乾燥密度 $\rho_d=\dfrac{\rho_t}{1+\dfrac{w}{100}}=\dfrac{1.77\,[Mg/m^3]}{1+\dfrac{6.5\,[\%]}{100}}=1.66\,[Mg/m^3]$

湿潤単位体積重量 $\gamma_t=17.4\,kN/m^3$、乾燥単位体積重量 $\gamma_d=16.3\,kN/m^3$

間隙比 $e=\dfrac{\rho_s\left(1+\dfrac{w}{100}\right)}{\rho_t}-1=\dfrac{2.680\,[Mg/m^3]\times\left(1+\dfrac{6.5\,[\%]}{100}\right)}{1.77\,[Mg/m^3]}-1=0.612$

飽和密度 $\rho_{sat}=\dfrac{\rho_s+e\cdot\rho_w}{1+e}=\dfrac{2.680\,[Mg/m^3]+0.612\times1.0\,[Mg/m^3]}{1+0.612}$

$=2.04\,[Mg/m^3]$

飽和単位体積重量 $\gamma_{sat}=20.0\,kN/m^3$

相対密度 $D_r=\dfrac{0.845-0.612}{0.8445-0.411}\times100=53\,[\%]$、したがって「中密」といえる。

(5) 採取した試料を(4)で求めた密度で詰めて、直径100.0mm、高さ150.0mmの供試体を作製し、定水位透水試験を行った。500mmの水頭差で試験を行ったところ、10秒間に$3.22\times10^{-5}m^3$の透水量があった。透水係数を求めよ。

解答 透水量 $Q=\dfrac{3.22\times10^{-5}[m^3]}{10\,[s]}=3.22\times10^{-6}[m^3/s]$

透水係数 $k=\dfrac{Q\cdot L}{A\cdot h}=\dfrac{3.22\times10^{-6}[m^3/s]\times0.15[m]}{\dfrac{\pi}{4}\times0.10^2[m^3]\times0.5[m]}=1.23\times10^{-4}[m/s]$

(6) 掘削にあたっては、図9・15に示すように、III型の自立鋼矢板(切梁なし)を数mの深さまで打設して土留めをしたい。その際掘削底からはポンプで排水して、常に掘削底は地下水位が掘削底面と同じとしたい。ただし、周囲の地盤における地下水位はGL －2mで、掘削時も変化しないも

第9章 総合問題

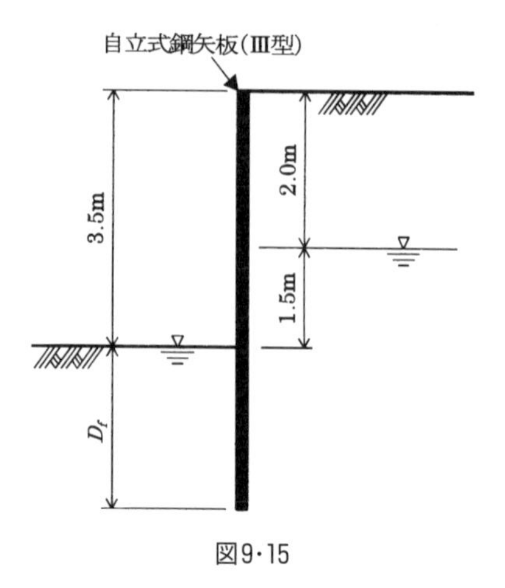

図9・15

のとする。この場合、3.5 m の深さまで掘削してもボイリングが発生しないために必要な矢板の根入れ長(掘削底面から矢板先端までの深さ)を求めよ。ただし、所要安全率を 1.5 とする。

解答 水頭差が一番大きくなるとき、すなわち GL −3.5 m 掘削時を考える。

また、ボイリングに対する根入れ長 D_f の検討方法は、限界動水勾配による方法とテルツァーギの方法等があるので、2 通りの方法で検討を行う。

1) 限界動水勾配の方法

安全率 F_s は $\dfrac{\text{限界動水勾配 } i_{cr}}{\text{動水勾配 } i}$ と定義される。

限界動水勾配 $i_{cr}=\dfrac{\gamma'}{\gamma_w}=\dfrac{20.0\,[\mathrm{kN/m^3}]-9.81\,[\mathrm{kN/m^3}]}{9.81\,[\mathrm{kN/m^3}]}=1.04$、

動水勾配 $i=\dfrac{1.5}{1.5+2D_f}$ なので、安全率 $F_s=1.5$ のとき、$1.5\times\dfrac{1.5}{1.5+2D_f}=1.04$

ゆえに $D_f\geqq 0.33\,[\mathrm{m}]$

2) テルツァーギの方法

$$F_s=\frac{2\gamma'\cdot D_f}{\gamma_w\cdot h_w}=\frac{2\times(20.0\,[\mathrm{kN/m^3}]-9.81\,[\mathrm{kN/m^3}])\times D_f}{9.81\,[\mathrm{kN/m^3}]\times 1.5\,[\mathrm{m}]}\geqq 1.5$$

ゆえに $D_f \geqq 1.08\,[\mathrm{m}]$

（7）（5）と同様に不撹乱試料から直径50.0mm、高さ100.0mmの供試体を3本作製し、圧密排水条件で三軸圧縮試験を行った。その結果、以下の値が得られた。せん断強度定数 c'、ϕ' はいくらか。また、主働土圧係数および受働土圧係数を求めよ。

供試体番号	1	2	3
側圧 σ_3' (kN/m²)	50	100	150
破壊時の軸圧 σ_1' (kN/m²)	142.3	318.3	482.1

解答 モール円および $p'-q$ 関係のグラフを描くと以下のようになる。
図9･16、9･17より、$c'=0\ \mathrm{kN/m^2}$、$\phi'=31°$ となる。
ゆえに主働土圧係数 $K_A=0.320$、受働土圧係数 $K_P=3.12$

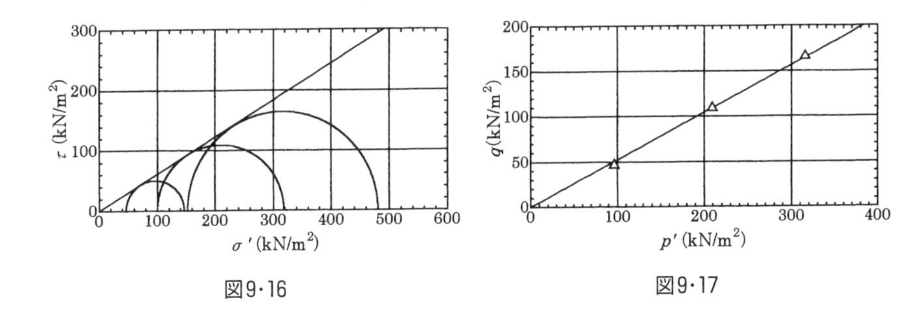

図9･16　図9･17

（8）矢板の前面と背面に加わる側圧(主働・受働土圧と静水圧)を考えると、矢板背後からの側圧と前面からの側圧がバランスする、つまり、図9･18に示した矢板が自立できるために必要な矢板の根入れ深さを、側圧の釣合いおよび矢板下端を中心とするモーメントの釣合いから求めよ。なお、矢板はコンクリート壁に比べて変形しやすく、矢板に加わる土圧はランキンの土圧より異なるが、簡単化のためにランキンの土圧で計算できるものと

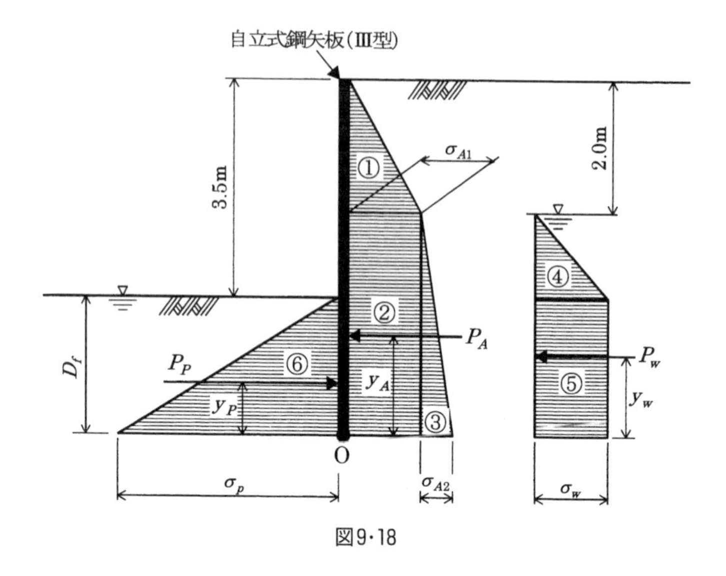

図9・18

仮定せよ。ただし、ここでは安全率F_sを1.0とする。

解答　側圧(土圧＋水圧)の釣合い式は $\dfrac{P_P}{P_A+P_w}\geqq 1.0$

O点回りのモーメント釣合い式は $\dfrac{P_P\cdot y_P}{P_A\cdot y_A+P_w\cdot y_w}\geqq 1.0$

1)　主働土圧について

図9・18に示す深さ方向の主働土圧分布σ_{A1}、σ_{A2}はそれぞれ以下のようになる。

$$\sigma_{A1}=0.320\times 17.4\,[\mathrm{kN/m^3}]\times 2.0\,[\mathrm{m}]=11.1\,[\mathrm{kN/m^2}]$$

$$\sigma_{A2}=0.320\times(20.0\,[\mathrm{kN/m^3}]-9.81\,[\mathrm{kN/m^3}])\times(1.5+D_f)\,[\mathrm{m}]$$
$$=(3.26D_f+4.89)\,[\mathrm{kN/m^2}]$$

また、主働土圧合力$P_{A①}$、$P_{A②}$、$P_{A③}$はそれぞれ以下のようになる。

$$P_{A①}=0.5\times 11.1\,[\mathrm{kN/m^2}]\times 2.0\,[\mathrm{m}]=11.1\,[\mathrm{kN/m}]$$

$$P_{A②}=11.1\,[\mathrm{kN/m^2}]\times(1.5\times D_f)\,[\mathrm{m}]=(11.1D_f+16.7)\,[\mathrm{kN/m}]$$

$$P_{A③}=0.5\times(3.26D_f+4.89)[\mathrm{kN/m^2}]\times(1.5+D_f)[\mathrm{m}]$$
$$=(1.63D_f{}^2+4.89D_f+3.67)\,[\mathrm{kN/m}]$$

さらに、主働土圧合力の作用位置$y_{A①}$、$y_{A②}$、$y_{A③}$はそれぞれ以下のようになる。

$$y_{A①}=\frac{2.0\,[\mathrm{m}]}{3}+(1.5+D_f)[\mathrm{m}]=(D_f+2.17)\,[\mathrm{m}]$$

$$y_{A②}=\frac{1.5+D_f\,[\mathrm{m}]}{2}=(0.5D_f+0.75)\,[\mathrm{m}]$$

$$y_{A③}=\frac{1.5+D_f\,[\mathrm{m}]}{3}=(0.333D_f+0.5)\,[\mathrm{m}]$$

ゆえに $P_A=P_{A①}+P_{A②}+P_{A③}=(1.63D_f{}^2+16.0D_f+31.5)\,[\mathrm{kN/m}]$

$$P_A\cdot y_A=P_{A①}\cdot y_{A①}+P_{A②}\cdot y_{A②}+P_{A③}\cdot y_{A③}$$
$$=(0.543D_f{}^3+8.00D_f{}^2+31.5D_f+38.4)\,[\mathrm{kN/m\cdot m}]$$

2)　受働土圧について

深さ方向の受働土圧分布 σ_P、主働土圧合力 P_P、作用位置 y_P はそれぞれ以下のようになる。

$$\sigma_P=3.12\times(20.0\,[\mathrm{kN/m^3}]-9.81\,[\mathrm{kN/m^3}])\times D_f\,[\mathrm{m}]$$
$$=31.8D_f\,[\mathrm{kN/m^2}]$$

$$P_P=0.5\times31.8D_f\,[\mathrm{kN/m^2}]\times D_f\,[\mathrm{m}]=15.9D_f^2\,[\mathrm{kN/m}]$$

$$y_P=0.333D_f\,[\mathrm{m}]$$

ゆえに $P_P\cdot y_P=5.29D_f{}^3\,[\mathrm{kN/m\cdot m}]$

3)　矢板左右の静水圧の差について

土圧と同様に、静水圧分布、静水圧合力、作用位置はそれぞれ以下のようになる。

$$\sigma_w=9.81\,[\mathrm{kN/m^3}]\times1.5\,[\mathrm{m}]=14.7\,[\mathrm{kN/m^2}]$$

$$P_{w④}=0.5\times14.7\,[\mathrm{kN/m^2}]\times1.5\,[\mathrm{m}]=11.0\,[\mathrm{kN/m}]$$

$$P_{w⑤}=14.7\,[\mathrm{kN/m^2}]\times D_f\,[\mathrm{m}]=14.7D_f\,[\mathrm{kN/m}]$$

$$y_{w④}=\frac{1.5\,[\mathrm{m}]}{3}+D_f=0.5+D_f\,[\mathrm{m}]、\ y_{w⑤}=\frac{D_f\,[\mathrm{m}]}{2}=0.5D_f\,[\mathrm{m}]$$

ゆえに $P_w=P_{w④}+P_{w⑤}=14.7D_f+11.0\,[\mathrm{kN/m}]$

$$P_w\cdot y_w=P_{w④}\cdot y_{w④}+P_{w⑤}\cdot y_{w⑤}=(7.35D_f{}^2+11.0D_f+5.50)\,[\mathrm{kN/m\cdot m}]$$

4)　側圧とモーメントの釣合いについて

側圧釣合い式より根入れ長 D_f を算出すると、$\dfrac{15.9D_f{}^2}{1.63D_f{}^2+30.7D_f+42.5}\geqq1.0$

これを解くと $D_f\geqq3.11\,\mathrm{m}$

モーメント釣合い式より根入れ長 D_f を算出すると、

第9章 総合問題

$$\frac{5.29D_f^3}{0.543D_f^3+15.4D_f^2+42.5D_f+43.9} \geqq 1.0$$、これを解くと $D_f \geqq 5.28$ m

ゆえに、自立式鋼矢板の根入れ深さは5.28 m以上必要である。

---

(9) (6)から得られたボイリングを生じさせないために必要な矢板根入れ深さと、(8)から得られた矢板が自立するために必要な根入れ深さを比較し、深い方を実際の施工で必要な矢板根入れ深さとした場合、その深さはいくらか。

解答 ボイリングの検討より求めた $D_f \geqq 1.08$ m、モーメント釣合い式から求めた $D_f \geqq 5.28$ m なので、根入れが深い方を採用し、$D_f \geqq 5.28$ m

---

(10) 掘削終了後、埋設管を設置し、その周囲と上部を掘削した土で埋め戻したい。その締固め程度を決めるため、掘削土で締固め試験を行ったところ、図9・19に示す締固め曲線が得られた。最適含水比および最大乾燥密度を求めよ。

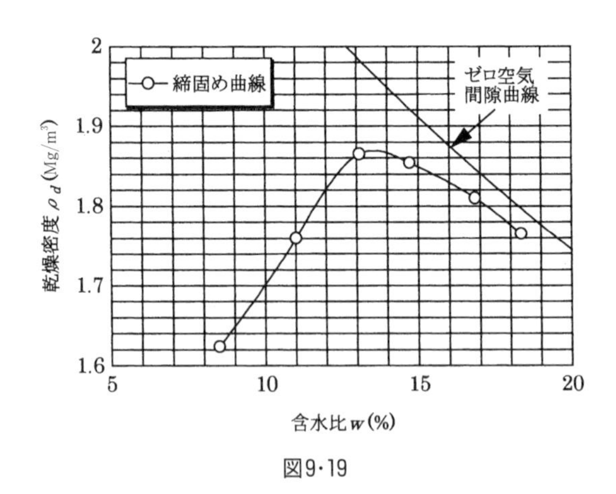

図9・19

解答 締固め曲線のピーク点が最大乾燥密度。そのときの含水比が最適含水比なので、$\rho_{d\max}=1.87\,\mathrm{Mg/m^3}$、$w_{opt}=13.5\%$

---

(11) (10)の結果をもとに、埋設管の周囲および上部を、最適含水比の状態で、最大乾燥密度の90%となる密度で締め固めて施工したい。掘削して山積みにしていた土の含水比を測定したところ、8.5%となっていた。1 Mg当たりにいくらの水を加えると最適含水比となるか。また、管の上部を0.30mごとにまきだして密度管理をしながら締め固めるとして、締固め後に0.30mとなるためにまきだす(投入する)土の質量(最適含水比状態で)を求めよ。なお、掘削幅は2mとする。

解答 最大乾燥密度の90%の密度 $\rho_d=1.87\,[\mathrm{Mg/m^3}]\times0.9=1.68\,[\mathrm{Mg/m^3}]$

含水比8.5%の時は $\dfrac{m_w}{m_s}=0.085$、1 Mgの質量の土なので $m_w+m_s=1\,\mathrm{Mg}$

ゆえに $m_s=0.922\mathrm{Mg}$、$m_w=0.078\mathrm{Mg}$

この土に $\varDelta m_w$ の水を加えて $w_{opt}=13.5\%$にするためには $\dfrac{m_w+\varDelta m_w}{m_s}=0.135$ が成り立つ。したがって0.046 Mgの水を加えればよい。

最大乾燥密度の90%で締め固めた場合の湿潤密度

$$\rho_t=\rho_d\times\left(1+\frac{w_{opt}}{100}\right)=1.68\,[\mathrm{Mg/m^3}]\times\left(1+\frac{13.5\,[\%]}{100}\right)=1.91\,[\mathrm{Mg/m^3}]$$

これを2m幅で0.30mの厚さになるようにするため、奥行き1m当たり体積で $2\,[\mathrm{m}]\times0.3\,[\mathrm{m}]\times1[\mathrm{m}]=0.6\,[\mathrm{m^3}]$ ほど投入する必要がある。ゆえに、$\dfrac{0.6\,[\mathrm{m^3}]}{1.91\,[\mathrm{Mg/m^3}]}=0.314\,[\mathrm{Mg}]$ の土を投入すればよい。

---

(12) 土を埋め戻した後、矢板を抜いたところ地下水は周囲の地盤と同じ深さまで戻った。埋戻し部と周囲の地盤の密度は同じで特にどちらかが沈下し易いということがない場合、埋設管に加わる鉛直土圧を求めよ。また、埋戻し土の方が周囲地盤よりゆるくて沈下し易い場合、埋設管に加わる鉛直土圧を求めよ。ただし、地下水位を考慮しないものとする。

解答　埋設管に加わる鉛直土圧は図 9･13 に示す埋設管上部 $z=2.1\,\mathrm{m}$ における鉛直土圧を考える。

1)　埋戻し土と周辺地盤の密度が同じ場合

$$\sigma_v'=\gamma_t\cdot z=1.91\,[\mathrm{Mg/m^3}]\times 9.81\,[\mathrm{m/s^2}]\times 2.1\,[\mathrm{m}]=39.3\,[\mathrm{kN/m^2}]$$

2)　埋戻し土が周辺地盤より緩い場合

埋戻し土の沈下形態は溝型になり、鉛直土圧は以下の式になる。

$$\sigma_v'=\frac{\gamma_t b}{K\tan\delta}\left(1-e^{-\frac{K\tan\delta}{b}z}\right)$$

ここで $K\tan\delta$ は一般に 0.11～0.19 の値が用いられるが、ここでは 0.15 とすると、

$$\sigma_v'=\frac{1.91\,[\mathrm{t/m^3}]\times 9.81\,[\mathrm{m/s^2}]\times 1.0\,[\mathrm{m}]}{0.15}\left(1-e^{-\frac{0.15}{1.0[\mathrm{m}]}\times 2.1[\mathrm{m}]}\right)$$

$$=33.8\,[\mathrm{kN/m^2}]$$

---

(13)　埋戻し土の締固め度が不十分であった場合に発生する被害について、埋め戻して表面を舗装してまもなくの時期と、強い地震動を受けた場合について述べよ。

解答　地表面を舗装して間もない時期には、交通荷重などにより埋戻し土が締まったり、雨水や浸透流により埋戻し土が流失して地表面の沈下が発生する。大きな地震を受けた場合は地下水面以下で液状化が発生し、管の浮き上がりや蛇行が発生する。

answer 応用問題の解答

第1章　応用問題の解答

応用問題1の解答

含水比が収縮限界w_sより大きいとき、乾燥による土全体の体積減少量ΔVが水の蒸発量ΔV_wに等しい（空気体積は変化しない）と仮定すれば、

$w_s = w - \dfrac{(V - V_0)\rho_w}{m_s} \times 100[\%]$であるから、

$$w_s = 62.3[\%] - \frac{\{19.4[cm^3]-15.2[cm^3]\} \times 1.00[g/cm^3]}{18.81[g]} \times 100[\%] = 40.0[\%]$$

収縮比とは含水比の変化量Δwに対する体積変化率$\Delta V/\Delta V_0$の比であるから、

$\Delta w = 0.623 - 0.4 = 0.223$となり、$\dfrac{\Delta V}{V_0} = \dfrac{19.4[cm^3]-15.2[cm^3]}{15.2[cm^3]} = 0.276$であるので

収縮比は、$R = \dfrac{0.276}{0.223} = 1.24$となる。

答　$w_s = 40.0[\%]$、$R = 1.24$

応用問題2の解答

穴の大きさは、1045 [g]/1.450 [g/cm³]＝720.7 [cm³]

穴の土の質量は1335 gであるから、この土の湿潤密度は、

$$\rho_t = \frac{1335[g]}{720.7[cm^3]} = 1.852[Mg/m^3]$$

答　$\rho_t = 1.852\,Mg/m^3$

応用問題3の解答

・**最も緩く詰めた場合**：玉が隣接する6個の玉と接触している「単純立方形」がもっとも緩い状態になる。このとき、1個の玉に外接する立方体の体積 V は

$$V = (2R)^3 = 8R^3\,[cm^3]$$

ここで、R は玉の半径である。

1個の玉の体積 V_s は、$V_s = \dfrac{4}{3}\pi \times 0.5^3\,[cm^3]$

したがって、間隙比の定義より

$$\text{間隙比 } e = \frac{V_v}{V_s} = \frac{8 \times 0.5^3[cm^3] - \frac{4}{3}\pi \times 0.5^3[cm^3]}{\frac{4}{3}\pi \times 0.5^3[cm^3]} = 0.909$$

…答

間隙率 $n=\dfrac{e}{1+e}\times100\,[\%]=\dfrac{0.909}{1+0.909}\times100\,[\%]=47.6\,[\%]$ …答

・**最も密に詰めた場合**：1層目を単純立方形に並べ、その上の層の玉を1層目の4個の玉の間に納まるように並べる。これを繰り返して玉を詰めたとき、もっとも密な状態となる。このとき $V=(32/\sqrt{2})R^3$ となる。

この立方体の中に半球が6個、1/8球が8個入っている。1球の体積は $\dfrac{4}{3}\pi R^3$ であるから、$V_s=4\times\dfrac{4}{3}\pi R^3$ となる。

したがって、間隙比 $e=\dfrac{V-V_s}{V_s}=\dfrac{\dfrac{32}{\sqrt{2}}R^3-4\times\dfrac{4}{3}\pi R^3}{4\times\dfrac{4}{3}\pi R^3}$ であるから、

$\therefore\quad e=0.351$ …答

となる。また、間隙率 n は

$n=\dfrac{e}{1+e}\times100\,[\%]=26.0\,[\%]$ …答

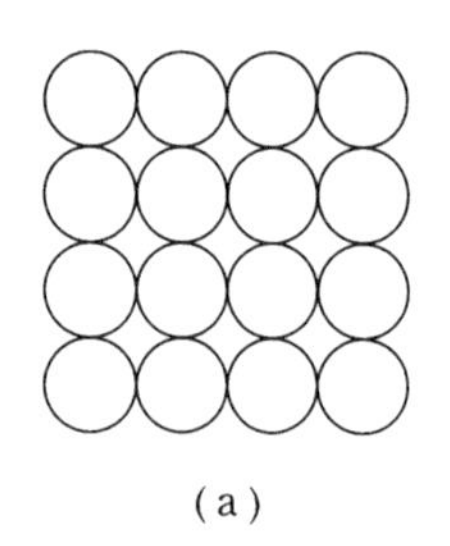

(a)

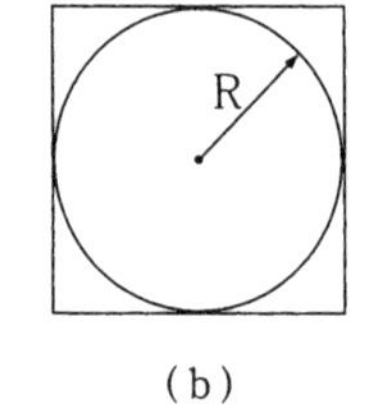

(b)

図1・11 もっとも緩く詰めた場合

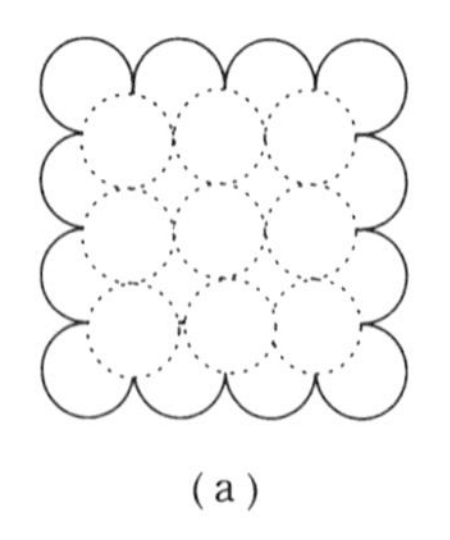

(a)

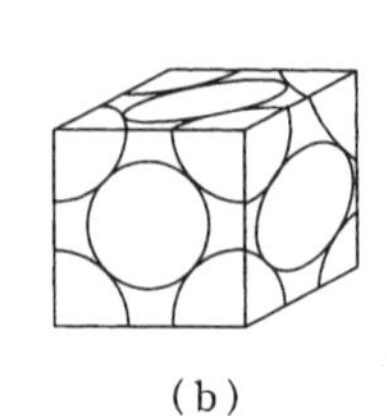

(b)

図1・12 もっとも密に詰めた場合

応用問題4の解答

（1） 間隙比 $e=\dfrac{\rho_s\left(1+\dfrac{w}{100}\right)}{\rho_t}-1=\dfrac{2.65\,[\mathrm{g/cm^3}](1+0.246)}{1.98\,[\mathrm{g/cm^3}]}-1=0.668$ …答

間隙率 $n=\dfrac{e}{1+e}\times 100\,[\%]=\dfrac{0.668}{1+0.668}\times 100\,[\%]=40.0\,[\%]$ …答

飽和度 $S_r=\dfrac{w\rho_s}{e\rho_w}=\dfrac{24.6\,[\%]\times 2.65\,[\mathrm{g/cm^3}]}{0.668\times 1.00\,[\mathrm{g/cm^3}]}=97.6\,[\%]$ …答

乾燥密度 $\rho_d=\dfrac{\rho_t}{1+w/100}=\dfrac{1.980\,[\mathrm{g/cm^3}]}{1+0.246}=1.589\,[\mathrm{Mg/m^3}]$ …答

（2） 飽和密度 $\rho_{sat}=\dfrac{\rho_s+e\rho_w}{1+e}=\dfrac{2.65\,[\mathrm{g/cm^3}]+0.668\times 1.00\,[\mathrm{g/cm^3}]}{1+0.668}$

$=1.989\,[\mathrm{Mg/m^3}]$ …答

水中単位体積重量 $\gamma'=\gamma_{sat}-\gamma_w=(\rho_{sat}-\rho_w)\times g_n$

$=\{1.989\,[\mathrm{g/cm^3}]-1.00\,[\mathrm{g/cm^3}]\}\times 9.8\,[\mathrm{m/s^2}]$

$=9.69\left[\mathrm{g}\dfrac{\mathrm{m}}{\mathrm{s^2}}\right]/\mathrm{cm^3}$

$=9.69\times 10^3\,[\mathrm{N/m^3}]$

$=9.69\,[\mathrm{kN/m^3}]$ …答

応用問題5の解答

砂質分を多く含む土(図1･13中①)では、最大乾燥密度 $\rho_{d\max}$ は高くなり、最適含水比 w_{opt} は低くなる。そして締固め曲線の傾きは急で含水比 w が変わると乾燥密度の変化は大きく(図1･14中①)、高い締固め効果が得られる。これに対して細粒分を多く含む土(図1･13中②の土)では、最大乾燥密度 $\rho_{d\max}$ は小さく最適含水比 w_{opt} は大きくなる。また、締固め曲線の傾きは緩やか(図1･14中②)で含水比 w が変化しても締固め効果にそれほど差が見られない。

図1･15は透水係数～含水比の関係と乾燥密度～含水比の関係(締固め曲線)を比較したものである。図で分かるようにもっともよく締まったときの最適含水比より若干湿潤側で透水係数はもっとも小さな値を示す。

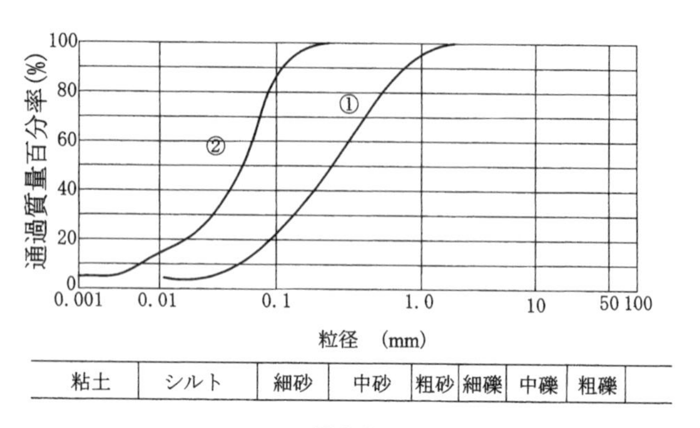

図1・13

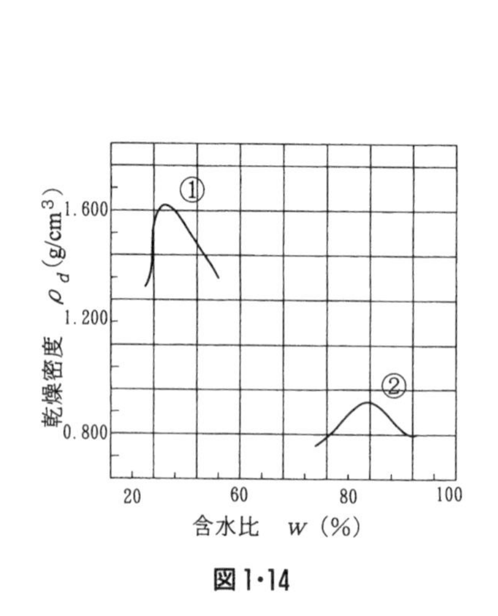

図1・14

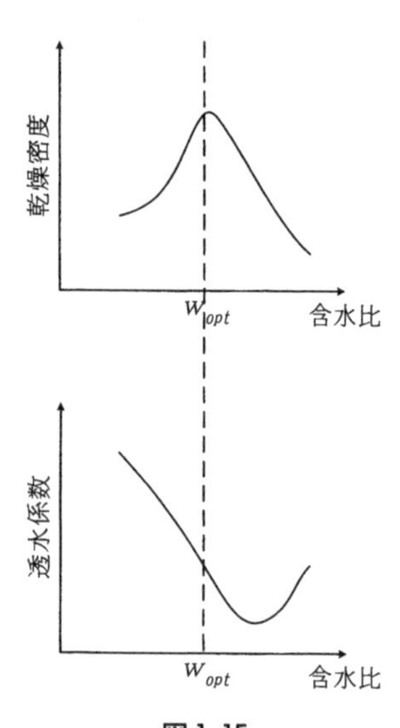

図1・15

（土質試験－基本と手引－（第三回改訂版）・（社）地盤工学会2022年、p.78図9.4をもとに作成）

応用問題６の解答

（1）の答：締固め試験結果より表1・12が得られる。

表1・12

含水比 (%)	土 (g)	湿潤密度(Mg/m³)	乾燥密度 (Mg/m³)
51.5	1068	1.068	0.705
60.0	1168	1.168	0.730
71.2	1318	1.318	0.770
79.5	1416	1.416	0.789
84.0	1459	1.459	0.793
90.0	1457	1.457	0.767
98.5	1449	1.449	0.730

この計算結果より $\rho_d \sim w$ の関係を図示すると締固め曲線(図1・16)が得られる。この図より、最大乾燥密度 $\rho_{d\,max}=0.794\,\mathrm{Mg/m^3}$、そのときの最適含水比 $w_{opt}=82.5\%$ …答

(2)の答

ゼロ空気間隙曲線は、$\rho_{d\,sat}=\dfrac{\rho_w}{\dfrac{\rho_w}{\rho_s}+\dfrac{w}{100}}$ である。

各含水比を代入して $\rho_{d\,sat}$ を求めると表1・13が得られる。この計算結果を締固め曲線に代入すると図1・16のようになる。

表1・13

含水比 (%)	$\rho_{d\,sat}$ (Mg/m³)
51.5	—
60.0	—
71.2	—
79.5	—
84.0	0.824
90.0	0.786
98.5	0.736

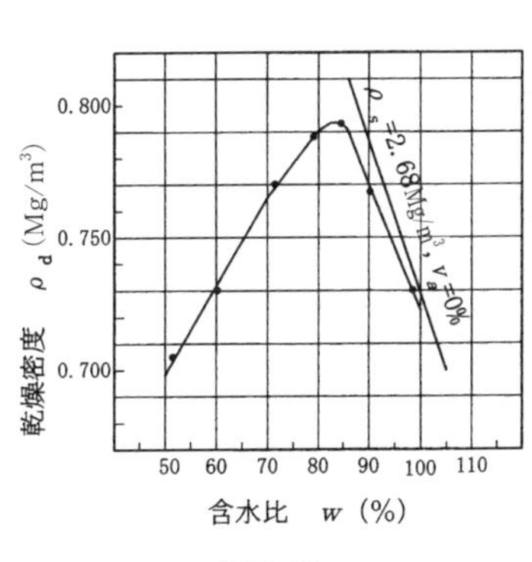

図1・16

応用問題7の解答

含水比の定義より、

$w=\frac{m_w}{m_s}\times 100[\%]$ であり、さらに、$m=m_s+m_w$ であるから、

$m_s=\frac{m}{1+\frac{w}{100}}$、$m_w=m-m_s$ となる。

したがって、

含水比 w が150.0%の土3.5[t]に含まれる

土粒子の質量は $m_s=1400$[kg]、水の質量は $m_w=2100$[kg]

また、含水比10.0%の土3.2[t]に含まれる

上粒子の質量は $m_s=2909$[kg]、水の質量は $m_w=291$[kg]

この二つの土を混ぜると

土粒子の質量は $m_s=1400$[kg]$+2909$[kg]$=4309$[kg]

水の質量は $m_w=2100$[kg]$+291$[kg]$=2391$[kg]

となり、含水比は $w=\frac{2391[\text{kg}]}{4309[\text{kg}]}\times 100[\%]=55.5[\%]$ …答

応用問題8の解答

（1） 最大乾燥密度 $\rho_d=1.762[\text{g/cm}^3]$ における、盛土の湿潤密度 ρ_t は

$$\rho_t=\rho_d\left(1+\frac{w}{100}\right)=1.762[\text{g/cm}^3]\times(1+0.181)=2.081[\text{Mg/m}^3]$$

盛土の仕上がり体積は20000[m³]であるから、最適含水比に調整した総土量 M は

$$M=20000[\text{m}^3]\times 2.081[\text{g/cm}^3]=41620[\text{t}]$$

この土は加水して含水比18.1%に調整されているので、乾燥土に換算したときの総土量 M_s を求めると、

$$M_s=\frac{41620[\text{t}]}{1+\frac{18.1[\%]}{100}}=35241[\text{t}]$$

自然含水比15.2%のときの水量 M_w は、

$$M_w=\frac{w}{100}M_s=\frac{15.2[\%]}{100}\times 35241[\text{t}]=5357[\text{t}]$$

したがって、

$M = M_s + M_w = 35241\,[\mathrm{t}] + 5357\,[\mathrm{t}] = 40598\,[\mathrm{t}]$ …答

（2） 掘削土 1m³ 当たり、

掘削土の質量　$m = 2.181\,[\mathrm{g/cm^3}] \times 1\,[\mathrm{m^3}] = 2.181\,[\mathrm{t}]$

土粒子の質量　$m_s = \dfrac{m}{1 + w/100} = \dfrac{2.181\,[\mathrm{t}]}{1 + 0.152} = 1.893\,[\mathrm{t}]$

含水量　$m_w = m - m_s = 0.288\,[\mathrm{t}]$

加水量を x とすれば、加水後の含水比 w は、

$$\frac{m_w + x}{m_s} \times 100 = \frac{0.288\,[\mathrm{t}] + x}{1.893\,[\mathrm{t}]} \times 100\,[\%] = 18.1\,[\%]$$

$\therefore \quad x = 0.055\,[\mathrm{t}]$

したがって、掘削土 1[t]当たりでは、

$\dfrac{0.055}{2.181} = 0.0252\,[\mathrm{t}] = 25.2\,[\mathrm{kg}]$ …答

応用問題 9 の解答

1 t 当たりの土の土粒子質量 m_s と含水量 m_w を求めると、

乾燥土：$m_s = 1.0[\mathrm{t}]$、$m_w = 0[\mathrm{t}]$

含水比 25.0%の土：$m_s = \dfrac{m}{1 + w/100} = \dfrac{1.0\,[\mathrm{t}]}{1 + 0.25} = 0.8\,[\mathrm{t}]$

$m_w = m - m_s = 0.2\,[\mathrm{t}]$

含水比 40.0%の土：$m_s = 0.714[\mathrm{t}]$、$m_w = 0.286[\mathrm{t}]$

これら 3 種類の土を混ぜ合わせると

$m = 3.0[\mathrm{t}]$、$m_s = 2.514[\mathrm{t}]$、$m_w = 0.486[\mathrm{t}]$

したがって、混合土の含水比は

$$w = \frac{m_w}{m_s} \times 100 = \frac{0.486}{2.514} \times 100\,[\%] = 19.3\,[\%]$$

となり、間隙比 e は

$$e = \frac{V\rho_s}{m_s} - 1 = \frac{1.5\,[\mathrm{m^3}] \times 2.70\,[\mathrm{g/cm^3}]}{2.514\,[\mathrm{t}]} - 1 = 0.611$$

飽和度 S_r は、

$S_r = \dfrac{w\rho_s}{e\rho_w} = \dfrac{19.3\,[\%] \times 2.70\,[\mathrm{g/cm^3}]}{0.611 \times 1.00\,[\mathrm{g/cm^3}]} = 85.3\,[\%]$ …答

湿潤密度は、$\rho_t = \dfrac{m}{V} = \dfrac{3.0[t]}{1.5[m^3]} = 2.00\ [Mg/m^3]$　…答

別解　相互関係式を使わずに、定義式から湿潤密度ρ_tと飽和度S_rを用いても求められる。

含水比の定義$w = \dfrac{m_w}{m_s}$より、$m_w = w \times m_s$である。

これより、$m = m_s + m_w = (1 + w) \times m_s$となり、$m_s = \dfrac{m}{(1+w)}$となる。この式を用いて、3つの土の土粒子の質量を算出する。

・質量1[t]の乾燥土に含まれる土粒子の質量は、　$\dfrac{1[t]}{(1+0)} = 1[t]$

・質量1[t]の含水比$w = 25[\%]$の土に含まれる土粒子の質量は、　$\dfrac{1[t]}{(1+0.25)} = 0.8[t]$

・質量1[t]の含水比$w = 40[\%]$の土に含まれる土粒子の質量は、　$\dfrac{1[t]}{(1+0.4)} = 0.714[t]$

これらを合わせると、$m_s = 1[t] + 0.8[t] + 0.714[t] = 2.514[t]$となる。

したがって、$Vs = \dfrac{m_s}{\rho_s} = \dfrac{2.514[t]}{2.70[g/cm^3]} = \dfrac{2.514[t]}{2.70[t/m^3]} = 0.931[m^3]$

$$m = 1[t] + 1[t] + 1[t] = 3[t]$$

また、$V = 1.5[m^3]$であるから、

湿潤密度は $\rho_t = \dfrac{m}{V} = \dfrac{3[t]}{1.5[m^3]} = 2.00[Mg/m^3]$となる。

また、$m_w = m - m_s = 3[t] - 2.514[t] = 0.486[t]$となり、

$$V_w = \frac{m_w}{\rho_w} = 0.486[m^3]$$

したがって、$V_v = V - V_s = 1.5[m^3] - 0.93[m^3] = 0.569[m^3]$

この結果、飽和度は$S_r = \dfrac{V_w}{V_\rho} = \dfrac{0.486[m^3]}{0.569[m^3]} = 0.854 = 85.4[\%]$

答　$\rho_t = 2.00Mg/m^3$、$S_r = 85.4\%$

応用問題 10 の解答

Nの定義は、ランマーが30 cm貫入するのに要する打撃回数である。試験結果を見ると打撃回数7回で貫入量の総計が30 cmを超えている。
それゆえ、N値は7である。この値はゆるい砂地盤であることを示している。

第2章　応用問題の解答

応用問題1の解答

（1）　$Q=k\frac{h}{L}D=2.5\times10^{-3}\,[\mathrm{m/sec}]\times\frac{0.50\,[\mathrm{m}]}{25\,[\mathrm{m}]}\times2.0\,[\mathrm{m}]=1.0\times10^{-4}\,[\mathrm{m^3/sec}]$

$$=8.64\left[\frac{\mathrm{m^3/day}}{\mathrm{m}}\right]$$

すなわち透水流量は、地盤奥行き1mあたり、1日に8.64m³。

（2）　$Q=\int_0^D k\frac{h}{L}dz=\frac{h}{L}\int_0^D(a-bz)dz=\frac{h}{L}\left(aD-\frac{b}{2}D^2\right)=5.18\left[\frac{\mathrm{m^3/day}}{\mathrm{m}}\right]$

応用問題2の解答

（1）　$Q=k\Delta H\frac{N_f}{N_p}=2.0\times10^{-6}\,[\mathrm{m/sec}]\times3\,[\mathrm{m}]\times\frac{4}{10}$

$$=2.4\times10^{-6}\,[\mathrm{m^2/sec}]=0.21\left[\frac{\mathrm{m^3/day}}{\mathrm{m}}\right]$$

（2）　等ポテンシャル線間の水頭差はどこでも等しい。したがって、流線網一区画の水頭差は $\Delta h=\Delta H/N_p=3\,[\mathrm{m}]/10=0.3\,[\mathrm{m}]$ なので、地盤中の水頭分布は右図のようになっている。この図より、点Aにおける水頭の概略値は $h=1\,\mathrm{m}$

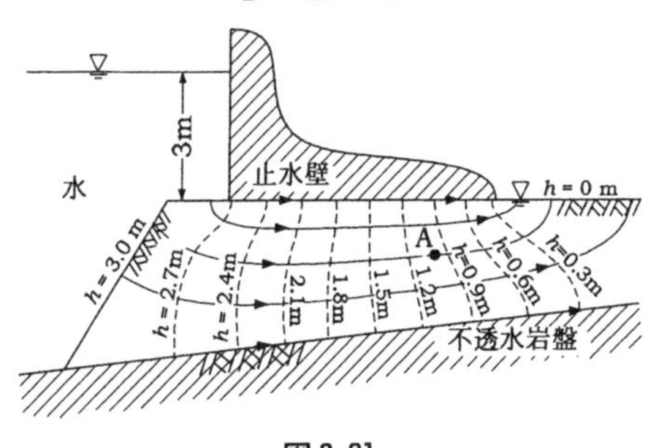

図 2・21

応用問題3の解答

（1）　$Q=k\Delta H\frac{N_f}{N_p}=2.0\times10^{-6}\,[\mathrm{m/sec}]\times3\,[\mathrm{m}]\cdot\frac{3}{9}=2.0\times10^{-6}\,[\mathrm{m^2/sec}]$

$$=0.17\left[\frac{\mathrm{m^3/day}}{\mathrm{m}}\right]$$

（2）　等ポテンシャル線間の水頭差はどこでも等しい。したがって、流線網一区画の水頭差は $\Delta h=\Delta H/N_p=3\,[\mathrm{m}]/9=0.33\,[\mathrm{m}]$。一方、点Aを含む区

画の流線の長さ(透水距離)を図から測ると、およそ $L=1.2$ m。したがって、この区画での動水勾配の概略値は、

$i=\Delta h/L=0.33\,[\mathrm{m}]/1.2\,[\mathrm{m}]=0.28$

また、この区画での流速の概略値は、

$v=ki=2.0\times10^{-6}\,[\mathrm{m/sec}]\times0.28=5.6\times10^{-7}\,[\mathrm{m/sec}]$

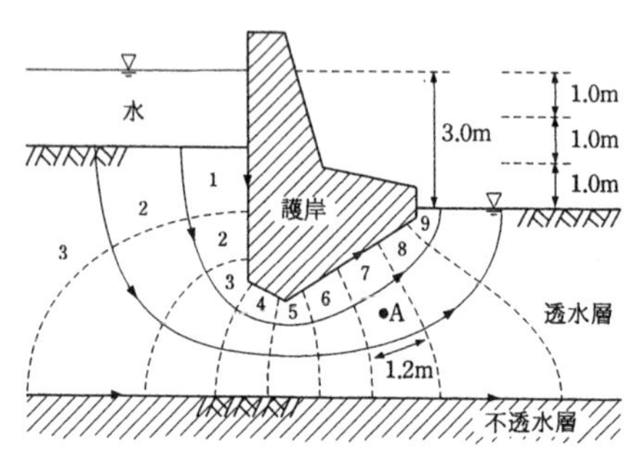

図 2・22

応用問題 4 の解答

(1) 現象は左右対称なので中心線を横切る流れは存在せず、中心線が流線となることに注意する。半分だけを考えてその流量を $Q_{1/2}$ とすれば、次頁図 2・23 より、

$$Q_{1/2}=kH\frac{N_f}{N_p}=2.4\times10^{-4}\,[\mathrm{m/sec}]\times3\,[\mathrm{m}]\times\frac{3}{6}=3.6\times10^{-4}\,[\mathrm{m^2/sec}]$$

$$=1.3\left[\frac{\mathrm{m^3/hour}}{\mathrm{m}}\right]$$

したがって、全体で必要な排水流量は、

$$Q=2\times Q_{1/2}=2.6\left[\frac{\mathrm{m^3/hour}}{\mathrm{m}}\right]$$

(2) 水頭差 h は時間とともに減少するので、非定常問題である。微小時間 dt の間に水頭が dh だけ変化したとすれば、

・矢板内の水の増加量(水頭減少時に増加)は $V=W(-dh)$

・水の流入量は $V=2Q_{1/2}dt=2kh(N_f/N_p)dt$

両者を等しいとおいて、変数分離・積分すれば、

$$2\frac{N_f}{N_p}k\int_0^T dt=-W\int_{H_0}^{H}\frac{1}{h}dh$$

$$H = H_0 \exp\left(-\frac{2}{W}\frac{N_f}{N_p}kT\right)$$

$$= 3.0\,[\mathrm{m}] \times \exp\left\{-\frac{2}{4[\mathrm{m}]} \times \frac{3}{6} \times (2.4 \times 10^{-4}\,[\mathrm{m/sec}])\right.$$

$$\left. \times 21600\,[\mathrm{sec}]\right\} = 0.82\,[\mathrm{m}]$$

（3） 排水によって、微小時間 dt の間に水頭差が dh だけ増加したとする。

ポンプによる排水量＝矢板内の水の減少量＋水の流入量

とおけば、$Qdt = Wdh + 2kh\frac{N_f}{N_p}dt$　これを変数分離して、

$$\frac{dh}{dt} + \frac{2kN_f}{WN_p}h = \frac{Q}{W}$$

ヒントを参照して、初期条件（$t=0$ で $h=0$）のもとで h について解くと、時刻 t における水頭差は $h = \frac{QN_p}{2kN_f}\left\{1 - \exp\left(-\frac{2kN_f}{WN_p}t\right)\right\}$ と表される。

したがって、

$$Q = \frac{2hkN_f}{\left\{1 - \exp\left(-\frac{2kN_f}{WN_p}t\right)\right\}N_p}$$

$$= \frac{2 \times 3[\mathrm{m}] \times (2.4 \times 10^{-4}\,[\mathrm{m/sec}]) \times 3}{\left\{1 - \exp\left(-\frac{2 \times (2.4 \times 10^{-4}\,[\mathrm{m/sec}])}{4[\mathrm{m}]} \times \frac{3}{6} \times 21600\,[\mathrm{sec}]\right)\right\} \times 6}$$

$$= 9.92 \times 10^{-4}\,[\mathrm{m^2/sec}] = 3.57\,[\mathrm{m^2/hour}] = 3.57\left[\frac{\mathrm{m^3/hour}}{\mathrm{m}}\right]$$

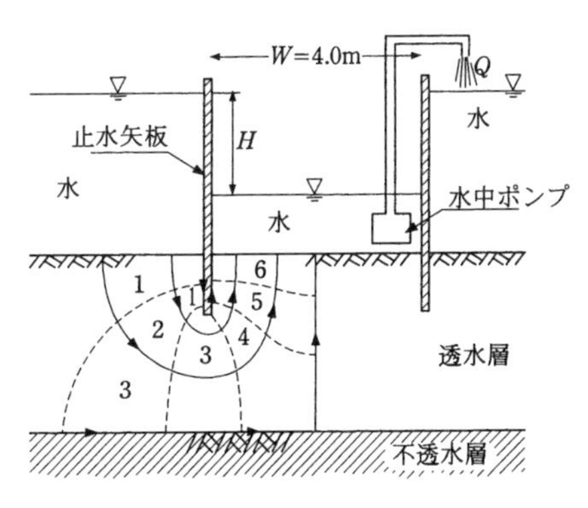

図 2·23

応用問題1の解答

（1）　表3･6に、結果を示す。ここで間隙比eは、$\rho_d=\dfrac{m_s}{h\times r^2\pi}$、$m_s$=40 g、$h$：供試体の高さ、$r$：供試体の半径 =3.0 cm、$e=\dfrac{\rho_s}{\rho_d}-1$の関係式から求めることができる。

表3･6から得られる間隙比e-圧密圧力σ_vの関係は図3･7のようになり、C_c=0.943と求められる。圧密降伏応力σ_{vc}は、以下のキャサグランデ法の手順にしたがい求める。(1)圧縮曲線の最大曲率点Aを求め、こ

表3･6

載荷段階	σ_v (kN/m²)	$\Delta\sigma_v$ (kN/m²)	$\overline{\sigma'_v}$ (kN/m²)	ΔH (cm)	H (cm)	$\overline{H}$ (cm)	$\Delta\varepsilon$ (%)	a_v $(=-\Delta e/\Delta\sigma_v)$ (m²/kN)	m_v $(=\Delta\varepsilon/100/\Delta\sigma_v)$ (m²/kN)	間隙比 e
0	0				2.000					2.676
		9.8	4.9	0.0048		1.998	0.240	1.02×10^{-3}	2.45×10^{-4}	
1	9.8				1.995					2.666
		9.8	14.7	0.0078		1.991	0.392	1.43×10^{-3}	4.00×10^{-4}	
2	19.6				1.987					2.652
		19.6	29.4	0.0158		1.979	0.798	1.53×10^{-3}	4.07×10^{-4}	
3	39.2				1.971					2.622
		39.2	58.8	0.0397		1.951	2.03	1.86×10^{-3}	5.18×10^{-4}	
4	78.4				1.932					2.549
		78.4	117.6	0.1069		1.878	5.69	2.51×10^{-3}	7.26×10^{-4}	
5	156.8				1.825					2.352
		156.8	235.2	0.1597		1.744	9.16	1.88×10^{-3}	5.84×10^{-4}	
6	313.6				1.665					2.058
		313.6	470.4	0.1524		1.588	9.60	8.90×10^{-4}	3.06×10^{-4}	
7	627.2				1.513					1.779
		627.2	940.8	0.1527		1.436	10.63	4.48×10^{-4}	1.69×10^{-4}	
8	1254.4				1.360					1.498

の点から水平線ABおよび曲線の接線ACを引く、(2)2つの直線の二等分線ADと圧縮曲線の正規圧密領域の最急勾配を代表する直線の延長との交点Eの横座標を σ_{vc} とする。これより、圧密降伏応力 σ_{vc} は、110 kN/m^2 と求められる。

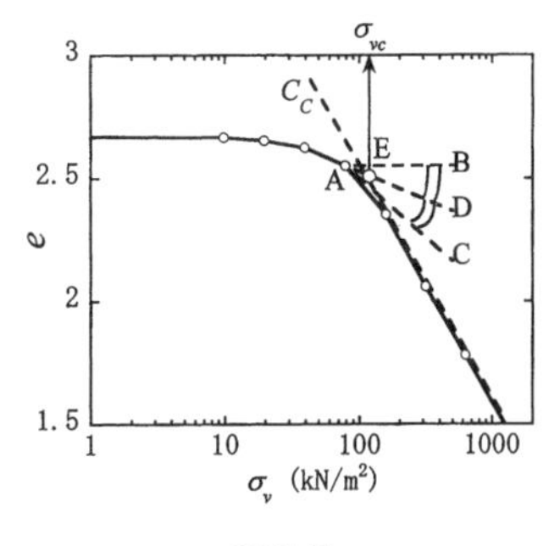

図3・7

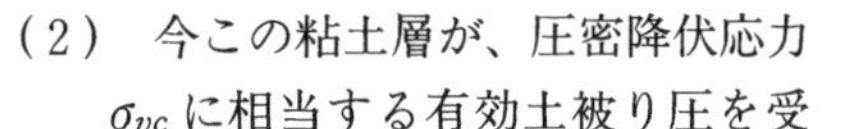

(2) 今この粘土層が、圧密降伏応力 σ_{vc} に相当する有効土被り圧を受けた状態から、盛土の建設により有効応力が $\Delta\sigma_v$=50kN/m^2 だけ増加して均等に圧密が進行したとすると、圧密降伏応力 σ_{vc}=110kN/m^2(点E)における間隙比 e_o=2.50と求められるので、圧密沈下量 $S=H\times\dfrac{-\Delta e}{1+e_o}$、

$\Delta e=-C_C\times\log_{10}\left(\dfrac{\sigma_{vo}+\Delta\sigma_v}{\sigma_{vo}}\right)$ より、

$$S=300\,[\mathrm{cm}]\times0.943\times\log_{10}\left(\frac{110\,[\mathrm{kN/m^2}]+50\,[\mathrm{kN/m^2}]}{110\,[\mathrm{kN/m^2}]}\right)/(1+2.50)$$
$$=13.15\,[\mathrm{cm}]$$

応用問題2の解答

図3・8に示すように、$\sqrt{t}$ 法により t_{90} を求めると、t_{90}=300 sec=5 minが得られる。

$\sqrt{t}$ 法によるデータ整理のしかたは以下のとおりである。(1)縦軸に変位計の読み d、横軸に経過時間 t の平方根をとり $d-\sqrt{t}$ 曲線を描く。(2)初期に現れる直線部分と $t=0$ の交点を、d_0 とする。(3)点 $(t, d)=(0, d_0)$ を通り、初期の $d-\sqrt{t}$ 直線の傾きの1.15倍の傾きを持つ直線を引き、$d-\sqrt{t}$ 曲線との交点を理論圧密度90%の点とし、(t_{90}, d_{90}) を求める。

圧密係数 c_v は、$c_v=\dfrac{T_V\times H_d^2}{t}$ を元にして、$c_v\,[\mathrm{cm^2/day}]=0.848\left(\dfrac{\bar{H}\,[\mathrm{cm}]}{2}\right)^2\times\dfrac{1440}{t_{90}\,[\mathrm{min}]}$、($\bar{H}$:各載荷段階の圧密供試体の平均高さ)、の式から求める。

よって、$c_v[\mathrm{cm^2/day}]=0.848\times\left(\dfrac{1.745\,[\mathrm{cm}]}{2}\right)^2\times\left(\dfrac{1440}{5\,[\mathrm{min}]}\right)=185.9[\mathrm{cm^2/day}]$

また表3･6より、$m_v = 5.84 \times 10^{-4}$ [m²/kN]。よって、$k = c_v \times m_v \gamma_w =$ 185.9 [cm²/day]×(5.84×10⁻⁴×100²) [cm²/kN]×(9.81/100³) [kN/cm³]= 0.01065 [cm/day]=1.23×10⁻⁷ [cm/sec]

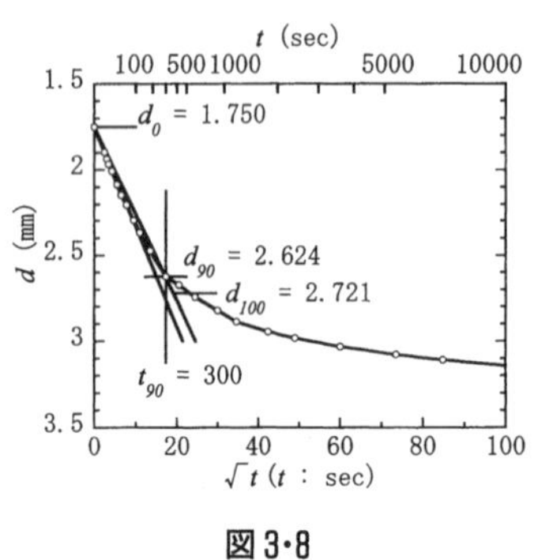

図3･8

応用問題3の解答

応用問題1および2の解答と、透水係数 $k = c_v \times m_v \gamma_w$ の関係式から、表3･7のようにまとめられる。

表3･7

載荷段階	σ_v (kN/m²)	$\overline{\sigma_v'}$ (kN/m²)	$\overline{H}$ (cm)	t_{90} (sec)	m_v (m²/kN)	c_v (cm²/day)	k (cm/sec)
0	0						
		4.9	1.998	―	2.45×10^{-4}	―	―
1	9.8						
		14.7	1.991	―	4.00×10^{-4}	―	―
2	19.6						
		29.4	1.980	51	4.07×10^{-4}	1408.0	6.50×10^{-7}
3	39.2						
		58.8	1.952	82	5.18×10^{-4}	851.1	5.00×10^{-7}
4	78.4						
		117.6	1.879	219	7.26×10^{-4}	295.3	2.43×10^{-7}
5	156.8						
		235.2	1.745	300	5.84×10^{-4}	185.9	1.23×10^{-7}
6	313.6						
		470.4	1.589	320	3.06×10^{-4}	144.5	5.02×10^{-8}
7	627.2						
		940.8	1.437	263	1.69×10^{-4}	143.8	2.76×10^{-8}
8	1254.4						

応用問題4の解答

地下水位降下前の、飽和粘土層中央における有効土被り圧は、$\sigma'_{v0}=\gamma_t$ [kN/m^3]×1.0 [m]+($\gamma_{sat}-9.81$) [kN/m^3]×4.0 [m]+($\gamma_{sat}-9.81$) [kN/m^3]×1.5 [m]=59.145 [kN/m^2]。地下水位降下後では、$\sigma'_{v1}=\gamma_t$ [kN/m^3]×4.0 [m]+($\gamma_{sat}-9.81$) [kN/m^3]×1.0[m]+($\gamma_{sat}-9.81$) [kN/m^3]×1.5 [m]=84.975 [kN/m^2]

また、この飽和粘土層の初期間隙比 e_0 は、$\gamma_{sat}=\dfrac{\gamma_s+e_0\times\gamma_w}{1+e_0}$ の関係式から、

$e_0=\dfrac{\gamma_s-\gamma_{sat}}{\gamma_{sat}-\gamma_w}=\dfrac{2.60\times 9.81\,[\mathrm{kN/m^3}]-16.2\,[\mathrm{kN/m^3}]}{16.2\,[\mathrm{kN/m^3}]-9.81\,[\mathrm{kN/m^3}]}=1.456$ よって $S=H\times\dfrac{-\Delta e}{1+e_0}$、$\Delta e=-C_c\times\log_{10}\left(\dfrac{\sigma'_{v1}}{\sigma'_{v0}}\right)$ より、$S=300\,[\mathrm{cm}]\times 0.45\times\log_{10}\left(\dfrac{84.975\,[\mathrm{kN/m^2}]}{59.145\,[\mathrm{kN/m^2}]}\right)/(1+1.456)=8.65\,[\mathrm{cm}]$

排水長 H_d=300 [cm]/2=150 [cm]　また表3·1より、U=90%における T_v=0.848　よって、$t=\dfrac{T_v\times H_d^2}{c_v}=\dfrac{0.848\times 150^2\,[\mathrm{cm^2}]}{60\,[\mathrm{cm^2/day}]}=318\,[\mathrm{day}]$

応用問題5の解答

正方形べた基礎建設前の、飽和粘土層中央における有効土被り圧は、$\sigma'_{v0}=\gamma_t$ [kN/m^3]×1.0 [m]+($\gamma_{sat}-9.81$) [kN/m^3]×4.0 [m]+($\gamma_{sat}-9.81$) [kN/m^3]×1.5 [m]=61.945 [kN/m^2]。正方形べた基礎建設により生じる飽和粘土層中央における載荷圧 $\Delta\sigma_v$ は、$\sigma'_{v0}\times B^2=\Delta\sigma_v\times(B+6.5)^2$ の関係から求められる。よって、正方形べた基礎建設後の飽和粘土層中央における有効土被り圧は、$\sigma'_{v1}=\sigma'_{v0}+\Delta\sigma_v=61.945+80\times 5^2/(5+6.5)^2=77.07$ [kN/m^2]

また、この粘土層の初期間隙比 e_0 は、応用問題5と同様にして e_0=1.456。

よって圧密沈下量 $S=300\,[\mathrm{cm}]\times 0.45\times\log_{10}\left(\dfrac{77.07\,[\mathrm{kN/m^2}]}{61.945\,[\mathrm{kN/m^2}]}\right)/(1+1.456)=5.2\,[\mathrm{cm}]$

排水長 H_d=300 [cm]/2=150[cm]　また表3·1より、U=90%における T_v=0.848　よって、$t=\dfrac{T_v\times {H_d}^2}{c_v}=\dfrac{0.848\times 150\,[\mathrm{cm^2}]}{65\,[\mathrm{cm^2/day}]}=294\,[\mathrm{day}]$

応用問題 6 の解答

正方形べた基礎建設前の、飽和粘土層中央における有効土被り圧は、$\sigma'_{v0}=\gamma_t$ [kN/m³]×1.0 [m]+(γ_{sat}−9.81) [kN/m³]×4.0 [m]+(γ_{sat}−9.81) [kN/m³]×1.5 [m]=61.945 [kN/m²]。正方形べた基礎建設にともない、(a)根入れ深さ2.5 m までの掘削土の重量だけ載荷圧が低下する、(b)べた基礎は地下水位以深まで達するので浮力が働き、載荷圧が低下する、ことを考慮しなければならない。

(a) 根入れ深さ 2.5 m までの掘削にともなう載荷圧の低下 $\Delta\sigma_{va}$ は、

$$\Delta\sigma_{va}=\gamma_t\,[\mathrm{kN/m^3}]\times 1.0\,[\mathrm{m}]+(\gamma_{sat}-9.81)\,[\mathrm{kN/m^3}]\times(2.5-1.0)\,[\mathrm{m}]=30.385\,[\mathrm{kN/m^2}]$$

(b) 浮力による載荷圧の低下 $\Delta\sigma_{vb}$ は、

$$\Delta\sigma_{vb}=(2.5-1)\times 9.81=14.715\,[\mathrm{kN/m^2}]$$

よって、正方形べた基礎の有効載荷圧 σ'_{v1} は、$\sigma'_{v1}=q-\Delta\sigma_{va}-\Delta\sigma_{vb}=80-30.385-14.715=34.9$ [kN/m²]。飽和粘土層中央における載荷圧 $\Delta\sigma'_v$ は、$\sigma'_{v1}\times B^2=\Delta\sigma'_v\times(B+6.5-2.5)^2$ の関係から、$\Delta\sigma'_v=34.9\times 5^2/(5+6.5-2.5)^2=$ 10.77 [kN/m²]

また、この粘土層の初期間隙比 $e_0=1.456$。よって圧密沈下量 $S=300$[cm]×

$$0.45\times\log_{10}\left(\frac{61.945+10.77\,[\mathrm{kN/m^2}]}{61.945\,[\mathrm{kN/m^2}]}\right)/(1+1.456)=3.83\,[\mathrm{cm}]$$

排水長 $H_d=300$ [cm]/2=150 [cm]。また表 3·1 より、$U=90\%$ における $T_v=$ 0.848　よって、

$$t=\frac{T_v\times H_d^2}{c_v}=\frac{0.848\times 150^2\,[\mathrm{cm^2}]}{65\,[\mathrm{cm^2/day}]}=294\,[\mathrm{day}]$$

応用問題 7 の解答

双曲線法では、経過時間を T とすると、沈下量 S は次式で与えられる。

$$S=S_o+\frac{T}{\alpha+\beta\times T}$$

ここで、So は計算開始時の沈下量である。上式より、

$$\frac{T}{S-S_o}=\alpha+\beta\times T$$

であるから、観測結果から $T/(S-S_o)\sim\alpha+\beta\times T$ を図示して、未知数 α、β を求める。施工終了時点を計算開始時とすると、その時の沈下量 $S_o=11.0$ cm で

ある。表3･8の $T \sim T/(S-S_o)$ の関係より図3･9が得られ、α=1.426[day/cm]、β=0.037[cm^{-1}]と求められる。したがって、施工開始後1年後の沈下量は、$S=S_o+T/(\alpha+\beta\times T)$=11.0+24.4=35.4 [cm]。また、予想される最終沈下量は $T=\infty$ のときであるから、$S=S_o+1/\beta$=11.0+27.0=38.0 [cm]

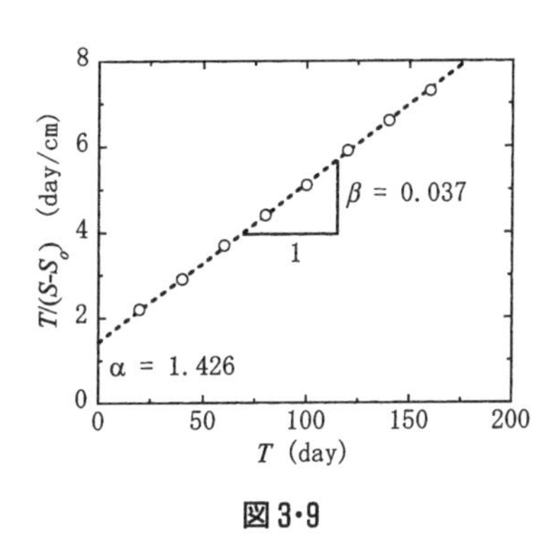

図3･9

表3･8

経過時間(日)	0	20	40	60	80	100	120	140	160	180	200	220	240	260
沈下量(cm)	0	2.2	3.7	5.7	8.2	11	20.2	24.6	27.4	29	30.5	31.5	32.1	32.8
施工終了後経過時間 T(日)						0	20	40	60	80	100	120	140	160
$T/(S\text{-}S_o)$(日/cm)						—	2.2	2.9	3.7	4.4	5.1	5.9	6.6	7.3

応用問題1の解答

（1）　最大主応力および最小主応力の大きさは、基本問題3より、

$$\sigma_1=\frac{\sigma_z+\sigma_x}{2}+\sqrt{\left(\frac{\sigma_z-\sigma_x}{2}\right)^2+\tau_{zx}{}^2}$$

$$=\frac{52\,[\mathrm{kN/m^2}]+30\,[\mathrm{kN/m^2}]}{2}+\sqrt{\left(\frac{52\,[\mathrm{kN/m^2}]-30\,[\mathrm{kN/m^2}]}{2}\right)^2+\{14\,[\mathrm{kN/m^2}]\}^2}=58.8\,[\mathrm{kN/m^2}]$$

$$\sigma_3=\frac{\sigma_z+\sigma_x}{2}-\sqrt{\left(\frac{\sigma_z-\sigma_x}{2}\right)^2+\tau_{zx}{}^2}$$

$$=\frac{52\,[\mathrm{kN/m^2}]+30\,[\mathrm{kN/m^2}]}{2}-\sqrt{\left(\frac{52\,[\mathrm{kN/m^2}]-30\,[\mathrm{kN/m^2}]}{2}\right)^2+\{14\,[\mathrm{kN/m^2}]\}^2}=23.2\,[\mathrm{kN/m^2}]$$

また、最大主応力の方向は、以下のように計算できる。

$$\alpha_1=\frac{1}{2}\tan^{-1}\frac{2\tau_{zx}}{\sigma_z-\sigma_x}=\frac{1}{2}\tan^{-1}\frac{2\times 14\,[\mathrm{kN/m^2}]}{52\,[\mathrm{kN/m^2}]-30\,[\mathrm{kN/m^2}]}=25.9\,[^\circ]$$

$$\alpha_2=\alpha_1+\frac{\pi}{2}=25.9\,[^\circ]+90\,[^\circ]=115.9\,[^\circ]$$

よって、図4･26に示すように最大主応力は x 方向(水平方向)から α_1、最小主応力は α_2 だけ傾斜した面に作用している。

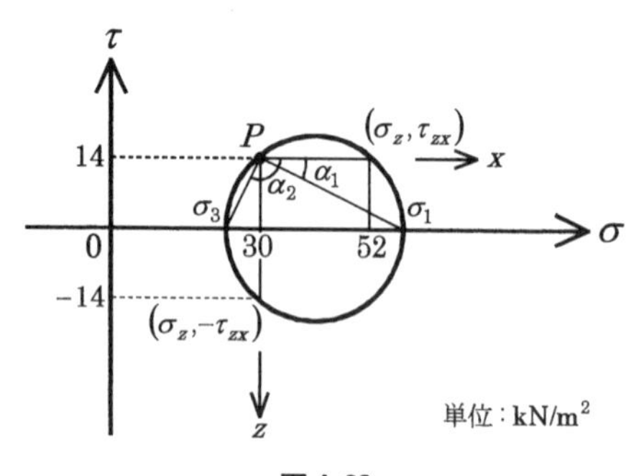

図4･26

(2)　有効応力に関する強度定数が c' kN/m^2=0、ϕ'=30° の砂であるから、モール・クーロンの破壊規準より破壊時の最大主応力と最小主応力の比は以下のようになる。

$$\frac{\sigma'_{1f}}{\sigma'_{3f}}=\frac{1+\sin\phi'}{1-\sin\phi'}=\frac{1+\sin 30\,[°]}{1-\sin 30\,[°]}=3.0$$

よって、破壊が生じるときの間隙水圧を u_f とすると、以下の式を満足しなければばならない。

$\frac{\sigma'_{1f}}{\sigma'_{3f}}=\frac{\sigma_1-u_f}{\sigma_3-u_f}=3.0$　この式と(1)で求めた最大主応力と最小主応力の値から、u_f=5.4 kN/m^2 となる。よって、問題にあるような斜面内で降雨等により、間隙水圧が 5.4 kN/m^2 上昇すると、モール・クーロンの破壊規準より地盤は崩壊する。

応用問題2の解答

(1)　一面せん断試験の供試体の断面積 A は $A=\frac{\pi}{4}(6.0\,[\mathrm{cm}])^2=28.27\times10^{-4}$ [m^2] となるから、垂直応力 σ_v およびせん断応力 τ は以下のように求めることができる。

$$\sigma_v=\frac{282.7N}{28.27\times10^{-4}\,[\mathrm{m}^2]}=100.0[\mathrm{kN/m^2}]$$

$$\tau=\frac{224.9N}{28.27\times10^{-4}\,[\mathrm{m}^2]}=79.6[\mathrm{kN/m^2}]$$

もうひとつの一面せん断試験も同様に以下のようになる。

$$\sigma_v=\frac{565.5N}{28.27\times10^{-4}\,[\mathrm{m}^2]}=200.0[\mathrm{kN/m^2}]$$

$$\tau=\frac{402.2N}{28.27\times10^{-4}\,[\mathrm{m}^2]}=142.3\,[\mathrm{kN/m^2}]$$

クーロンの破壊規準 $\tau_f=c'+\sigma'_f\tan\phi'$ を用いて強度定数を求めることができる。ここでは、$\sigma'_f=\sigma_v$ であるので、図4・27より以下のように求めることができる。

$\tan\phi'=0.627$、$c'=16.8$ kN/m^2

$\therefore$　$\phi'=32.1°$、$c'=16.8$ kN/m^2

(2)　式(4.3)を用いると、

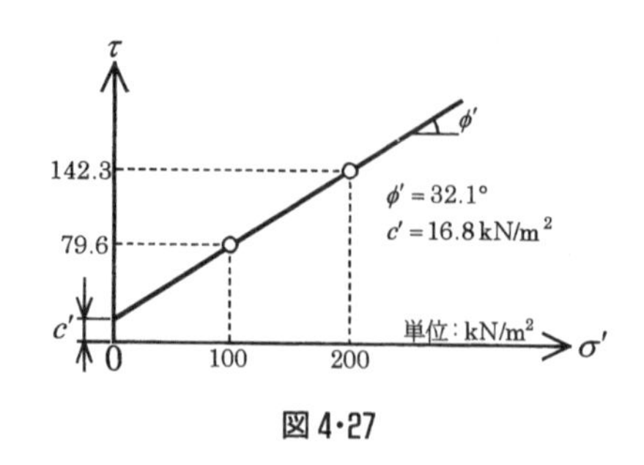

図 4・27

$$\sigma'_{1f}=\frac{1+\sin 32.1\,[°]}{1-\sin 32.1\,[°]}\times(200-100)\,[\mathrm{kN/m^2}]+\frac{2\cos 32.1\,[°]}{1-\sin 32.1\,[°]}\times 16.8\,[\mathrm{kN/m^2}]=387.5\,[\mathrm{kN/m^2}]$$

となる。破壊時の軸圧縮力 F は、軸圧縮力＝軸差応力×供試体の断面積であるので、以下のように求めることができる。ただし、変形が小さいので断面積 A は変化しないと仮定している。

供試体の断面積 $A=\frac{\pi}{4}(5.0\,[\mathrm{cm}])^2=19.63\,[\mathrm{cm}]^2=19.63\times10^{-4}\,[\mathrm{m^2}]$

軸圧縮 $F=(\sigma'_{1f}-\sigma'_{3f})\times A$

$$F=(387.5\,[\mathrm{kN/m^2}]-100\,[\mathrm{kN/m^2}])\times19.63\times10^{-4}\,[\mathrm{m^2}]=564.3\,[\mathrm{N}]$$

応用問題３の解答

（１） 点Ａにおける有効鉛直応力および有効水平応力は以下のように計算できる。

$$\sigma'_v=\gamma_t\times2\,[\mathrm{m}]+(\gamma_{sat}-\gamma_w)\times8\,[\mathrm{m}]=17\,[\mathrm{kN/m^3}]\times2\,[\mathrm{m}]+(19-9.81)\,[\mathrm{kN/m^3}]\times8\,[\mathrm{m}]$$

$$\therefore\quad \sigma_v'=107.5\,[\mathrm{kN/m^2}]$$

$$\sigma'_h=\sigma_v'\times K_0=107.5\,[\mathrm{kN/m^2}]\times0.8=86\,[\mathrm{kN/m^2}]$$

（２）

①$p'=\frac{\sigma'_{1f}+\sigma'_{3f}}{2}$、$q=\frac{\sigma'_{1f}-\sigma'_{3f}}{2}=\frac{\sigma_{1f}-\sigma_{3f}}{2}$ より、基本問題18を参考にして、次頁の表のように計算することができる。

②次頁の表を用いて、p' と q のグラフを書くと図4・28のようになる。よっ

表 4・13

供試体 No.	No. 1	No. 2	No. 3
初期の有効拘束圧 σ'_0 (kN/m²)	100	200	300
破壊時の最小主応力 σ'_{3f} (kN/m²)	37.0	74.0	111.0
破壊時の最大主応力 σ'_{1f} (kN/m²)	107.0	213.9	320.8
$p'=\frac{\sigma'_{1f}+\sigma'_{3f}}{2}$ (kN/m²)	72.0	144.2	215.9
$q=\frac{\sigma'_{1f}-\sigma'_{3f}}{2}$ (kN/m²)	35.0	70.0	104.9

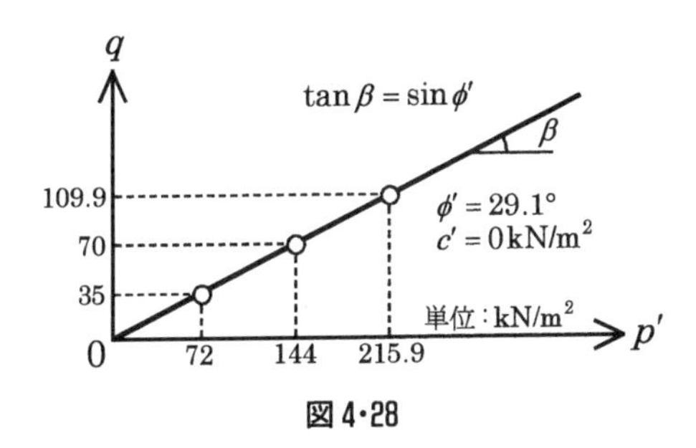

図 4・28

て強度定数は $c'=0$、$\phi'=29.1°$ となる。

つぎに、A の深さにある土の非排水せん断強さ s_u は以下のように求めることができる。まず A の深さにおける平均応力 p' は $p'=\frac{\sigma'_v+\sigma'_h}{2}=\frac{107.5\,[\mathrm{kN/m^2}]+86\,[\mathrm{kN/m^2}]}{2}=96.8\,[\mathrm{kN/m^2}]$ となり、モール・クーロンの破壊規準($q=c'\cos\phi'+p'\sin\phi'$)より非排水せん断強さ s_u を求めることができる。

$$s_u=c'\cos\phi'+p'\sin\phi'=0\,[\mathrm{kN/m^2}]+96.8\,[\mathrm{kN/m^2}]\times\sin 29.1\,[°]$$
$$=47.1[\mathrm{kN/m^2}]$$

(2) 盛土を緩速施工した場合、点 A における有効鉛直応力の増分は $\Delta\sigma'_v=\gamma_t\times3\,[\mathrm{m}]=20\,[\mathrm{kN/m^3}]\times3\,[\mathrm{m}]=60\,[\mathrm{kN/m^2}]$ となり、盛土完成後の有効鉛直応力および有効水平応力は以下のようになる。

$\sigma'_v = 107.5\,[\mathrm{kN/m^2}] + 60\,[\mathrm{kN/m^2}] = 167.5\,[\mathrm{kN/m^2}]$
$\sigma'_h = \sigma'_v \times 0.8 = 134.0\,[\mathrm{kN/m^2}]$

よって、平均応力 p' は $p' = \dfrac{\sigma'_v + \sigma'_h}{2} = \dfrac{167.5\,[\mathrm{kN/m^2}] + 134\,[\mathrm{kN/m^2}]}{2}$ $= 150.8\,[\mathrm{kN/m^2}]$ となり、(1)と同様に非排水せん断強さ s_u を求めることができる。

$s_u = c' \cos\phi' + p' \sin\phi' = 0\,[\mathrm{kN/m^2}] + 150.8\,[\mathrm{kN/m^2}] \times \sin 29.5\,[°]$
$= 73.4\,[\mathrm{kN/m^2}]$

応用問題 4 の解答

(1) 三軸試験で背圧をかける意味は以下のとおりである。

- 原位置での静水圧相当分の間隙水圧を加えるのが本来の意味であるが、室内試験を行う上で、次の理由からも背圧を作用させている。
- 供試体の飽和度を高めるため、特に非排水試験の場合は間隙水圧の測定精度を高めるために必ず背圧をかける。
- 非排水試験で間隙水圧が低下したときに、その絶対値が負にならないようにする。
- 体積変化計や水圧計が安定して計測できるようにするため。

(2) 排水条件 $(\Delta u = 0)$ なので破壊時に $\sigma'_{3f} = \sigma'_0 - \Delta u = \sigma'_0 = 100\,[\mathrm{kN/m^2}]$ となる。よって、破壊時の有効鉛直応力は、モール・クーロンの破壊規準 $(c' = 0)$ により以下のように求めることができる。

$$\frac{\sigma'_{1f}}{\sigma'_{3f}} = \frac{1 + \sin\phi'}{1 - \sin\phi'} = \frac{1 + \sin 29\,[°]}{1 - \sin 29\,[°]} = 2.88$$

$$\therefore\quad \sigma'_{1f} = \sigma'_{3f} \times 2.88 = 100\,[\mathrm{kN/m^2}] \times 2.88 = 288\,[\mathrm{kN/m^2}]$$

(3) 式(4.9)より強度増加率は以下のようになる。

題意より $\Delta\sigma_3 = 0$ かつ、土は水で飽和している $(B = 1)$ ので、式(4.5)より

$\Delta u = B\{\Delta\sigma_3 + A(\Delta\sigma_1 - \Delta\sigma_3)\} = A\Delta\sigma_1$ となる。よって破壊時は

$\Delta u_f = A_f \Delta\sigma_{1f}$ と表わされる。

したがって、

$$\sigma'_{1f} = \sigma'_0 + \Delta\sigma_{1f} - \Delta u_f = \sigma'_0 + (1 - A_f)\Delta\sigma_{1f}$$
$$\sigma'_{3f} = \sigma'_0 - \Delta u_f = \sigma'_0 - A_f \Delta\sigma_{1f}$$

これらをモール・クーロンの破壊基準 $\sin\phi' = \dfrac{\sigma'_{1f} - \sigma'_{3f}}{\sigma'_{1f} + \sigma'_{3f}}$ に代入して $\Delta\sigma_{1f}$ を求めると以下のようになる。

$$\Delta\sigma_{1f} = \frac{2\sigma'_0 \sin\phi'}{1+(2A_f-1)\sin\phi'} = \frac{2\times100\times\sin 29\,[^\circ]}{1+(2\times0.9-1)\sin 29\,[^\circ]}$$

$$=69.9\,[\mathrm{kN/m^2}]$$

よって $\Delta u_f = A_f \Delta\sigma_{1f} = 0.9\times69.9$

$$=62.9\,[\mathrm{kN/m^2}]$$

$$\sigma'_{1f} = \sigma'_0 + (1-A_f)\Delta\sigma_{1f} = 100+(1-0.9)69.9$$

$$=100+6.99=107\,[\mathrm{kN/m^2}]$$

応用問題 5 の解答例

図 4･29 に密な砂とゆるい砂の排水三軸圧縮試験結果の模式図を示す。

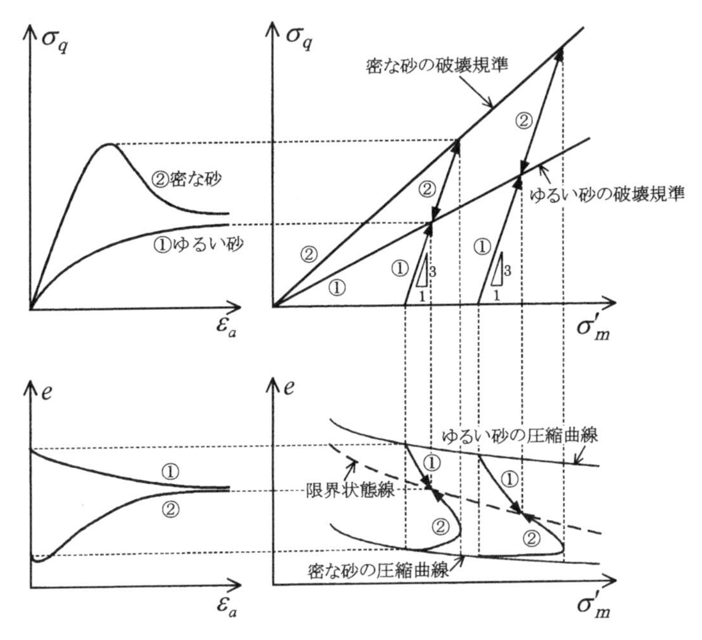

図 4･29

応用問題 6 の解答例

図 4･30 に正規圧密粘土と過圧密粘土の排水三軸圧縮試験結果の模式図を示す。

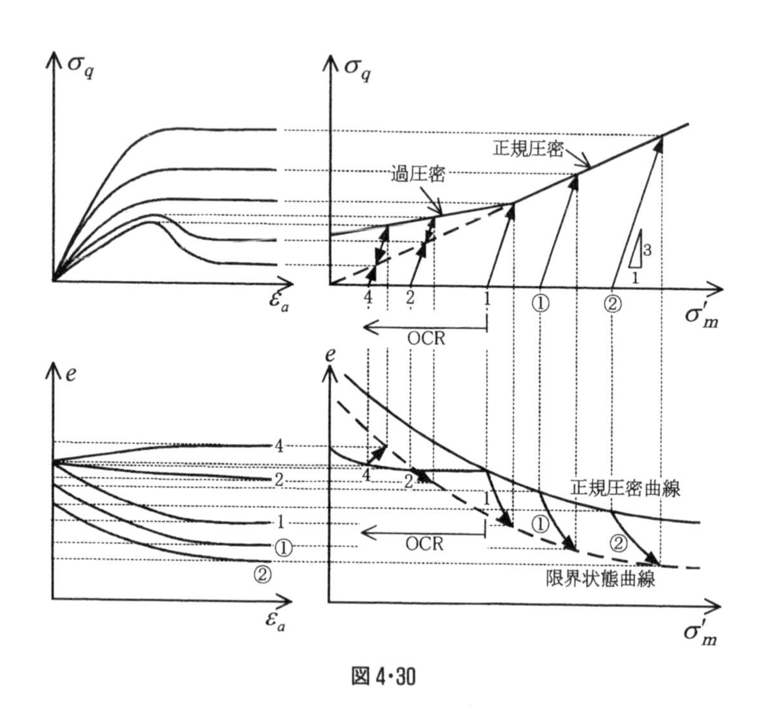

図 4･30

応用問題 7 の解答例

（6*d*、*q* を使っています。）6*q* との関連を解答例で説明します。

第5章　応用問題の解答

応用問題1の解答

モールの応力円を描くと図5•22のようになり、また $p'-q$ 関係を描くと図5•23になる。両図より粘着力 c'、せん断抵抗角 ϕ' はそれぞれ、$c'=55.6\,\mathrm{kN/m^2}$、$\phi'=13.1°$ となり、したがって、$K_A=0.630$、$K_P=1.59$ となる。

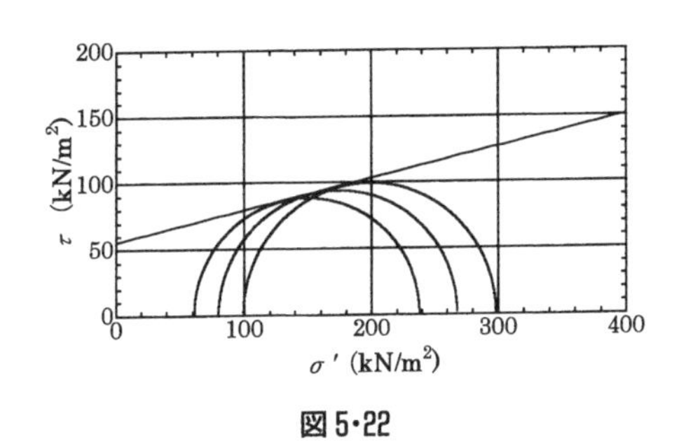

図5•22

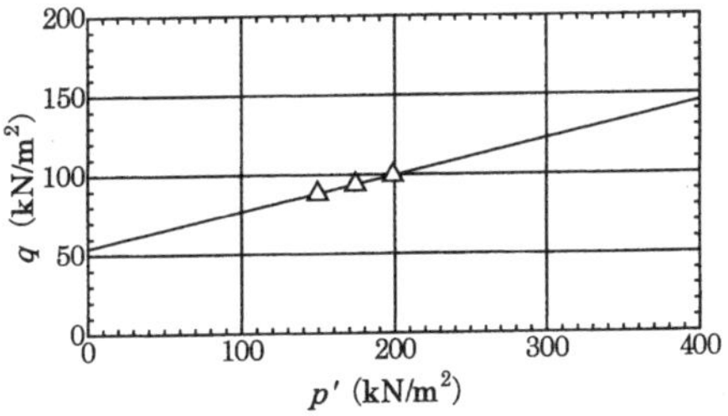

図5•23

応用問題2の解答

各層の主働・受働土圧係数はそれぞれ≪I層≫$K_A=0.406$ ≪II層≫$K_A=0.333$、$K_P=3.00$ ≪III層≫$K_A=0.271$、$K_P=3.69$ となる。I層における主働土圧が0になる深さこれを解くと $z_c=0.923\mathrm{m}$ となるので、主働・受働土圧は、図5•22のような分布になる。

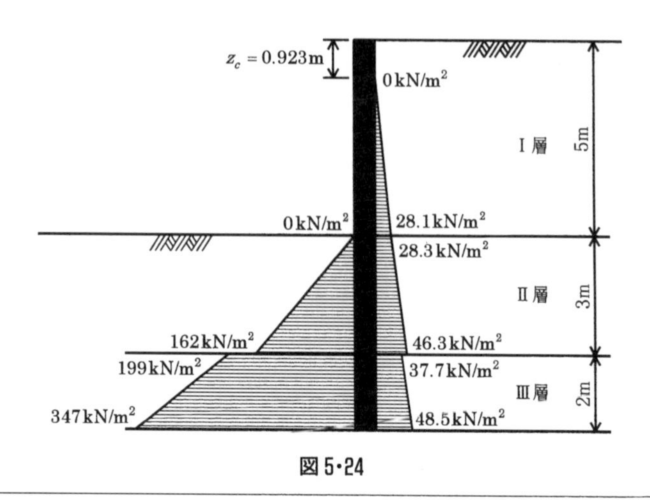

図 5･24

応用問題 3 の解答

（1） $\gamma'=16$ [kN/m³]-9.81 [kN/m³]$=6.19$ [kN/m³] なので、A、B、C 点における有効上載圧 σ'_V はそれぞれ 22.5 kN/m²、76.0 kN/m²、9.29 kN/m² となる。

（2） 主働・受働土圧係数は、式(5.1)より $K_A=0.589$、$K_P=1.70$ となる。地表面から主働土圧が 0 となるまでの深さを z_c とすると、

i ） $z_c<3$m(地下水位以浅)のとき

0.589×15 [kN/m³]$\times z_c$ [m]-2×20 [kN/m²]$\times\sqrt{0.589}=0$ [kN/m²] が成り立つ。

これを解くと $z_c=3.47$ m となり、$z_c<3$ m という条件を満たさない。

ii ） $z_c\geqq3$ m(地下水位以深)のとき地下水面から主働土圧が 0 となるまでを z'_c とすると、$z'_c=z_c-3$ m となり以下の式が成り立つ。

$$0.589\times(15\,[\mathrm{kN/m^3}]\times3\,[\mathrm{m}]+6.19\,[\mathrm{kN/m^3}]\times z'_c\,[\mathrm{m}])-2\times20\,[\mathrm{kN/m^2}]\times\sqrt{0.589}=0\,[\mathrm{kN/m^2}]$$

これを解くと $z'_c=1.15$ m、ゆえに $z_c=4.15$ m

背面側の矢板下端に作用する主働土圧・静水圧、前面側の海底面および矢板下端に作用する受働土圧、前面側の矢板下端に作用する受働土圧・静水圧の分布を示すと図 5･25 になる。

（3） 矢板背面側の主働土圧の合力 P_A は 143 kN/m となり、その作用位置

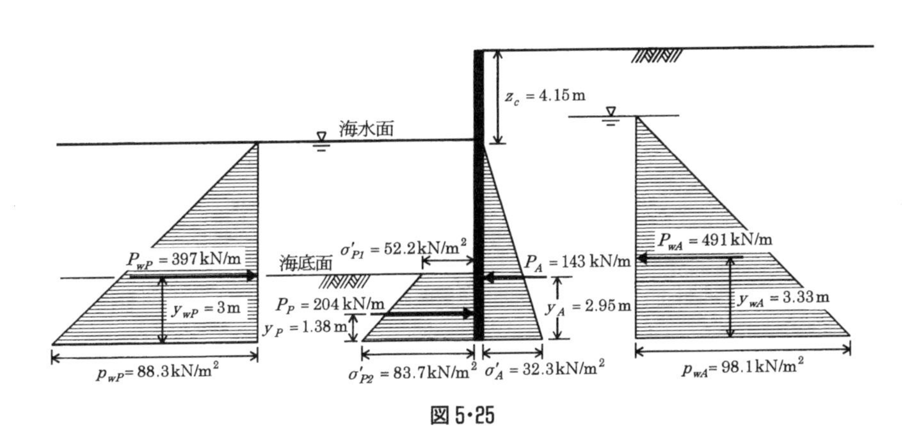

図 5・25

$y_A = \dfrac{(13\,[\mathrm{m}] - 4.15\,[\mathrm{m}])}{3} = 2.95\,[\mathrm{m}]$ となる。

矢板前面側の受働土圧の合力 P_P は 204 kN/m となり、その作用位置

$y_P = \dfrac{3\,[\mathrm{m}]}{3} \times \dfrac{2\times 52.2\,[\mathrm{kN/m^2}] + 83.7\,[\mathrm{kN/m^2}]}{52.2\,[\mathrm{kN/m^2}] + 83.7\,[\mathrm{kN/m^2}]} = 1.38\,[\mathrm{m}]$ となる。

矢板背面側の静水圧の合力 $P_{wA} = 491\,[\mathrm{kN/m}]$ で、その作用位置

$y_{wA} = \dfrac{10\,[\mathrm{m}]}{3} = 3.33\,[\mathrm{m}]$ となる。

矢板前面側の静水圧の合力 $P_{wA} = 397\,[\mathrm{kN/m}]$ で、その作用位置

$y_{wP} = \dfrac{9[\mathrm{m}]}{3} = 3\,[\mathrm{m}]$ となる。

(4) 矢板背面の側圧は $P = P_A + P_{wA} = 634\,[\mathrm{kN/m}]$

その作用位置

$$y = \frac{143\,[\mathrm{kN/m}] \times 2.95\,[\mathrm{m}] + 491\,[\mathrm{kN/m}] \times 3.33\,[\mathrm{m}]}{143\,[\mathrm{kN/m}] + 491\,[\mathrm{kN/m}]} = 3.24\,[\mathrm{m}]$$

矢板前面の側圧は $P' = P_P + P_{wP} = 601\,[\mathrm{kN/m}]$

その作用位置

$$y' = \frac{204\,[\mathrm{kN/m}] \times 1.38\,[\mathrm{m}] + 397\,[\mathrm{kN/m}] \times 3\,[\mathrm{m}]}{204\,[\mathrm{kN/m}] + 397\,[\mathrm{kN/m}]} = 2.45\,[\mathrm{m}]$$

(5) 矢板壁が側圧のバランスのみで安定するためには $P \leqq P'$ が成り立たなければならない。$P = 634\,[\mathrm{kN/m}] > P' = 601\,[\mathrm{kN/m}]$ なので不安定な状態

である。

対策としては①根入れ長を長くして受働土圧を増加させる②背面地下水位を低下させ、静水圧を減少させる③タイロッドを設置する等が考えられる。

応用問題 4 の解答

仮想背面を図 5･26 のように設定すると、主働土圧合力 $P_A = 125\ \mathrm{kN/m}$、合力の作用位置 $y_A = 6\,[\mathrm{m}]/3 = 2\,[\mathrm{m}]$ となる。底版に加わる全鉛直力は $\sum V = 354\ \mathrm{kN/m}$

滑動について、$F_S = \dfrac{354\,[\mathrm{kN/m}] \times 0.6}{125\,[\mathrm{kN/m}]} = 1.70 \geqq 1.5$ となり滑動に対して安全である。転倒については A 点回りの抵抗モーメントが $\sum M_r = 517\ \mathrm{kN/m \cdot m}$ なので、$F_S = \dfrac{517\,[\mathrm{kN/m \cdot m}]}{125\,[\mathrm{kN/m}] \times 2\,[\mathrm{m}]} = 2.07 \geqq 1.5$ となり転倒に対して安全である。

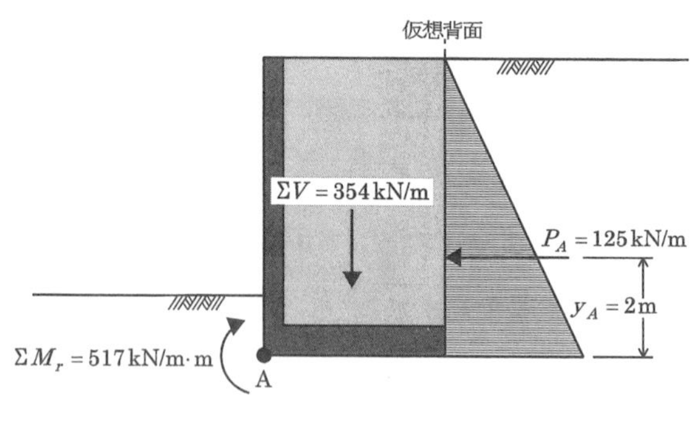

図 5･26

応用問題 5 の解答

（1） 土圧分布図を図 5･27 に示す。

擁壁背面では主働土圧係数 $K_A = 0.625$、主働土圧合力 $P_A = 90\ \mathrm{kN/m}$ となる。

擁壁前面では受働土圧係数 $K_P = 4.97$、受働土圧合力 $P_P = 16.1\ \mathrm{kN/m}$ となる。

（2） 主働土圧合力の作用距離(擁壁下端から) y_A＝1.33 m

受働土圧合力の作用距離(擁壁下端から) y_P＝0.2 m

（3） 擁壁自重 W＝176 kN/m、擁壁自重の作用距離(擁壁前面端から)は x_C＝1.03 m となる。

（4） 主働土圧合力の水平成分 P_{AH}＝62.5 kN/m、鉛直成分 P_{AV}＝64.7 kN/m となり、受働土圧合力の水平成分 P_{PH}＝15.6 kN/m、鉛直成分 P_{PV}＝4.17 kN/m となる。

受働土圧を考慮することとし、式(5.11)より滑動安全率は F_S＝2.14≧1.5となり滑動に対して安全である。

許容偏心法により擁壁前面下端回りのモーメントを考えると、式(5.13)より e＝0.47 m となり、$|e| \leqq B/6 = 0.5$ m を満たし転倒に対して安全である。ここに、$x_A = B - y_A \times \dfrac{2.4\,[\mathrm{m}]}{4\,[\mathrm{m}]} = 2.20\,[\mathrm{m}]$

したがって、擁壁は安定しているといえる。

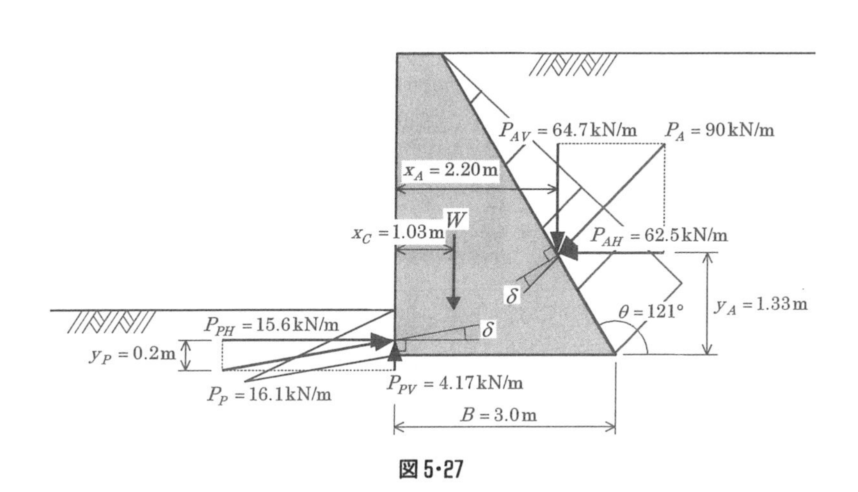

図 5・27

応用問題6の解答

（1） 掘削限界深さは式(5.15)より $H_C=1.92\ \mathrm{m}$

（2） 土留め壁背面(右側)に作用する土圧は主働土圧で、土留め壁前面(左側)に作用する土圧は受働土圧である。

（3） 根入れ深さを H_2 とすると、主働土圧係数 $K_A=0.333$、受働土圧係数 $K_P=3.00$、土留め壁背面側の下端における主働土圧は $\sigma'_A=\{5.99(5+H_2)-5.77\}\ [\mathrm{kN/m^2}]$

土留め壁前面側の地表面における受働土圧は $\sigma'_{P1}=17.3\ \mathrm{kN/m^2}$、土留め壁前面側の下端における受働土圧は $\sigma'_{P2}=(54H_2+17.3)\ [\mathrm{kN/m^2}]$ となる。

したがって主働土圧合力は

$$P_A=0.5\times\sigma'_A\ [\mathrm{kN/m^2}]\times(5-0.96+H_2)\ [\mathrm{m}]$$
$$=0.5(4.04+H_2)\{5.99(5+H_2)-5.77\}\ [\mathrm{kN/m}]$$

同様に受働土圧合力は

$$P_P=0.5\times\{17.3\ [\mathrm{kN/m^2}]+(54H_2+17.3)\ [\mathrm{kN/m^2}]\}\times H_2\ [\mathrm{m}]$$
$$=(27H_2+17.3)H_2\ [\mathrm{kN/m}]$$

図5・28に土圧分布図を示す。

（4） 土留め壁左右に作用する土圧がバランスしていると、$P_A\leqq P_P$ が成り立つ。

したがって、(3)より求めた式を用いて計算すると $H_2\geqq1.58\ \mathrm{m}$

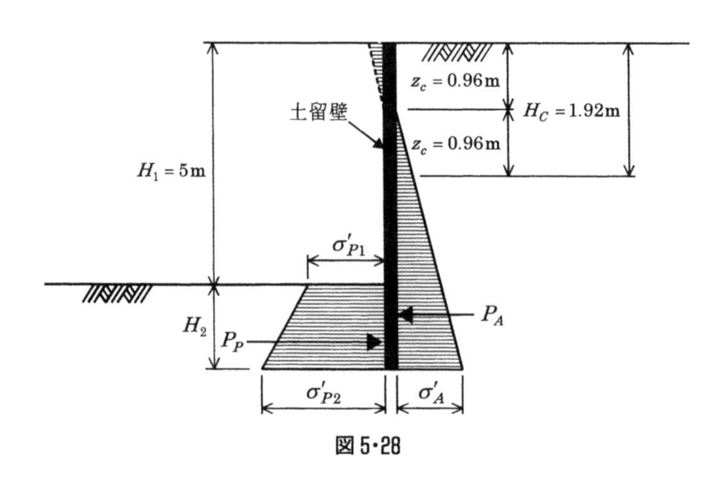

図5・28

応用問題７の解答

このタイプの埋戻しでは、埋戻し土の部分が周囲の地盤より緩くて沈下しやすいため。埋設管の上に動く上載圧は以下の式で表される（参考図書の石原研而・著「土質力学」を参照）。

$$\sigma'_V = \frac{\gamma_t b}{K\tan\delta}\left(1 - e^{-\frac{K\tan\delta}{b}z}\right)$$

設計では $K\tan\delta$ として 0.11～0.19 程度が用いられるので 0.15 と仮定すると、

$$\gamma_t = 1.75\,[\mathrm{t/m^3}] \times 9.81\,[\mathrm{m/s^2}] = 17.2\,[\mathrm{kN/m^3}]、\ b = \frac{1.5\,[\mathrm{m}]}{2} = 0.75\,[\mathrm{m}]$$

$z = 3\,[\mathrm{m}] - 0.6\,[\mathrm{m}] = 2.4\,[\mathrm{m}]$ より、$\sigma'_V = 32.8\,[\mathrm{kN/m^2}]$ となる。

管に作用する鉛直土圧は $32.8\,[\mathrm{kN/m^2}] \times 0.6\,[\mathrm{m}] = 19.7\,[\mathrm{kN/m}]$ となる。

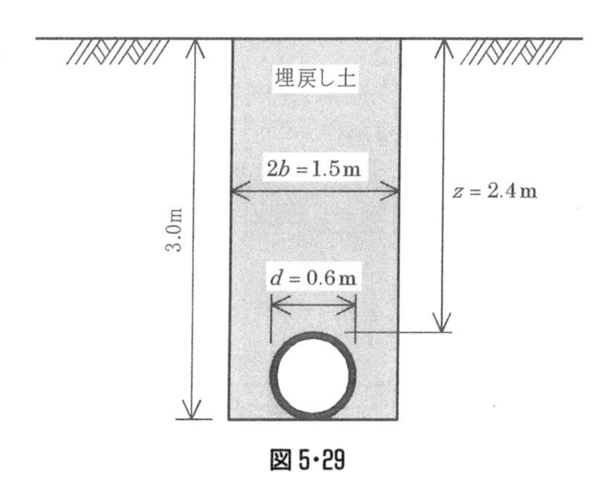

図 5・29

第6章　応用問題の解答

応用問題1の解答

（1）　問題文中の解は線状分布荷重の解に基づいて導出されているので、得られる鉛直応力 σ_z は物質定数である E、v に拠らない。また σ_z が、座標系によらず要素と帯状荷重の端点A、Bの相対位置関係により決まる。これより点 $(z, x, y)=(2.2, 0)$ における鉛直応力 σ_z は、$p=10\ \mathrm{kN/m^2}$、$\tan\theta_A=4/2$ よって $\theta_A=63\,[°]=1.10\,[\mathrm{rad}]$、$\tan\theta_B=0$ よって $\theta_B=0\,[°]=0\,[\mathrm{rad}]$ を代入すると、$\sigma_z=4.8\ \mathrm{kN/m^2}$。

（2）　地表面に幅 $B=4\ \mathrm{m}$ で作用する帯状等分布荷重は、深さ $D=2\ \mathrm{m}$ において分布幅 B' になるとすると、

$$B'=B+\frac{D}{2}\times 2=4\,[\mathrm{m}]+2\,[\mathrm{m}]/2\times 2=6\,[\mathrm{m}]$$

また深さ D における増加応力を Δp とすると、$B\times p=B'\times\Delta p$ が成り立つので、$\Delta p=B\times\dfrac{p}{B'}=4\,[\mathrm{m}]\times\dfrac{10\,[\mathrm{kN/m^2}]}{6\,[\mathrm{m}]}=6.67[\mathrm{kN/m^2}]$

図6・22に、上記(1)の問題に基づく弾性解と、本問題における簡易推定法による答えの比較を示す。簡易推定法に基づく増加鉛直応力と分布幅は、弾性解のそれらを比較的よく表現している。

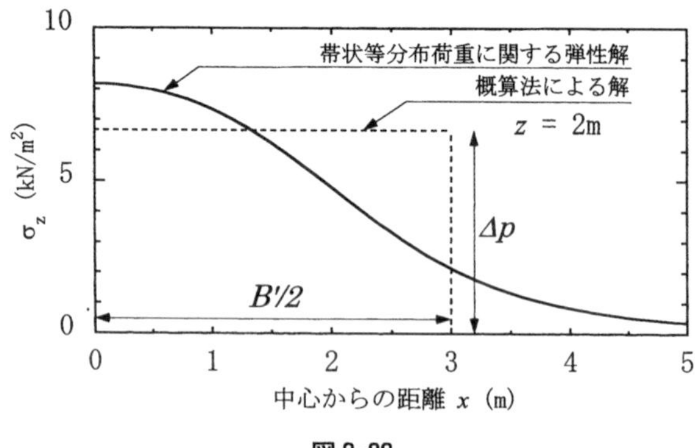

図6・22

応用問題2の解答

（1） 応用問題1と同様、本解も線状分布荷重の解から導出されているので、得られる鉛直応力 σ_z は物質定数である E、ν に拠らない。これより $p=10\ \mathrm{kN/m^2}$、$\tan\theta_A=2/2$ よって $\theta_A=45\,[°]=0.785\,[\mathrm{rad}]$、$\tan\theta_B=0$ よって $\theta_B=0\,[°]=0\,[\mathrm{rad}]$ を代入すると、点 $(z, x, y)=(2, 2, 0)$ における σ_z は、$\sigma_z=2.5\ \mathrm{kN/m^2}$。

（2） 地盤内の土要素に関して片側の盛土（台形）分布荷重により土要素に発生する応力は、図6・16に示すように、弾性解の特徴である解の重ね合わせの原理を利用することにより、帯状三角分布荷重ABCにより発生する応力から、帯状三角分布荷重ADEにより発生する応力を差し引くことにより得られる。オスターバーグは、上記の方法に基づいて盛土荷重下の地盤内に発生する鉛直応力を簡便に求める図を作成した。図6・17により、地盤内要素から見て片側（図6・16においては左側）の盛土荷重により発生する鉛直応力が求められる。実際には、a/z と b/z から影響係数 I_z を求め、式 $\sigma_z=I_zp$ により鉛直応力 σ_z を求める。本図においても、上記（1）の解に記述のとおり、得られる鉛直応力 σ_z は物質定数 E、ν によらない。

この図6・17を用いて、図6・18に示す盛土下の地盤内の土要素X、Y、Zで発生する鉛直応力を算定する。実際には、土要素から見て左右の盛土荷重により発生する鉛直応力を別々に算定し、それらを加えることにより求める。土要素X、Y、Zそれぞれにおいて、

土要素Xから見て盛土の左側に関して：$a_1=2\ \mathrm{m}$、$b_1=2\ \mathrm{m}$、右側に関して：$a_2=2\ \mathrm{m}$、$b_2=2\ \mathrm{m}$。

$z=2\ \mathrm{m}$、$p=100\ \mathrm{kN/m^2}$ より、$a_1/z=1$、$b_1/z=1$、$a_2/z=1$、$b_2/z=1$。

$I_{z1}=I_{z2}=0.456$、$\sigma_{z1}=I_{z1}\times p=45.6\ [\mathrm{kN/m^2}]$、$\sigma_{z2}=I_{z2}\times p=45.6\ [\mathrm{kN/m^2}]$。$\sigma_z=\sigma_{z1}+\sigma_{z2}=91.2\ [\mathrm{kN/m^2}]$。

土要素Yから見て盛土の左側に関して：$a_1=2\ \mathrm{m}$、$b_1=4\ \mathrm{m}$、右側に関して：$a_2=2\ \mathrm{m}$、$b_2=0\ \mathrm{m}$。

$z=2\ \mathrm{m}$、$p=100\ \mathrm{kN/m^2}$ より、$a_1/z=1$、$b_1/z=2$、$a_2/z=1$、$b_2/z=0$。

$I_{z1}=0.488$、$I_{z2}=0.25$、$\sigma_{z1}=I_{z1}\times p=48.8\ [\mathrm{kN/m^2}]$、$\sigma_{z2}=I_{z2}\times p=25\ [\mathrm{kN/m^2}]$。$\sigma_z=\sigma_{z1}+\sigma_{z2}=73.8\ [\mathrm{kN/m^2}]$。

土要素Zから見て仮想部分を含めた盛土に関して：$a_1=2\ \mathrm{m}$、$b_1=6\ \mathrm{m}$、仮想部分に関して：$a_2=2\ \mathrm{m}$、$b_2=0\ \mathrm{m}$。

$z=2$ m、$p=100$ kN/m^2 より、$a_1/z=1$、$b_1/z=3$、$a_2/z=1$、$b_2/z=0$。
$I_{z1}=0.495$、$I_{z2}=0.25$、$\sigma_{z1}=I_{z1}\times p=49.5$ [kN/m^2]、$\sigma_{z2}=I_{z2}\times p=25$ [kN/m^2]。$\sigma_z=\sigma_{z1}-\sigma_{z2}=24.5$ [kN/m^2]。

応用問題 3 の解答

（1） ニューマークは、半無限弾性体の表面上に長方形等分布荷重が作用するとき、長方形荷重のひとつの頂点の直下の任意の深さの要素に発生する鉛直応力を求める図 6•19 を提案している。構造物基礎が長方形またはその組み合わせの形状をしているとき、本図を用いて地盤内の鉛直応力を算定することができる。実際には、等分布荷重 p が長方形 $(a\times b)$ に作用するとき、長方形の一頂点直下の深さ z の要素に発生する鉛直応力 σ_z を、a/z と b/z の値から影響係数 I_z を求め、式 $\sigma_z=I_z\times p$ から求められる。本図においても、得られる鉛直応力 σ_z は物質定数 E、ν によらない。

（2） $a/z=4/2=2$、$b/z=2/2=1$ であるから、ニューマークの図 6•19 から $I_z=0.20$。よって、$\sigma_z=I_z\times p=0.20\times 10=2.0$ [kN/m^2]。

（3） 点 E 直下の深さ 2 m において発生する鉛直応力は、点 E を一頂点とする同形状の 4 つの長方形等分布荷重（2 m×1 m）により発生する鉛直応力を重ね合わせることにより求められる。4 分割されたひとつの長方形等分布荷重による鉛直応力 σ_{z1} は、$a_1/z=2/2=1$、$b_1/z=1/2=0.5$ より $I_{z1}=0.12$ が得られ、$\sigma_{z1}=0.12\times 10=1.2$ [kN/m^2]。

これより、$\sigma_z=4\times 1.2=4.8$ [kN/m^2]。

点 F 直下の鉛直応力は、点 F を一頂点とする同形状の 2 つの長方形等分布荷重（2 m×2 m）を考えることにより求められる。2 分割されたひとつの長方形等分布荷重による鉛直応力 σ_{z1} は、$a_1/z=2/2=1$、$b_1/z=2/2=1$ より $I_{z1}=0.177$ が得られ、$\sigma_{z1}=0.177\times 10=1.77$ [kN/m^2]。

これより、$\sigma_z=2\times 1.77=3.54$ [kN/m^2]。

点 G 直下の鉛直応力は、点 G を一頂点とする同形状の 2 つの長方形等分布荷重（3 m×2 m）（長方形 AFGJ と BFGI）により誘引される鉛直応力から、やはり点 G を一頂点とする同形状の 2 つの長方形等分布荷重（1 m×2 m）（長方形 DHGJ と CHGI）により誘引される鉛直応力を差し引くことにより求められる。長方形 AFGJ と BFGI 上の等分布荷重による鉛直応力 σ_{z1} はそれぞれ、$a_1/z=3/2=1.5$、$b_1/z=2/2=1$ より $I_{z1}=0.194$ が得られ、$\sigma_{z1}=0.194\times10=1.94$ [kN/m^2]。また、長方形DHGJとCHGI上の等分布荷重による鉛直応力σ_{z2}はそれぞれ、$a_1/z=1/2=0.5$、$b_1/z=2/2=1$より$I_{z1}=0.12$が得られ、$\sigma_{z1}=0.12\times10=1.2$ [kN/m^2]。これより、$\sigma_z=2\times1.94-2\times1.2=1.48$ [kN/m^2]。

応用問題4の解答

杭頭の水平変位量y_oは、$y_o=\dfrac{H\times\beta}{k_h\times B}$、$\beta=\sqrt[4]{\dfrac{k_hB}{4EI}}$と表される。よって、

$$\beta=\sqrt[4]{\frac{k_hB}{4EI}}=\sqrt[4]{\frac{2.5\times10^4\,[\mathrm{kN/m^3}]\times0.4\,[\mathrm{m}]}{4\times3.0\times10^3\,[\mathrm{kNm^2}]}}=0.955\,[\mathrm{m^{-1}}]$$

$$y_o=\frac{H\times\beta}{k_h\times B}=\frac{200[\mathrm{kN}]\times0.955[\mathrm{m^{-1}}]}{2.5\times10^4\,[\mathrm{kN/m^3}]\times0.4\,[\mathrm{m}]}=0.0191\,[\mathrm{m}]=1.91\,[\mathrm{cm}]$$

杭頭で発生する曲げモーメントM_oは、

$$M_o=\frac{H}{2\beta}=\frac{200\,[\mathrm{kN}]}{2\times0.955\,[\mathrm{m^{-1}}]}=104.7\,[\mathrm{kN\cdot m}]$$

第７章　応用問題の解答

応用問題１の解答

（1）　式(7.3)より $F_S=1.78$ となり、所要安全率 1.2 より大きいので安定している。

（2）　式(7.2)に $c'=0\ \mathrm{kN/m^2}$、$\gamma_{t1}=17\ \mathrm{kN/m^3}$、$\gamma_{t2}=19\ \mathrm{kN/m^3}$、$H_1=H_2=2\ \mathrm{m}$、$\phi'=30°$、$i=18°$、$\gamma'=19\ [\mathrm{kN/m^3}]-9.81\ [\mathrm{kN/m^3}]=9.19\ [\mathrm{kN/m^3}]$ をを代入すると $F_S=1.29$ となり、所要安全率 1.2 より大きいので安定している。

（3）　式(7.4)より $F_S=0.859$ となり、安全率 1.0 より小さいのですべりが生じる危険性がある。なお、地震時の所要安全率は 1.0 をとることが多い。

応用問題２の解答

$\gamma_t=16.0\ \mathrm{kN/m^3}$ となり、式(7.2)より $F_S=1.39$ となり、所要安全率 1.2 より大きく安定している。

応用問題３の解答

$\gamma_{sat}=17.2\ \mathrm{kN/m^3}$、$\gamma'=7.39\ \mathrm{kN/m^3}$ となり、式(7.2)より $F_S=1.01$ となり、所要安全率 1.2 より小さく、すべりが生じる危険性がある。ただし、$F_S \geqq 1.0$ なので、理論上はすべらない。

応用問題４の解答

表 7･1 に間隙水圧の項目を加えると表 7･2 のようになる。

ゆえに $F_S=1.15$ となり、所要安全率より小さいので、すべりが生じる危険性がある。

表 7・2

No.	A_i (m^2)	W_i (kN/m)		U_i (kN/m)	θ_i (°)	$W_i \sin \theta_i$ (kN/m)	$W_i \cos \theta_i$ (kN/m)	$(W_i \cos \theta_i - U_i) \tan \phi'_i$ (kN/m)	l_i (m)	$c'_i l_i$ (kN/m)
①	3.54	63.7	67.9	2.05	55.2	55.7	38.8	25.7	3.83	0
	0.209	4.18								
②	4.91	88.4	152	31.0	40.4	98.5	116	59.5	2.88	0
	3.16	63.2								
③	6.84	123	260	68.4	27.4	120	231	28.7	3.04	30.4
	4.86	97.2								
	2.11	40.1								
④	4.87	87.7	248	80.7	14.6	62.5	240	28.1	2.77	27.7
	3.51	70.2								
	4.72	89.7								
⑤	2.89	52.0	205	77.6	2.60	9.23	205	22.5	2.68	26.8
	2.14	42.8								
	5.77	110								
⑥	0.973	17.5	136	60.6	−9.32	−22.0	134	12.9	2.72	27.2
	0.707	14.1								
	5.47	104								
⑦	2.80		53.2	27.5	−20.4	−18.6	49.8	3.93	2.05	20.5
⑧	1.11		21.1	10.9	−28.8	−10.2	18.5	1.34	2.21	22.1
Σ						295		183		155

応用問題 5 の解答

すべり円弧に含まれる幅 b=4.36m の載荷重 q=10 kN/m² は「すべりを生じさせる力(分母)」として作用する。載荷重(幅 4.36 m)の中心までの距離 r=9.47m、すべり円弧の半径 R=13.0 m である。したがって、

$$F_S = \frac{R \cdot \sum(c_i l_i + W_i \cos \theta_i \tan \phi'_i)}{R \cdot \sum(W \sin \theta_i) + q \cdot b \cdot r}$$

$$=\frac{13.0\,[\mathrm{m}]\times(155\,[\mathrm{kN/m}]+244\,[\mathrm{kN/m}])}{13.0\,[\mathrm{m}]\times 283\,[\mathrm{kN/m}]+10\,[\mathrm{kN/m^2}]\times 4.36\,[\mathrm{m}]\times 9.47\,[\mathrm{m}]}=1.27$$

となり、所要安全率1.2より大きいので安定している。

応用問題 6 の解答

地震時の円弧すべり計算にはフェレニウス法を拡張したものを用いる。

$$F_S=\frac{R\cdot\sum\{c_i'l_i+(W_i\cos\theta_i-k_h\cdot W_i\sin\theta_i)\tan\phi_i'\}}{\sum(R\cdot W_i\sin\theta_i+k_h\cdot W_i\cdot y_i)}$$

ここに y_i：円弧の中心からスライス片重心までの鉛直距離

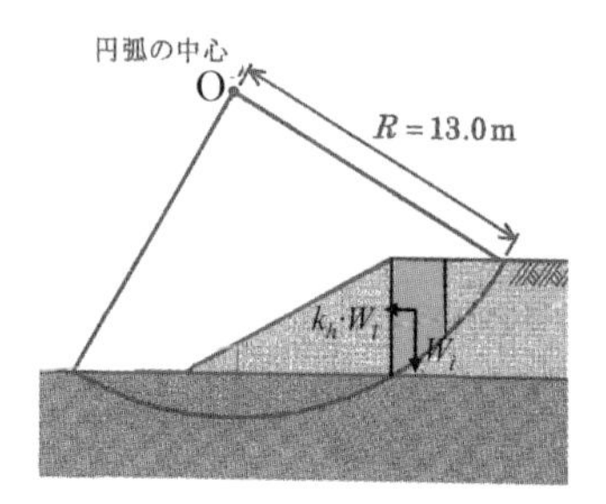

表7･1に地震時慣性力の項目を付け加えると表7･3のようになる。

表 7･3

<table>
<tr><th>No.</th><th>A_i (m²)</th><th colspan="2">W_i (kN/m)</th><th>θ_i (°)</th><th>$W_i\sin\theta_i$ (kN/m)</th><th>$W_i\cos\theta_i$ (kN/m)</th><th>$W_i\cos\theta_i$ $\tan\phi_i'$ (kN/m)</th><th>$K_hW_i\sin$ $\theta_i\tan\phi_i'$ (kN/m)</th><th>l_i (m)</th><th>$c_i'l_i$ (kN/m)</th><th>k_hW_i (kN/m)</th><th>y_i (m)</th><th>$k_hW_iy_i$ (kN/m･m)</th></tr>
<tr><td>①</td><td>3.75</td><td colspan="2">67.5</td><td>55.2</td><td>55.4</td><td>38.5</td><td>27.0</td><td>5.82</td><td>3.83</td><td>0</td><td>10.1</td><td>6.81</td><td>68.8</td></tr>
<tr><td>②</td><td>8.07</td><td colspan="2">145</td><td>40.4</td><td>94.0</td><td>110</td><td>77.0</td><td>9.87</td><td>2.88</td><td>0</td><td>21.8</td><td>7.83</td><td>171</td></tr>
<tr><td rowspan="2">③</td><td>11.7</td><td>211</td><td rowspan="2">245</td><td rowspan="2">27.4</td><td rowspan="2">113</td><td rowspan="2">218</td><td rowspan="2">38.4</td><td rowspan="2">2.99</td><td rowspan="2">3.04</td><td rowspan="2">30.4</td><td rowspan="2">36.8</td><td rowspan="2">8.59</td><td rowspan="2">316</td></tr>
<tr><td>2.11</td><td>33.8</td></tr>
<tr><td rowspan="2">④</td><td>8.38</td><td>151</td><td rowspan="2">227</td><td rowspan="2">14.6</td><td rowspan="2">57.2</td><td rowspan="2">220</td><td rowspan="2">38.8</td><td rowspan="2">1.51</td><td rowspan="2">2.77</td><td rowspan="2">27.7</td><td rowspan="2">34.1</td><td rowspan="2">10.1</td><td rowspan="2">344</td></tr>
<tr><td>4.72</td><td>75.5</td></tr>
<tr><td rowspan="2">⑤</td><td>5.03</td><td>90.5</td><td rowspan="2">183</td><td rowspan="2">2.60</td><td rowspan="2">8.24</td><td rowspan="2">183</td><td rowspan="2">32.3</td><td rowspan="2">0.218</td><td rowspan="2">2.68</td><td rowspan="2">26.8</td><td rowspan="2">27.5</td><td rowspan="2">10.8</td><td rowspan="2">297</td></tr>
<tr><td>5.77</td><td>92.3</td></tr>
<tr><td rowspan="2">⑥</td><td>1.68</td><td>30.2</td><td rowspan="2">118</td><td rowspan="2">−9.32</td><td rowspan="2">−19.1</td><td rowspan="2">116</td><td rowspan="2">20.5</td><td rowspan="2">−0.505</td><td rowspan="2">2.72</td><td rowspan="2">27.2</td><td rowspan="2">17.7</td><td rowspan="2">11.6</td><td rowspan="2">205</td></tr>
<tr><td>5.47</td><td>87.5</td></tr>
<tr><td>⑦</td><td>2.80</td><td colspan="2">44.8</td><td>−20.4</td><td>−15.6</td><td>42.0</td><td>7.41</td><td>−0.413</td><td>2.05</td><td>20.5</td><td>6.72</td><td>11.5</td><td>77.3</td></tr>
<tr><td>⑧</td><td>1.11</td><td colspan="2">17.8</td><td>−28.8</td><td>−8.58</td><td>15.6</td><td>2.75</td><td>−0.227</td><td>2.21</td><td>22.1</td><td>2.67</td><td>11.1</td><td>29.6</td></tr>
<tr><td>Σ</td><td colspan="4"></td><td>283</td><td></td><td>244</td><td>19.3</td><td></td><td>155</td><td colspan="2"></td><td>1509</td></tr>
</table>

$$F_S=\frac{13.0\,[\mathrm{m}]\times(155\,[\mathrm{kN/m}]+244\,[\mathrm{kN/m}]-19.3\,[\mathrm{kN/m}])}{13.0\,[\mathrm{m}]\times 283\,[\mathrm{kN/m}]+1506\,[\mathrm{kN/m\cdot m}]}=0.951$$ となり、

所要安全率1.0以下なのですべりが生じる危険性がある。

応用問題7の解答

図7･10より $\overline{AB}=3.24\,\mathrm{m}$、$\overline{BC}=12\,\mathrm{m}$ なので、奥行き1mあたりのすべり土塊の重量 $W=18.5\,[\mathrm{kN/m^3}]\times 0.5\times 6\,[\mathrm{m}]\times 3.25\,[\mathrm{m}]=180\,[\mathrm{kN/m}]$ となる。すべりを生じさせる力は $W\sin\alpha=180\,[\mathrm{kN/m}]\times\sin 30\,[^\circ]=90\,[\mathrm{kN/m}]$ となる。すべりに抵抗する力は

$$c'l+W\cos\alpha\tan\phi'=5\,[\mathrm{kN/m^2}]\times 12\,[\mathrm{m}]+180\,[\mathrm{kN/m}]\times\cos 30\,[^\circ]\times\tan 13\,[^\circ]=96.0\,[\mathrm{kN/m}]$$

となる。

したがって、すべりに対する安全率 $F_S=1.07$ となり理論上安定はしているが、実務上の所要安全率を1.2程度と考えると不安定である。

応用問題8の解答

図7･3より $i=60^\circ$、$\phi=20^\circ$ のときの安定係数 $N_S=10.2$

ゆえに限界高さ $H_{1c}=\dfrac{N_S\cdot c}{\gamma_t}=\dfrac{10.2\times 15\,[\mathrm{kN/m^2}]}{16\,[\mathrm{kN/m^3}]}=9.56\,[\mathrm{m}]$ となる。

応用問題9の解答

図7･3より $i=70^\circ$、$\phi=15^\circ$ のときの安定係数 $N_S=7.2$

ゆえに限界高さ $H_{1c}=\dfrac{N_S\cdot c}{\gamma_t}=\dfrac{7.2\times 10\,[\mathrm{kN/m^2}]}{15\,[\mathrm{kN/m^3}]}=4.8\,[\mathrm{m}]$ となる。

第8章　応用問題の解答

応用問題1の解答

①、⑤

応用問題2の解答

③、④

応用問題3の解答

高速道路なので立体交差をしなければならない。そのため，形式としては盛土にするか，高架橋にするか，または長さ200mなので橋梁にするかのどれかを選定する。（このためには実際には予備検討をして工費，工期，施工環境などから選択する。）

盛土を選定した場合は，地盤が軟弱なので圧密沈下およびすべり破壊を検討する必要がある。そのため，ボーリングや標準貫入試験を行ったうえに，さらにサンプリングして圧密試験や三軸圧縮試験などを行うことが必要である。

高架橋や橋梁を選択した場合は，軟弱地盤なので直接基礎は用いられない。そのため杭基礎とする。この場合，軟弱粘土層の厚さは最大で20mであるため，先端支持の杭基礎が適している。この杭基礎に対しては，先端の支持力および摩擦力を検討するため，ボーリングや標準貫入試験などを、軟弱粘土層とその下部の地山に対して行うことが必要である。なお，粘性土は液状化しないので，液状化の検討は不要である。

応用問題4の解答

①支持杭、②摩擦杭、③支持杭、④ネガティブフリクション、⑤木杭、⑥コンクリート杭、⑦鋼杭、⑧既製杭、⑨場所打ち杭、⑩打込み杭工法、⑪埋込杭工法

応用問題5の解答

液状化に対する対策方法を大別すると、①液状化の発生を防止する方法と、②液状化が発生しても構造物に被害が生じないようにする方法、とがある。前者の方法

をとる場合には、アパートの建設前にサンドコンパクションパイル工法や重錘落下工法で地盤を締め固めたり、深層混合処理工法により固化したり、グラベルドレーン工法で過剰間隙水圧を消散し易くする、といった地盤改良を行い、その上に直接基礎でアパートを建設すれば良い。後者をとる場合には、液状化の影響を考慮した杭基礎の設計を行い、杭基礎によるアパートを建設すれば良い。これらのどれが最適かは、工費や工期などを総合的に判断して決定する必要がある。なお、アパートだけの液状化対策を行っても、周囲の地盤が液状化した場合に道路やライフラインが被害を受けて生活が困難になるため、地区全体を液状化させないように対策を施すことも行われ始めている。

応用問題６の解答

原地盤のN値が10の場合に締固め後のパイル中間N値を24に改良するためには、図8・2より改良率a_sを0.15（=15%）にする必要がある。この値を式（8・1）に代入して砂杭の打設間隔Dを求めると以下のようになる。

$$D=\sqrt{\frac{\pi d^2/4}{a_s}}=\sqrt{\frac{\pi\times 0.70^2/4}{0.15}}=1.60\,[\mathrm{m}]$$

著者略歴

安田　　進（やすだ　すすむ）

1975年　東京大学大学院工学系研究科博士課程修了

現　在　東京電機大学名誉教授

工学博士、技術士（総合技術管理部門、建築部門）、

土木学会特別上級土木技術者（地盤・基礎）

片田　敏行（かただ　としゆき）

1980年　東京大学大学院工学系研究科博士課程修了

現　在　東京都市大学名誉教授

工学博士

後藤　　聡（ごとう　さとし）

1987年　東京大学大学院工学系研究科博士課程修了

現　在　山梨大学准教授

工学博士、技術士(建設部門)

塚本　良道（つかもと　よしみち）

1993年　英国ケンブリッジ大学大学院博士課程満期退学

現　在　東京理科大学教授

Ph. D.

吉嶺　充俊（よしみね　みつとし）

1992年　東京大学大学院工学系研究科修士課程修了

現　在　東京都立大学准教授

博士(工学)

作図・編集協力　田中　智宏（五洋建設株式会社）

参考図書

1．地盤調査、土質試験方法など

地盤工学会；「地盤工学用語辞典」、2006 年

地盤工学会；「地盤調査－基本と手引き－改訂版」、2013 年

地盤工学会；「土質試験－基本と手引き－第 3 回改訂版」、2022 年

地盤工学会；「地盤改良の調査・設計と施工」、2013 年

日本建築学会；「建築基礎設計指針」、2019 年

2．土質力学や地盤工学の本

石原研而；「土質力学」第 3 版、丸善出版、2018 年

内村太郎，内山久雄；「ゼロから学ぶ土木の基本地盤工学」、オーム社、2013 年

菊本　統，西村　聡，早野公敏；「図説わかる土質力学」、学芸出版社、2015 年

澤　孝平；「地盤工学」第 2 版、森北出版、2020 年

常田賢一，澁谷啓，片岡沙都紀，河井克之，鳥居宣之，新納格，秦吉弥；
「基礎からの土質力学」、理工図書、2017 年

三田地利之；「土質力学入門」第 2 版、森北出版、2020 年

安川郁夫，今西清志，立石義隆，粟津清；「絵とき土質力学」改訂 3 版、オーム社、
2013 年

安田進，山田恭央，片田敏行；「土質力学」改訂 2 版、オーム社、2014 年

安田進；「トコトンやさしい地盤工学の本」、日刊工業新聞社、2020 年

吉嶺充俊；「Excel で学ぶ土質力学」、オーム社、2006 年

3．土質力学の演習書

岡　二三生；「土質力学演習」、森北出版、1995 年

河上房義編；「土質力学演習基礎編」（第 3 版）、森北出版、2002 年

近畿高校土木会；「解いてわかる！土質力学」、オーム社、2012 年

常田賢一，澁谷啓，片岡沙都紀，河井克之，鳥居宣之，新納格，秦吉弥；
「理解を深める土質力学 320 問」、理工図書、2017 年

改訂版　わかる土質力学 220 問

—基礎から応用までナビゲート—

2023 年 1 月 21 日　　初版発行

著　者　安田　進
片田敏行
後藤　聡
塚本良道
吉嶺充俊

発行者　柴山斐呂子

発行所

理工図書株式会社

〒102-0082　東京都千代田区一番町 27-2
電　話　03（3230）0221（代表）
ＦＡＸ　03（3262）8247
振替口座　00180-3-36087 番

丸井工文社　ISBN 978-4-8446-0919-3